U0581292

美学原理

彭富春 著

人民出版社

目

目

第一章

美学

第一节　美学的语义

美是人们经常使用的一个语词。人们会说，这个人很美，这个物很美。例如，王昭君是美的，玫瑰花是美的，如此等等。这种关于美的谈论也意味着人对于美的经验。这就是说，人们处于一种关于美的事物的经验之中，人们在体验和感受美。当然，这也设定了美的事物的存在。没有美的事物的真实的存在，也就没有人们对于美的真实的经验和言谈。的确，美的事物是非常普遍的现象，它就存在于我们的日常世界之中。根据美的事物所在的领域的不同，美可以分为自然美、生活美和艺术美等。如长江三峡和青藏高原的风景；人物内在心灵和外在形象的美；文学和现代多媒体艺术所展现的各种意象等。

美作为一种语言的、经验的和存在的现象为美学的思考提供了一个基础。但是这两者还具有一定的差异。一种关于现实存在的美的经验和言说还不是关于美的思考。不可否认，爱美是人的一种天性，甚至是人的最高追求。人们都有自己的审美观念乃至审美理想，但并非每人都有自己的美学。美学不仅是对于审美现象的思考，而且是作为一种专门化的哲学形态或者是思想形态。但什么是美学自身？人们对此已有不同的回答。我们将对于不同的美学观进行分析，揭示它们是否切中了美学学科的本性。

一、汉语美学的引进

我们现在是用汉语在讨论美学，因此，有必要从汉语出发，分析汉语中美学一词的意义和用法。

美学在现代汉语中是一个为人熟知的语词，而且是作为哲学的一个学科。但它在古代汉语中却并非如此。尽管中国古代思想中有丰富和深刻的美学理论，使当代的人们能够重构中国古代美学史，也尽管古代汉语中有"美"和"学"两个字，但并没有"美学"这个语词。这就是说，美学在中国古代思想中并没有形成一个独立的学科。这意味着什么？

一方面，这表明美的问题并没有专题化。在中国传统的思想中，一系列问题形成了主题，如道、气、理和心等。美虽然也是一个问题，但却没有如同上述问题一样变成一个根本问题。虽然道、气、理和心也与美相关，但它们在根本上却不能简单置换成美。

另一方面，这表明关于美的思想并没有系统化。儒、道、禅虽然以不同方式谈论过美，但大多是片断性和零碎性的。美的问题没有区分，而只是处于一种原初和单纯的状态。同时，美的问题没有得到展开，缺少揭示和解释。这样，中国传统的美学就缺少一个整体性的结构和系统。

美学作为一个独立的语词在汉语中出现是现代以来的事情。在西风东渐的时候，日本人用汉语的"美学"来翻译德语中的"感性学"一词。这种翻译也逐渐被汉语学界所引进并采用。伴随着这一进程，西方美学理论也不断地进入汉语学界。

现代汉语的美学的确立可以被认为是对于中国传统思想的补充和完善。一方面，美成为了现代中国思想的一个主题。特别是在"以美育代替宗教"的口号中，美的问题获得了前所未有的思想地位。另一方面，中国现代思想关于美的思考走向了系统化。美学作为一门独立的学科有其自身的结构和系统，它有自身的问题和方法。

汉语中的美学一般可以被理解为"美的科学"、"美的学问"或者是"美的学说"。但这依然充满疑虑：什么是美？什么是科学？科学如何去思考美？科学在此并非是自然科学的意义，而是知识学的意义。科学作为知识学是关于知识的系统表达。正是在这样的意义上，美学作为科学是关于美的知识的系统表达。

二、西方美学的建立

虽然中国的美学是从西方引进的，但西方美学的名字也并非自古有之，而是近代才开始产生。一般认为，鲍姆嘉通作为美学之父是美学学科的命名者。根据通行的理论，鲍姆嘉通认为人的心灵可以分为认识、意志和情感三个部分。在哲学的学科里面，研究认识的有逻辑学，研究意志的有伦理学，但研究情感或者感性认识的却没有任何一门学科。为此，他创立了研究情感和感性认识的哲学分支"感性学"，亦即"美学"。

鲍姆嘉通将美学定义为感性认识的科学。它包括了自由艺术的理论、低级认识的学说、用美的方式去思考的艺术和类推思想的艺术。① 这种关于美学的定义虽然包括了美和艺术问题，但也包括了超出这些问题之外的一些问题。因此，它并不切中鲍姆嘉通之前和之后的美学史的事实。同时，作为美学的命名者，鲍姆嘉通也没有提出多少富有创造性的美学观点。

尽管如此，鲍姆嘉通将美学规定为感性学却为美学史的发展开辟了一条道路。它将引导人们思考：什么是这个感性。

首先，感性理解为人的感官和感觉。它区分于理性、逻辑和推理。当然，感觉自身可以作各种区分，其中就可以区分为快感和不快感。快感自身又可以分为肉体的和心灵的两种类型。作为美学的感觉主要是心灵的快感并主要是对于美和艺术的感觉。

其次，感性理解为所感觉之物。一个感性的事物不同于超感性的事物。感性存在于时间和空间之中，具有形体和声音等特点，并诉诸人的视觉和听觉等。一些自然物和人工物都具有感性的特点。

最后，感性理解为人的感性活动。人生活在世界之中首先和大多表现为感性的事实。人是感性的人，世界是感性的世界，人存在于世界的活动也是感性

---

① 参见鲍姆嘉通：《美学》第一节，文化艺术出版社 1987 年版。

的活动。人的日常生活、劳动生产乃至各种交往都是如此。

根据上述分析，美学作为感性学就包括了非常丰富的意义。它既可以研究人的感觉自身，也可以研究人所感觉的事物，还可以更进一步地研究人的整个感性活动。随着人们对于感性的不同理解，美学的意义也发生了变化。

三、美学的多种意义

但在鲍姆嘉通为美学命名并称为感性学前后，人们实际上还以其他的名字讨论美学问题。根据历史的事实，美学还拥有一些非美学的名字。这些不同的名字的意义并非是无关紧要的，而是表明了美学的不同的主题和方法。

第一，美论。它是一般哲学对于美的思考。哲学的基本主题是真、善、美等。于是任何一种哲学都可能包括了对于什么是美的本性的思考。如中国哲学的孔孟、老庄和禅家都不是专门化的美学家，但他们都有不同形态的关于美的本性的论述。又如西方的前苏格拉底乃至到现代的维特根斯坦等人也并非从事唯一的美学研究，但他们也有非常重要的美学理论。

第二，艺术理论。它往往是诗论、文论、画论和乐论等。中国有刘勰的《文心雕龙》和严羽的《沧浪诗话》等；西方有《歌德谈话录》和《罗丹艺术论》等。它们是对于各种艺术门类的特殊性及其普遍性的思考。它们或者是艺术家自身的创作经验，或者是鉴赏家和批评家的体验分析。这些理论虽然切近艺术现象，但往往缺少理论系统。

但在西方历史上，美学还有两个特别的名字：诗学和艺术哲学。

第一，诗学。古希腊的亚里士多德将人的理性分为三个方面：理论理性、实践、诗意或者创造理性。诗学是关于诗意或者是创造理性的科学，因此也可以被称为创造学和创作学。亚里士多德的《诗学》探讨了诗歌一般的本性、创作和欣赏等。他把诗歌分为抒情诗、叙事诗和戏剧诗等，其中，叙事诗主要是史诗。戏剧诗则包括了喜剧和悲剧。亚里士多德主要分析了悲剧。

第二，艺术哲学。作为对于艺术现象的哲学思考，它主要兴起于近代的德意志唯心主义时期。此时的哲学作为主体性哲学的典型形态，设定了主客体的二元思维模式，并因此成为了世界观和方法论的哲学。作为艺术哲学就是将从这种世界观和方法论去探讨艺术现象。由此出发，艺术被理解为人所创造的感性的精神世界。谢林就著有《艺术哲学》，把艺术看成一个人类最高的精神官能。黑格尔的《美学》其实就是典型的艺术哲学，它把美和艺术看成是绝对理念的感性显现。

在现代和后现代思想中，伴随着哲学的死亡，也发生了美学的死亡。虽然美学作为一个学科还存在着，但它的意义已经发生了根本的变化。美和艺术只是成为一个思想的问题。这种思想和以往的美学有根本的不同。

首先，这种关于美和艺术的思想反美学。这在于美学作为感性学探讨的感性始终和理性相关，并且被理性所规定。这就是说，西方传统的美学是被理性所规定的感性学。但存在本身超出了感性和理性的区分，并且比一切感性和理性更本原。

其次，这种关于美和艺术的思想也反诗学。这在于诗学所理解的诗意是创造，是给予尺度，也就是思想给予存在的尺度。这建基于人设立世界的思想模式。但这种诗意的意义必须颠倒。诗意应该是倾听，是接受尺度，也就是思想接受存在的尺度。

最后，这种关于美和艺术的思想也反艺术哲学。艺术哲学是建立在主客二分的基础上，并且是用理性去分析感性现象。但存在自身超出了任何主客二分及其合一，同时，思想是能超出感性和理性去经验艺术的本性的。

在现代思想中，除了美学自身的意义发生了根本的变化之外，它的合法性也遭到了怀疑。这主要发生在语言分析哲学那里。分析哲学强调哲学就是思维结构的分析，而且唯一的途径就是语言分析。他们发现，美学和伦理学的命题不同于科学的命题，也就是关于美和善的陈述不同于真的陈述。美并不关涉到事实，而是关涉到价值。关于价值是不可描述和定义的。于是，美的判断不能看做是真的判断。在这样的意义上，美学不能作为哲学的一个分支而成立。这种美学的否定论在于其对于语言及其分析有极为偏狭的看法。事实上，语言本身具有多种形态，包括了自然语言、科学语言和诗意语言。因此，人们不能否认语言的多重性。同时，语言分析也不能只是等同逻辑分析和数理运算，而是在根本上要理解为描述和揭示。当语言分析改变自身的观点的时候，它就会发现美是生活世界中一个不可否认的现象，同时，关于美的各种语言表达也是一个已给予的事实。人们不仅可以分析美的陈述，而且可以非常清楚和彻底地分析它。在这样的意义上，美学自身具有与其他哲学学科同样的合法性。

第二节　美学和美学史

　　美学作为哲学的一个分支具有自身的理论结构，它看起来是非历史性的，但实际上是历史性的。这在于，任何一种美学理论都不可能超出自身的历史，而是美学历史的一种独特形态。一方面，美学史是美学的历史；另一方面，一种新的美学就是美学新的历史。因此，人们对于美学基本问题的研究必须考虑到它和历史的关联。

　　美学历史当然有多种形态。这就是说，美学不仅有一种历史，而且有多种历史。人们一般将美学史理解为西方美学史。这是因为美学是西方思想的产物。但自全球化时代到来之后，人们也认为还存在和西方美学史一样的东方美学史。东方美学史又可以分为阿拉伯、印度和东亚等美学史，其中，东亚美学史又可以细化为中国、日本等民族国家的美学史。虽然美学有如此众多的历史形态，但对于当代中国美学研究来说，最重要的美学史主要是西方美学史和中国美学史。

1. 西方美学史

　　西方的历史大致可以分为五个阶段：古希腊、中世纪、近代、现代和后现代。每一个时代的思想主题既相互联系又相互区别。美学也是如此。

　　古希腊是西方精神的开端，是其源泉和摇篮。从严格意义上讲，古希腊并没有近代意义的美学，但一些哲学思考中却有大量的关于美、美感和艺术的论述。同时他们还建立了具有独立意义的诗学，即关于创造的理论。古希腊是从与"混沌"不同的"秩序"来探讨问题的，"秩序"也就是宇宙、世界和整体，这规定了他们认为美的本质在于整体的和谐。从总体上说，古希腊美学经历了前苏格拉底时期、柏拉图和亚里士多德等的发展阶段。

中世纪的美学不是严格意义上的美学，而是包括在其他的思想之中。中世纪思想的主题主要是上帝、世界和灵魂，由此形成了理性神学（目的论）、理性宇宙论和理性心理学。当人们讨论上帝、世界和灵魂时，也涉及美的问题。主要人物有普洛丁、奥古斯丁和托马斯·阿奎那等。

只是在近代，严格意义的美学亦即感性学才开始诞生，由此美学开始了它的新的历程。虽然法国和英国等许多民族国家的美学都产生了丰富的思想，如法国的理性主义美学和英国的经验主义美学，但唯有德意志唯心主义美学（一般称为德国古典美学）达到了其光辉的顶峰，从而和古希腊思想相媲美。主要代表人物是康德、席勒、谢林和黑格尔等。美在此被理解为主体的自由。它虽然作为感性显现，但是被理性所规定。

与这些近代对于美的理性规定不同，现代美学将美的本性置于存在的基础。这种从理性到存在的转变是现代美学与传统美学分离的根本性的标志。一般将现代西方美学区分为人本主义的和科学主义的、逻辑的和经验的、内容的和形式的。当然现代美学可以划分为不同维度：首先是存在的维度；其次是心理的维度；最后是形式与符号的维度。其中存在的维度是现代美学的核心。其代表人物是马克思、尼采和海德格尔等人。马克思认为劳动创造了美；尼采主张美和艺术是创造力意志的直接表达；海德格尔则阐释了人诗意地居住在此大地上。总之，现代思想把美看成是存在的本性。

后现代哲学和美学的核心是语言问题。虽然现代思想也出现了语言的自觉，但是语言直接和间接地被存在和思想所规定。与此不同，后现代思想的语言却是一种独特的语言，因为它没有外在的规定，如语言分析和结构主义；同时也没有自身的规定，如解构主义。因为没有规定性，解构主义成为了后现代思想的标志。美学问题变成了一种文本分析。

2. 中国美学史

与西方美学史不同，中国美学史走着自己独特的道路。

尽管中国古代思想并没有建立独立的美学学科，但却有着丰富和深刻的美学思想。中国古典美学主要表现为两种形态：一种是儒、道、禅等哲学的思考。这些思想流派都有自己的美学观。它们分别把美和道建立了关联。这些可以被视为关于美的道论。另一种是文论、诗论、画论和乐论等部门艺术理论。它们针对某一艺术门类或者是艺术作品进行了鉴赏和品评。这些可以被视为关于美的鉴赏理论。

　　先秦美学虽然派别众多，但主要以儒家和道家美学为主。它们成为了中国美学史的主干。儒家美学主要以孔子和孟子为代表，他们探讨了美和社会的关系。道家美学主要以老子和庄子为代表，他们探讨了美和自然的关系。

　　汉代美学主要是经学美学。董仲舒根据阴阳五行的本性说明了美的本性。魏晋美学主要是玄学美学。王弼等人发展了道家美学，建立了新道家美学。

　　唐代的儒家美学和道家美学仍有新的发展。此外，禅宗开始创立，这为此后的禅宗美学的发展提供了思想基础。禅宗美学的核心是美和心灵的关系。

　　宋明美学主要是广义的理学的美学。它是新儒家的美学。这其中又分为气学、理学和心学等派别。它们分别说明了气、理、心三者与美的关系。与此同时，儒、道、禅三家合流，而且共同关注心性问题。于是，宋明以来的美学大体成为了心性论的美学。

　　中国近代、现代和当代的百年美学经历了一个复杂的过程。近代主要是引入了作为西方哲学学科之一的美学。现代则逐渐有马克思主义美学、西方近现代美学的翻译介绍，同时也有中国古代美学的挖掘和整理。当代中国美学有了进一步的发展，其主要方向无非三个：第一是马克思主义美学的探讨，这形成了实践派美学；第二是西方美学的借鉴，这形成了后实践美学；第三是中国美学的建立，人们尝试构建一种有别于西方美学的中国美学。

　　根据上述分析，美学理论的历史是一个不断变化的历史。任何一种美学理论都只是美学历史的一个环节。因此，美学的研究始终是建立在美学史的基础之上的。但是，人们一方面要走进美学史，另一方面要走出美学史。这就是说，美学理论对于美学史既要继承，也要创新。

第三节　美学的学科

在中西古典美学史上，美学学科并没有分化。一般而言，美学表现为两种形态：一种形态为美的哲学，如中国的儒家、道家和禅宗美学；又如西方从柏拉图、亚里士多德到康德和黑格尔的美学，它们都是关于美的本性的探讨，并分成了唯物主义和唯心主义、经验主义和理性主义的路线。另一种形态为艺术理论，它们除了思考艺术的一般本性之外，还对于一些具体的艺术样式和作品进行了分析、鉴赏和批评。这两种形态的美学虽然各不相同，但也相互影响。

但到了现代以来，哲学、人文科学和自然科学都发生了巨大的变化，这也导致美学改变了自身。这主要表现为以下几个方面：

第一，哲学美学的分化。一般而言，美学从古典到现代形成了一个转折点。古典的美学是形而上学的美学，而现代和后现代的美学是非形而上学或者是后形而上学的美学。但在现代和后现代美学中，又存在多种流派。它们的主题和方法都是不同的，其中具有代表性的有生命美学、存在美学、现象学和解释学美学，此外还有分析美学、结构主义美学和解构主义美学。

第二，美学和其他学科的结合。在现代思想中，美学已不再只是囿于哲学的范围内而只是成为哲学美学，而是广泛地与其他社会科学和自然科学结合而形成了多学科的美学，如和自然科学的结合有物理学美学、生理学美学和心理学美学；和社会科学结合有人类学美学、社会学美学、语言学美学、符号学美学等。

第三，美学研究领域的扩大。长期以来，美学主要讨论艺术的审美问题。但随着现实生活的审美化，美学也将现实生活的一些领域变成了自身的课题而形成了新的学科。如生态美学、环境美学、景观美学、设计美学、身体美学、时尚美学以及日常生活的美学等。

　　总之，当代美学完全是一幅多元化的图景，它们真可谓百花齐放，万紫千红。但美学的主体一般分成了美论、美感论和艺术论三个大的部分。

第四节　美学的学习

　　我们学习美学除了掌握美学自身的基本理论和历史之外，还要研究一般的哲学问题，此外，也得熟知一般的艺术和艺术理论。

　　美学本来就是哲学的一部分，美的问题也始终相关于真和善的问题。因此，我们必须理解一般哲学本体论、认识论和伦理学的基本问题，并且明了其历史主题的演变。

　　通过哲学的学习，我们可以为美学获得一种分析问题的方法，也就是批判。批判是区分事物的边界。一种哲学的批判主要分为三个方面：第一是语言批判，它区分有意义和无意义的语言，并揭示语言中说出的和未说出的。第二是思想批判，它检查一个思想结构和道路是否完整。第三是现实批判，它拷问现实的问题。

　　当然，美学和哲学的其他学科有所差别。它始终关涉到艺术现象，也就是艺术作品的分析、鉴赏和批评。这要求美学的学习者了解艺术的各种门类及其发展的历史。

　　艺术主要培养人一种体验和经验的能力。在艺术的熏陶下，人们的眼睛能够看到美的事物，人的耳朵能够听到美的事物。这种关于美的事物的经验为美学的学习奠定了一个扎实的基础。

　　除了上述哲学的思想和艺术的经验之外，我们还要把美学的学习和自身人性的修养和升华结合起来。学习美学不仅是为了获得美学的知识，而且也是为了促进美好的人生。这就是说，我们不仅要成为一个美学的学习者和研究者，而且也要成为一个审美的人。

第二章

美

第一节 美的语义

当我们谈论美的时候，会想到许多美的现象：如日出日落的壮丽景象、贾宝玉和林黛玉之间生死般的爱情、李白豪迈的诗篇、贝多芬雄壮的音乐和凡·高激情的绘画等。对于这些现象，我们都用美字来命名，并将它们都归属于美的领域。但当我们进行深入思考的时候，就会发现它们似乎并不具备任何同一性。有些美的现象之间缺少直接的关联，如一个人的美与自然界的动植物的美；有些美的现象之间虽然有一些关联，但它们之间存在巨大的差异，如音乐的美和绘画的美；更有甚者，有的美的现象是对立的，如崇高和优美等。

美的现象领域为什么会如此的丰富多样呢？这是因为美本身就缺少严格明确的规定？还是因为美字本身的乱用和误用？但有一点是肯定的，当我们说不同现象的美时，那个美字本身就具有不同的意义。由此我们可以说，虽然美的现象的复杂性有多种原因，但其中一个重要的原因在于美的字义的复杂性。因此我们有必要对美作语义分析。

一、美的字源学

哲学的批判不能等同于字源学的分析，甚至也不能建立于字源学分析的基础之上。但字源学的分析能够给予哲学的批判以一定的启示，尤其是提供出那些在漫长的历史过程中被遗忘了的语词的原初意义。关于美的字源学分析正是如此。鉴于人类语言的复杂性，我们对于非汉语的美的语词的意义完全忽略不计，而只是分析在汉语中美的语词的原初语义。

一般认为，汉语"美"的原始语义是"羊大为美"。《说文解字》说："美，甘也，从羊从大。羊在六畜，主给膳也。"①《说文解字》又说："甘，美也。从口含一。""羊大为美"将美关涉到一个具体的现象，肥的羊或羊的肥。显然这不是对美进行哲学思考并给出一个定义，而是一个具体的描述或者例证。但"羊大为美"说出了许多能够引起思考的东西。一方面，美指羊的肥大。这不仅相关于一感性的自然物，即羊的存在本身，而且还相关于感性的人的生活世界，只要羊是作为人的食物而存在的话。另一方面，美不仅指羊自身肥大健硕，而且指这种羊给人的味美感觉。美在这里和人身体的感觉，特别是味觉建立了关系。味觉是品味，是区分和比较。它不仅是对于对象进行感觉，而且也是对于感觉自身进行感觉。

除了"羊大为美"一说之外，还有"羊人为美"一说。它主要指人戴着作为图腾的羊头跳舞，娱人娱神，达到人神相通。人戴着羊头，意味着羊头是人的面具，人在此时此地成为了羊。但羊也绝非一般的动物，而是特别的动物。它不仅具有动物性，而且具有神灵性。人与羊合一，也就是与神合一。如果说"羊大为美"偏重于美的生理性和自然性意义的话，那么"羊人为美"则凸显了美的宗教性和社会性意义。在此，舞蹈自身所带来的身心快乐是重要的。但如此理解的美不仅要从人那里获得规定，而且要从神那里获得规定。

由此可见，美在古代汉语中至少就有两种不同的用法。一是相关于感觉的，另一是相关于精神的。

二、美的日常语义

如果我们只是鉴于"羊大为美"和"羊人为美"来解释中国人的美的观念的话，那么这无疑是片面的和简单的。在日常语言的使用中，美的上述两种意

---

① 许慎:《说文解字》卷四上，中华书局 1963 年版。

义几乎丧失殆尽，相反，美发展了极为丰富的语义。我们试图对它们作一些分析。

第一，美指一些事物，它们具有独特的外观，亦即独特的形体和声音等。如九寨沟的山水具有迷幻的色彩，故我们称它为美景。又如莫扎特的交响乐回响着金子般的旋律，故我们称它为美音。对于事物某一独特的外观，我们既可以称它为美，也可以称它为漂亮。例如，我们说：一朵美丽的玫瑰，也可以说：一朵漂亮的玫瑰；一位美丽的少女，也可以说：一个漂亮的少女。

第二，美指人的感觉，特别是身心愉快的感觉。当我们说"这很美"的时候，美不仅指事情本身的一种特性，而且也指人对于这种事物的一种感觉状态。如人的视觉、听觉和味觉等的感觉。人看到别样风景，听到悠扬的歌声，品赏到中国茅台酒和法国波尔多葡萄酒，都会有美好的感觉。这种美的感觉相对于一般的感觉和很差的感觉。一种美的感觉状态有种种征候，如兴奋、陶醉、得意。它不仅具有心理学的表现，而且具有生理学的表现。

第三，美指良好，与坏相对。当人们说生活是美的时候，也就是说生活是好的，而不是坏的。它是对于一个事物存在的肯定。某事物不仅在此存在着，而且根据某种价值尺度是合理的。

第四，美指完美，与欠缺相对。当我们说某一个物美极了的时候，往往是说它完美无缺。它作为一个整体没有任何缺陷和漏洞。这就是说某事物不仅是一个存在者，而且是一个完满的存在者。

第五，美指善良，与邪恶相对。如，一个人具有美好的品德，也就是说他具有善良的品德。美在此不具有审美的意义，而是具有道德的意义。美就是道德的善的另一种表达。

第六，美指艺术。它是美的艺术，或者美术，它相对于应用艺术。应用艺术虽然含有审美的成分，但它主要是实用性的。但美的艺术则完全以审美为目的，是非实用性的。故美的艺术一般被称为纯粹艺术。

第七，美指审美。当美和真和善相区分的时候，它就是纯粹的审美。审美不同于认识和道德，是一种非功利和无利害的行为。

在上述关于美的日常语言意义的一般分析中，我们可以看到，美一方面可以是对于事情自身的描述，另一方面可以是人对某一事物的评价。同时美的语言意义并不是纯粹美学的。相反，它除了日常语言中和"好"可以置换外，还具有认识和道德的意义。这似乎表明了"美"字的语义的歧义和混乱，但实际上是体现了语言的多样性和丰富性。

三、美的哲学意义

虽然美的哲学语义与美的日常语义有些关联，但它们却具有很大的不同。日常语义一般是模糊的和歧义的，但哲学语义必须是明确的和严格的。在这样的意义上，哲学的语义是对于日常语义的分离。但如同日常语义一样，哲学语义对于美的事物的本性的表达也具有两重性，既显示，又遮蔽。因此，我们对于美的哲学语义的思考必须区分它们在何种程度上揭示了美的本性？在何种程度上又遮蔽了美的本性？

一般而言，所谓的美直接表现为美的现象。它就是在现实中所呈现的各种美的形态。在此，美是显现出来的，并具有各种各样的外观。它们或者是自然的，或者是社会的，或者是艺术的。

但关于美的现象我们可以大致分为两种类型：外在的和内在的，或者是物质的和精神的。外在的美的现象是直接诉诸感官的，是可以被看到和被听到的，如一朵花的美、一棵树的美等。内在的美当然也通过外在的美表现出来，但它又有许多没有完全表现出来的意义。如人们知道的古希腊的悲剧和宋元的山水画就是如此。它们的美不是外在的，而是内在的；不是直接的，而是间接的。因此，对于它们的经验就不能只是感觉的，而也要是心灵的。

作为一种现象而言，外在美和内在美都不是美学所思考的事情。一些人强调美学从具体的现象出发，主张狭义的理论联系实际，实际上是误解了美学的哲学本性。美学并非描述某种具体美的现象，并给予它某种合理的解释。美学更不能说明某一具体的审美现象之所以美的理由。对于美的哲学探讨来说，最一般的区分就是美的现象和美的本质的区分。哲学美学当然要借助于美的现象说明美的本质，但它主要的任务不是分析美的具体的现象，而是追问美的本质。这是一切形而上学美学的真正的思想动机。

因此，在哲学意义上的美就等同于美的本质。它有各种不同的名字，如美自身、作为美的美、美的基础、美的根据，还有美的本源和美的来源等。关于美的本质的分析往往形成了三条道路：

第一条是唯物主义的道路。它认为美的本原在于物质。美是某种物质的属性和物质所具有的某种的规律。因此，美的规律是一种自然律，如同数学、物理和化学特性一样。

第二条是唯心主义的道路。它认为美的本原在于精神。美或者是主观精神的产物，或者是客观精神的产物。认为美是主观精神产物的观点，就形成了美学的主观唯心主义；认为美是客观精神产物的观点，就形成了美学的客观唯心主义。

第三条是实践唯物主义的道路。它认为从物质出发或者从精神出发都是片面的，不能回答美的真正本原问题。唯一的出路是人的实践活动。实践是物质和精神的统一。它一方面建立了人与自然的关系，另一方面建立了人与社会的关系。在改造自然和社会的过程中，人创造了美。这在于，一方面是自然的人化。自然不再只是自在的，而是为人的；另一方面是人的本质力量的对象化。人的本质不仅存在于人自身，而且存在于对象世界上。这就成为了美的根源。

必须承认，实践唯物主义的道路突破了唯物主义和唯心主义的困境，为美的本源找到了新的出路。但它们三者有一个共同之处，它们都试图在美之外给美找一个根源。这一根源成为了美的本质。但对于我们来说，真正的问题不在于指出美自身之后的某种本质，而在于显示出美作为美自身是如何生成出来的。

第二节　美作为欲、技、道游戏的显现

一、美的事物

让我们从美的事物出发吧。事实上，我们已经生活在美的事物之中，如灿烂的星空、绿色的原野，还有各种文学、绘画、音乐和电影电视中的艺术作品等。这些美的事物并非是空洞的、抽象的，而是感性的具体的存在。

但美的事物是多种多样的，我们几乎很难找到它们之间的共性。

虽然美的事物千姿百态，但根据存在者形态的分类，它们也无非三种：

第一种是自然的事物。它们是天空和大地，如天上的日月星辰、大地上的山川百物。

第二种是社会的事物。它是人自身，是人的生活，还有人的生活的作品。

第三种是心灵的事物。它主要表现为艺术形态，如建筑、雕塑、绘画、音乐、文学等。

但这些事物为什么美？它的美的原因是什么？这也就是说，是什么东西导致了这些大千世界的事物是美的？

对于美的原因，人们也有各种各样的回答。但就其大端，主要有三种答案：

第一，自然的规律。这种观点认为，美是自然属性。美是不以人的意志为转移的，它有自身的规律。美的规律就是自然的规律。它合乎数学的、物理的、化学的和生物的规律，如圆形、球形、合于黄金分割法的人体；如一定的色彩的组合、一定的声音的长短高下的搭配等。

第二，人类的创造。这种观点认为，美并不在于美的事物的自然属性，而在于其人类的属性。这就是说，美并不是一个自然事实，而是一个价值特性。因此，事实判断和审美判断是两种不同的判断。如"一朵玫瑰是红的"是事实判断，这可以通过科学试验来证明。这种判断对于任何时间、地点和人物都是有效的。但是，如"一朵玫瑰是美的"作为审美判断则不是事实判断。科学无法发现其美的属性。此外，它不是对于所有的时间、地点和人物都是有效的。

审美判断和事实判断的不同表明，美不是自然属性，而是人类属性。这就是说，在美的事物的自然属性之上刻有人类的印记。按照主客体的思维模式，人是主体，自然是客体。通过改造自然的活动，人的本质力量对象化了，同时自然也主体化了。美不是其他什么东西，而就是在自然事物上所显现的人的本性。因此，美可以说是广义的人的作品。

第三，心灵的移情。这种观点认为，上述两种关于美的解释都具有局限性。事实上，一些既不具有自然属性、也不是人类创造的事物依然是美的事物。其原因并非其他，而是人的心灵的移情。这也就是说，人将自身的心灵的情感透射到事物上去。于是，自然具有了人的特性。如梅、兰、竹、菊四君子被中国人认为是美的事物。但它们之所以美，不仅是因为它们有独特的自然形态，而且也是因为它们是道德的象征。于是，美可以说成是意象、意境和境界。所谓意象，就是心意所构造的形象；所谓意境，就是心意所创造的境地；所谓境界，也就是心意所形成的世界。作为心灵的投射，意象、意境和境界包括了两个方面：一个是情；一个是景。当然，这两者的有机结合能形成情景交融。一方面，景被情化，另一方面，情被景化。

上述对于美的事物的根源的三种解释事实上是自然、人类和心灵三条路线。当然它们都有一定的合理性，但是都存在一定的局限。

第一，美的事物无疑具有某种特别的自然特性。一种事物具有如此的自然特性就成为了美的，而另一种事物不具备如此的自然特性也就成为了不美的。尽管如此，一种自然属性具有审美价值却并不是一种自然的事情，而是一种非自然的事情。这就是说，一种特别的自然属性之所以具有审美价值完全是在人的生活世界中发生的。只有在人的生活世界中，一种自然属性才可能是美的或者是非美的。

第二，美的事物是人的创造，这不仅包括了人的生活本身，也包括了精神界和自然界。这是因为精神界和自然界只有在人的生活世界中才能获得其意义。但是，人创造美的事物并非是一种主体创造客体行为。这在于，人和万物本身已经存在于世界之中。它们并非是主客体关系，而是共同存在、相互交融的关系。

第三，美的事物具有移情的特点，这在关于美的经验中特别容易得到证实。但是，这里尚有待区分：在移情中，什么样的情感是美的？什么样的情感是不美的？事实上，情感自身就有所谓美和不美的区分。同时，景物也有美和不美的区分。一个更重要的问题是：移情现象是如何发生的？因此，根据移情说，把美规定为意象、意境和境界是不充分的。

根据上述分析，我们发现，一方面，美不能简单地说成只是在于自然、人类和心灵某种单一的本原；另一方面，美实际上存在于人的生活世界之中，我们必须在生活世界中探讨美是如何形成自身的。

二、美在生活世界

美在人的生活世界中究竟是如何生成的呢？让我们先看看生活世界自身。

1. 世界
何谓世界？世界是一个熟悉的语词，但它自身的意义是模糊的和歧义的。
第一，世界等同于全球，即各个民族国家的集合。在这样的意义上，世界就是国际社会。
第二，世界等同于区域，即不同的范围、领地和地盘等，如动物世界、人类世界、艺术世界和哲学世界等。

第三，世界是人世或人间世界。它不同于阴间和天堂，是人居住的世界。

中国思想所理解的世界就是人世，也就是人的生活世界。它是一个真实的世界，不存在另外一个更真实的世界。

对于这样的世界，中国人一般称为天地人三者合一的世界。世界在中国传统思想和语言中直接意味着人世。人世就是人世间，人世间就是人生在世，人生在世就是人生天地间。天地人三者的关系构成了一个已给予的世界图形。

天是无限悠远的苍穹，那里太阳和月亮运行，星辰闪烁，浮云漂移。黎明和黄昏构成了白昼和夜晚的交织，清风、雨雪、闪电和雷鸣也由天而降。还有四季的变化，年轮的变更。天是自然之天，它自身就是如此，没有为什么。但它也是伦理之天，为人的居住提供秩序的规则。最后它还是宗教之天，是一位非人格的神灵。它无一所在但无所不在。

地是茫茫的大地。它被天所覆盖，承受着天的恩赐和剥夺。大地是山水，是矿物、植物和动物等自然物的聚集。沧海变为桑田，桑田变为沧海，植物生长又枯萎，动物出生又死亡。

在天地之间，人是万物之灵。人是万物的一种，但人是一灵性之物。人不仅自身具有灵魂，而且也是万物的灵魂。作为如此，人居住在苍天之下，大地之上，存在于天地之间。人们居住和劳作，耕种、播种和收获。

在天地人的世界里，人与天地的关系可能出现下面几种情形：天胜人，人胜天，或者是天人交相胜。但中国传统思想所追求的是天人合一的境界，它似乎是上述几种情形的片面性的克服。但所谓的合一只是一种幻想，这是因为如何合一是一个尚未提出和回答的问题。事实上不是天合人，而是人合天。因此在天人合一的理想所掩盖的下面，是人被天地所规定的现实。

也许不是天人合一，而是天人相生才能使天地人的世界成为可能的世界。一方面天地是生成的，如天地之大德曰生；另一方面人也是生成的，生育成长。同时天地与人相互生成。这就是说，既不是天胜人，也不是人胜天，甚至也不是天人合一，而是天地让人生成，人让天地生成，如同朋友，彼此转化，由此生生不息。

2. 三种关系

我们进一步分析世界是如何构成和展开的。世界作为一个巨大无形的网，包括了千千万万的关系。但就其大端，世界之网主要有三种关系：

首先是人与自然的关系。自然在此指的就是自然界或者是大自然，它是天地以及其间的矿物、植物和动物所构成的存在者整体。人当然也是动物，也是属于自然的一部分。但人是一特别的动物，亦即有意识的生命的存在，以此人与自然相分离。人在世界里建立了人与自然的关系，并表现为文化与自然的关系。自然就其自身而言就是其自身。它自在自为，自生自灭，如同风来风去，花开花落。但自然的本性在自身是遮蔽的，只是在世界里，它才敞开了自己。自然变成了人的，成为人的生活和生产的资料。一方面，人在历史上曾长期生活在自然的神秘的魔力之下。通过理性的去魅化，特别是通过现代技术，人们可以支配、改造并重构自然。另一方面，自然在世界里一个最大的问题就是在人的看护下如何回到自然自身。现代的生态危机也使人们思考，人如何成为自然的朋友。

其次是人与社会的关系。人是社会的动物，一个没有社会的人或者个体是不存在的。事实上，现代人的个体意识是随着历史的进步逐渐从类意识中分离出来的。当然社会也是人的社会，是无数个体所构成的整体，它并不是人之外的某种独立的存在物。相反，它总是相关于人的某种关系、体制和组织。但个人与社会之间充满了矛盾的关系。一方面，社会压抑个人，为了社会的整体利益，个体在历史的发展中往往是忽略不计的；另一方面，社会培育个人，社会不仅为个人的存在和发展提供了各种条件，而且整个社会发展的目标就是解放个体，使每一个个体都成为身心全面发展的自由人。

最后是人与精神的关系。人不是一般的存在者，而是有意识的生命的存在。但这并不意味着人可以拥有意识或者可以不拥有意识，而是意味着有意识的生命存在是人的存在的真正本性。不过，作为意识或者是精神本身成为了一个世界，并表现为哲学、艺术和宗教等。诸神或者上帝不过是精神世界历史上某种显现形态。人和精神的关系体现于存在与意识的关系。一方面，存在显现于意识，意识是已被意识到的存在；另一方面，意识自身也不断生成，由此开拓和构建存在的可能性。

上述三种关系无穷无尽地编织，构成一个无形而巨大的网。在如此形态的网中，这三种关系没有绝对地分离，每一种关系自身都包含了三种关系的整体。因此这三种关系也没有谁先谁后、谁重谁轻。但在历史上，某一个时代会凸显某种关系。

我们将这样的网命名为世界。但世界在根本上是生活世界。它之所以如此，是因为天地人的世界始终是人的世界，而不是自然的世界或者神灵的世界。人虽然不是如人类中心主义者所说的那样是宇宙的中心，但人是这个世界的参与者和看守者。同时人的世界也是身体的世界。一个无身体的世界只是幽灵的世界。人的生命与植物和动物的生命不同，表现为身体，即一个有意识的存在物。身体不仅是人的存在形态，而且也是人与万物打交道的直接方式。由身体展开的生命活动才是人的生活。人的身体所形成的世界当然是感性的世界。世界不是理性的、理论的和抽象的，而是感性的活动。

3. 三个世界

虽然生活世界是一个不可分割的整体，但它仍然具有一些分离形态。

最一般的形态是日常世界。它是我们时时刻刻处于其中并与之打交道的世界。在这样的世界中，我们衣食住行，与人相往来，与物在一起。这个世界具有惯常性。由于我们天天和它打交道，已经对它习以为常，以至于没有任何新异的感觉。正是如此，它是平常的，而不是神秘的。日复一日，年复一年。日常世界同时具有模糊性。它的边界是不确定的，不仅人与人之间的界限难以划分，而且物与物的差异也不清晰。此外，人与物的关系也往往纠缠在一起。最后，日常世界是一个经验的世界。它直接诉诸人的感觉和知觉，是可以被人所感知的。日常世界的意义也就是在这种感知中显示出来。

与日常世界不同，生产世界主要是人的劳动和物质实践活动。它是生活世界的根本之一。这在于，人的生活一方面是个体的生存，另一方面是种族的繁衍。为了如此，人必须通过劳动获得生活资料和生产资料。劳动是人的身体借助于工具作用于自然物质的活动。它聚集了人与自然的关系、人与社会的关系以及人和精神的关系。劳动的历史表现为农业和工业生产等模式。农业主要是顺应自然的活动，而工业则主要是改造自然的活动。但关于劳动和生活世界的关系，历史上则有不同的观点。一种是轻视，以往的唯心主义和唯物主义都是如此。它们在解释生活世界的时候根本就没有看到人的劳动的重要性，而是将世界理解为精神或者是物质的产物。与此相对，另一种是重视，如马克思主义的历史唯物论。它强调人的物质生产活动是解释一切历史之谜的锁钥，也是理解生活世界的切入点。这具体化为，生产力决定生产关系，经济基础决定上层建筑。然而，对于劳动不能作极端和片面的理解。生产世界是重要的，但不是生活世界的全部。生活世界是多元的，它包括了生产世界之外的其他世界。同时生产世界对于生活世界并不是单纯的决定和被决定的关系，不如说，生活世界是多种因素的作用和反作用。最后，随着人从事劳动的时间的逐渐减少，非劳动的自由时间的增加，那么生活世界中其他方面的意义将越来越重要。

除了日常世界和生产世界外，科学世界也在生活世界中凸显出来。科学是知识学，是关于知识的系统表达。自然科学构建了关于自然的知识世界，社会科学则构建了关于社会的知识世界。它们都是理论的、逻辑的和抽象的。但科学逐渐转成科技，科技最终变成了技术。因此现代的科学世界是一个技术世界。技术极端化为技术化，于是它不再只是手段，而也成为了目的。在它的日新月异的进步当中，技术规定了整个生活世界。

生活世界还包括了其他的一些可能形态，因此它是丰富多彩的。同时生活世界的边界是不断游移的，由此它始终自我更新。

三、美作为欲、技、道游戏的显现

人的生活世界的展开是欲望、技术和大道或者智慧的交互活动。现在我们详细地分析它们各自的本性及其相互关系，并说明它们是如何生成为美。

1. 欲望

（1）欲望的本性及其结构

在生活世界中，人的生活首先表现为它的欲望及其实现。如生是生的欲望和实现，死是死的欲望和实现，爱是爱的欲望和实现。这样，生活是欲望的生活，欲望是生活的欲望。

但什么是欲望自身？欲望的本意是需要、是渴望、是需求和向往等。当人被人的欲望所袭击时，人就要去满足它；当人被对象所激动时，人就要去占有它；当人实现人的欲望时，人会心满意足，踌躇满志；当人没有完成自我的欲望时，人将身心痛苦、悒郁或者愤怒。此外，人要消灭那些阻碍或争夺自己的欲望对象的敌人，人要在满足了一次欲望之后还要满足新的欲望。总之，欲望无边，欲壑难填。

但欲望不仅表现为一种状态，即欲望的渴求和欲望的满足等，而且也表现为一种意向行为，即它指向某物和朝向某物。欲望总是：人欲望某个对象，亦即：人要某个对象。于是在欲望的现象中存在一种关系，即欲望者和所欲者的关系。

欲望者在此当然不是其他什么，如动物之类，而是人本身。这里要注意人与动物的区别。动物不仅有它的欲望，而且就是它的欲望。这也就是说，动物和它的欲望是同一的。但我们不能说人就是他的欲望，而只能说人有他的欲望。在这样的意义上，人和欲望的关系是复杂的。因此，人不能简单地说成是欲望的主人或者是奴隶。这是因为人既可能意识到他的欲望，也可能没有意识到他的欲望；既可能控制他的欲望，也可能无法控制他的欲望。基于这样的理由，人不能等同于欲望者，欲望者只是人的一种规定。

与欲望者不同，所欲者是物，当然这个物可能是人物，也可能是事物。物就其自身而言，虽相互关联，但大多自在自为、自生自灭。只是当它成为欲望者的欲望对象时，它才变成了所欲之物。但对于欲望者而言，所欲之物的基本特性正好是它的不在场性。只有当所欲之物不在场的时候，欲望才是欲望，并表现为欲望活动。然而当所欲之物在场的时候，欲望就实现了，从而欲望也消失了。这表明，欲望的在场性刚好是所欲之物的不在场性。

在对于欲望结构里欲望者和所欲物的不同描述中，我们已经看到了它们之间的关系。在欲望之中，人始终和对象构成一种关联，这是因为人自身不能在自身之中实现自身的欲望，人必须指向一个他者。他或者是人，或者是物。在此，人作为欲望者，对象作为被欲望者，人和对象的关系成为了欲望者和被欲望者的关系。如果人是欲望者的话，那么人就被人的欲望所驱使，人不是一个自主、自觉和自由的主体；如果对象是被欲望者的话，那么它自身失去了作为物自身和人自身的独立性，而只是成为在某种程度和方式上满足欲望的填充者。人和对象相互作用，一方面，人朝向一个对象；另一方面，对象也刺激人。因此不仅对象因为人成为被欲望者，人也会因为对象成为欲望者。

在对于欲望现象的分析中，欲望的基本特性显示为欠缺。它意味着，人的存在不完满，人有一个没有的东西，但人又需要将这没有的东西变成有的东西。其实在此我们可以看到，欠缺成为了一种驱力。在这样的意义上，我们可以说，欲望一方面是欠缺；另一方面是丰盈。它是力量的丰盈，是创造力的表现。人正是从欲望出发去创造他的生活。

（2）欲望的种类

欲望有很多种类。但人的欲望首先是身体的欲望。人之所以有欲望，是因为人有身体。因此，只要人具有身体，那么人就有欲望。这样，人们根本不可能绝对地禁止欲望，而只是能在某种程度上限制欲望。欲望就是人的身体的基本存在，是它的天然的需要和满足。于是，身体的欲望是与生俱来的，是身体的本能。所谓本能就是本来就有的能力，它是人的身体自然的、天生的禀赋。

人的本能有许多种。如果说人的本能包括了生本能和死本能的话，那么本能对于人而言就不只是一种本能，而是很多本能。这是因为生和死就是人的生命的生活的全部领域，其中凡是依靠身体的自然性的活动就是本能的活动，如吃喝、睡眠、呼喊、行走等。

但就人的生活而言，主要有两大基本本能或身体的欲望：食欲和性欲。中国古人一向认为，饮食男女是人之大欲。它们之所以是大欲，是因为它们是生活的基础，从而也是其他欲望的基础。如果食欲和性欲不能得到实现的话，那么人的生命和其他的欲望也就不能实现了。

食欲是个体生存的需要。人作为个体的存在直接就是身体。人的身体的存在、发育和成长并不能只是依靠自身，而是要依靠它之外的食物所提供的营养。身体对于食物的欲望直接表现为饥渴，它是身体对于自身自在自足的状态的打破，并显现为不安和焦虑的症候。饥饿正好揭示了身体和食物的关系。但此时食物不在身体之内，而在身体之外，而且存在一定的距离。物变成食物需要一个加工过程，同时某一食物变成某一身体的食物也需要一个转换的过程。不劳动者不得食这一原则就强调了自己获得食物来满足自己的食欲的重要性。食欲的满足过程就是吃的行为自身，它是嘴唇、牙齿和肠胃的运动。吃将身外的食物变成身内的食物，因此，吃总是吃进去。同时吃也是对于食物的消灭，因此，吃也总是吃掉、吃完。当吃完了，食欲也就满足了，从而不存在了。

与食欲相比，性欲有它自身的特性。它不再是个体存在的需要，而是种族繁衍的需要。同时它所欲望的不是一可食的自然之物，而是一与自身性别相异的人。人作为个体的生命是要死亡的，但作为种族的生命却要维系下去，其唯一的方式就是通过生殖而繁衍。但任何个人都无法在身体自身完成这样的使命，而必须借助于与异性的合作而生产后代。因此，生殖成为了性欲最原初的意义。性的欲望也表现为饥饿和渴求。它成为了一种冲动，即朝向异性身体的冲动。这样，在所谓的性欲中始终包括了人和异性的关系。异性是那些与自己在身体上具有性别差异的人。但什么样的异性能够成为自身的性伴侣，却受制于外在和内在的条件的规定。婚姻就是基于对这种条件的考虑而形成的男女关系的契约。性欲的身体实现是所谓的交媾。虽然它只是男女双方的私密行为，但由于它关联到生殖，它自身便具有社会的意义。因此不仅有是否出于欲望的性行为，而且还有是否合乎道德和法律的性行为。性行为的完成是性欲的满足，但男女的身体依然存在，由此潜伏着新的性欲的激起。

食欲和性欲等人的身体的基本本能看起来只是身体的，但实际上它自身已经包括了许多非身体的因素。如食物的生产和分配就是一个社会问题。由性欲的实现所导致的生殖不仅相关于家庭，而且也相关于国家。于是由身体性的欲望便产生了很多非身体性的欲望，如财产、名誉、权力等。但它们一般表现出和身体没有直接的关联。

关于财产的欲望是一种物欲，也就是对于物资的占有。物资主要是生活资料和生产资料。但如果人也只是被当做物的话，那么他也会被作为一种特别的物资。对于物的占有就是将自然物变成人之物，将他人之物变成属我之物。在占有之中，人的欲望得到了满足。因为人将自身的存在转变成了物的存在，所以物的价值便是人的价值的明证。物的增值是人的增值，反之，物的贬值也是人的贬值。

关于名誉的欲望不同于对于财产的欲望。如果说财产是实的话，那么名誉则是虚的。名誉主要是人的行为在社会上所形成的声望和名声，并表现为人们言谈中的评价。名誉当然有好坏之分。好的名誉是对于人的存在的肯定，坏的名誉则是对于人的存在的否定。由此，人对于名誉的追求是一种在他人那里对于自身肯定的追求。为了得到名誉，人的行为不仅指向自身，而且指向他人。当然，为名誉而名誉就只是一种虚荣了。

关于权力的欲望也是一种普遍的欲望。它不仅相关于政治，而且也相关于一般的社会生活。权力是一种力量，但最主要表现为语言或话语的力量，即语言通过某种体制而支配现实的人和物。因此，权力就是说话权和话语权。在权力现象中，我们看到一方面是语言对于现实的规定，另一方面是个人对于他人的控制。在此主动和被动的关系中，权力划定了社会生活中的上下级等级序列。对于权力的欲望就是希望获得话语权，并由此在社会结构中居于支配者，而不是被支配者。

但不管是身体性的欲望，还是非身体性的欲望，它们都有自身的限度。因此，它们不是无限的，而是有限的。同时可欲之物也只是对于欲望的需要而言才是所欲之物，而对于满足了的欲望便不再是所欲之物了。但如果人在满足了欲望之后还拼命地追求所欲之物，那么此时的欲望便不是对于某物的欲望，而是对于欲望的欲望。某物在此其自身的意义是不重要的，而它是否能满足人的某种欲望也不是关键问题，它只是表明它是一个抽象的欲望之物。正是如此，它能满足人对于欲望的欲望。如果事情是如此的话，那么对于欲望的欲望将是无边的，而作为欲望的欲望的可欲之物也是无数的。这实际上是贪欲的实质。所谓贪欲就是越过了自身界限的欲望。贪欲者甚至将自身等同于一个欲望者，只是沉溺于对于欲望的无限追求之中，如贪吃好色，攫取财产、名望和权力等。他们在对欲望的欲望的追求过程中感到了自身的存在。

（3）欲望表现的形态

人的身体性的欲望、非身体性的欲望和对于欲望的欲望会以不同形态表现出来。

欲望的形态直接就是身体性的。不仅身体性的欲望自身表现为身体性的，而且非身体性的欲望和对于欲望的欲望也有身体性的表现。欲望的身体表现为身体的欠缺、渴求以及由此而来的不安和烦躁等。它一方面显现为外在身体的征候，如面部的表情、四肢的运动、整个躯体的变化等；另一方面显现为内在身体的感觉，如呼吸的急缓和心跳的快慢等。

欲望的形态在表现为身体的同时也是心理的。它一般呈现为无意识的语言，如各种类型的象征符号等。这些没有意识的和不可言说的欲望在它出现的同时就面临着各种关于欲望的压抑机制，于是它便变形、转移和升华，以间接性的形态将自身表现出来。但无意识的欲望最后也会转化为有意识的，并且成可言说的。惟有如此，欲望才由莫名的欲望成为有名的欲望，并可能现实化。

欲望的形态不仅是心理的，而且也是社会的。如果欲望只是停留在心理范围特别是在无意识的领域中，那么它就是虚幻的。惟有当欲望走向现实，并且实行生产的时候，它才能完成自身，而成为真正的欲望。在这样的意义上，欲望必须将自身具体化为欲望的生产。这种生产就是人类历史的最基本的生产：人自身的生产和物质的生产。由性欲的繁殖出发的生产成为了人自身的生产，而由食欲等出发的生产便构成了人的生活资料和生产资料的生产。人类的一切生产当然不能简单地还原为性欲和食欲的生产，但是后者的确是前者的最初动因。

（4）关于欲望的观点

对于欲望，人们一般只是注意到了其消费性。这是因为人们的欲望对于欲望的对象总是攫取、占有，甚至消灭。欲望不仅会消费物，而且会消费人。在消费欲望对象的同时，欲望者自身也在被消费。在这样的意义上，欲望是消极的和否定的，并因此可能是邪恶的。这也就是为什么在历史上欲望一直要被否定的原因。但消费性只是欲望的一个方面，它的另一方面却是创造性。欲望作为一种内在的驱力，既是人自身生命力的源泉之一，也是人的世界不断生成的基本要素之一。所谓的人自身的生产和物质的生产便是这种创造性的明证。

基于欲望自身的消费性和创造性的两重特性，禁欲主义和纵欲主义都是对于欲望的误解，因而是片面的和偏激的。许多宗教、道德和哲学都主张禁欲主义。它们认为欲望是罪恶和迷误的根源，它既导致人自身痛苦，也导致整个世界的堕落。因此，人要最大限度地禁止自身的欲望，尤其是身体性的欲望，如食欲和性欲。但禁欲主义只能是相对的，而不可能是绝对的。这是因为只要人活着，只要人的身体存在，人的欲望活动就不会停息。禁欲主义不可能彻底地消灭人的欲望，而只能将它减少到最低度。在这样的意义上，禁欲主义只是寡欲主义。在此，欲望依然是存在的，哪怕只是在最小的限度上。与禁欲主义相反，纵欲主义似乎在欲望的追求和满足中找到了通往幸福、快乐和美满的通道。身体性的欲望如食欲和性欲在此获得了特别的意义。一些宗教上的邪教，一些道德上享乐主义者和哲学上的非理性主义者都是纵欲主义的鼓吹者。但欲望是不能无限放纵的，因为其结果只能是欲望之物的消失和欲望者自身的毁灭。

事实上，禁欲主义和纵欲主义都没有意识到欲望的真正困境，即欲望的压抑。不仅如此，它们自身就是欲望压抑的思想根源。禁欲主义当然试图去压抑欲望，使它不敢越雷池一步。纵欲主义看起来不是压抑欲望，但实际上也是欲望的压抑，而且是其极端形态。这是因为它让欲望越过自身的边界，从而让欲望在自身消灭自身，而达到了对于欲望的根本否定。当代对于欲望的压抑主要在于欲望纳入了市场买卖的机制当中。因此关于欲望的生产和消费都被市场的游戏规则所规定。在这样的关联中，欲望不是人的欲望，而人成为了欲望的人。同时欲望也不是自身，而是商品的买卖，是商品的生产和消费。

关于欲望困境的思考当然召唤欲望的解放。一方面，人要从关于欲望的各种主义中解放出来。既不是主张禁欲主义，也不是主张纵欲主义，而是要认识欲望的本性，使欲望回归自身；另一方面，人要从关于欲望的各种建制中解放出来。一些所谓的饮食文化、还有一些男女关系如婚姻制度等构成了人的基本欲望的实现形态。对此人们必须考虑建构新的制度的可能性。

2. 技术

只要人的欲望是真实的欲望，那么它就要实现自身，而使自身现实化，让自身生产和消费。但从欲望达到欲望的对象却不能只是限于人自身，而必须借助于人自身之外的事物。这种独特的事物便是工具。人制造和使用工具的活动是一种广义的技术活动。工具或者技术在人的生活世界中具有重要的作用。它不仅决定了人的欲望是否可以实现，而且还决定了它在何种程度上可以实现。

（1）工具的规定

工具一般的意义如下：

其一，工具是非动物性的，而是人类学性。人们一向把使用和制造工具看成是人区分于动物的突出性标志。有些动物偶尔也使用工具，但这并不构成其生活的根本特性。此外，动物根本不会制造工具，只是会利用一些现成的自然物。与此不同，人不仅会使用工具，而且会制造工具。人凭借工具不仅将自身区分于动物，而且区分自身的历史。由此，我们对于人类历史的划分往往就用其时代的主要工具的特质命名，如石器时代、青铜器时代、铁器时代和机器时代等。如果说人也是凭借工具而具有区分动物的特征之一的话，那么工具也获得了属人的特性。这就是说工具不是自然，而是文化。因此，工具自身就是人存在和力量的显示，是历史的发展的记录。在这样的意义上，工具是人自身物化形态的延伸。

其二，工具作为手段服务于目的。工具是一物，但它不同于一自然之物，不是自在自为的，而是为它的。同时，它也不同于艺术作品，不是一为己之物，以自身为目的，而是以它物为目的。因此，工具自身就包含了自身和它物的关系，也就是手段和目的的关系。工具自身的存在表现为手段，作为如此，它始终源于自身之外的动机，并指向自身之外的目的。这里所谓的动机就是人的欲望。欲望驱使人去使用和制造工具。所谓的目的就是所欲之物。工具将帮助人去获取它和占有它。通过如此，工具建立了人和人、人和物的关系。对于工具这一手段而言，那些它所关联的人和物似乎都是目的。但如果它们成为了可欲之物的话，那么它们自身则又成为了手段。因此在工具所建立的世界关系中，人和物可能成为目的，也可能成为手段，表现出一种复杂性。在这样的关系中，工具似乎是不重要的，因为目的实现之日便是手段终结之时。工具在使用中消失自身。于是，工具需要更新，更需要创新。但比起某一短暂的动机和目的，工具作为手段却具有更长远的意义。

（2）工具的历史

工具也是在其历史中不断显示出自身的。最早的工具是人的身体自身，即人的四肢和器官。其中双手具有特别的意义，它最具有工具性。正是在这样的意义上，手就是手段，也就是工具。从手出发，人们可以区分不同的事物，如手前的东西和手上的东西。手的功能是多样的，它既把握自然，也把握人，如握手、拥抱和爱抚行为等。与手一样，脚也是人非常重要的工具。正是人的直立行走，才导致了人的双手的形成和大脑的发达。就脚自身而言，它不仅走路，而且还在争斗、武术和表演等活动中起着重要的作用。此外，靠自己的双脚站立和行走还具有比喻的意义，即人生活和存在的独立性。除了四肢之外，人的感觉器官也在一定程度上充当了工具。视觉和听觉建立了人与万事万物的关系并敞开了事物自身。这里有必要指出人的嘴唇所发出的清晰的声音——语言的工具的意义。语言当然有其多重维度，但工具性是其最显而易见并被人们注意到的一种。语言的工具性主要表现为反映、表达和交流等。

在人自身的身体作为工具的同时，人们也使用现成的自然工具，如石头和木头。凭借它们，人更好地向事物施展自身的力量。但对于自然工具的使用还不足以构成人与动物的区分。只是火的使用才改变了人自身，并使人越过了动物使用工具的界限。在人类学的意义上，未使用火的生食和使用火的熟食既是人和动物的对立，也是野蛮和文明的对立，因而也是自然和文化的对立。火的利用不仅改变了人的基本欲望的满足方式，而且也开辟了人生活的新天地。它照亮了黑夜，驱赶了野兽，召唤了神灵，如此等等。

在利用自然工具的基础上，人开始制造工具。这样工具不再是自然的，而是人为的。人造工具经历了一个漫长的发展过程，如石器、陶器、青铜器和铁器等。在工具的制造过程中，一方面是人对于自然物质的发现和把握，另一方面是对于自身技能的培养和力量的发展。但这些形形色色的工具仍然为双手所把握，它们不过是身体力量的增强和扩大而已。

工具的制造的历史具有划时代意义的是两次重大的革命。一次是机器革命。它借助能源的消耗而具有自动的特性，从而运转、加工和生产。于是，机器不仅是人的身体的延长，而且也是身体的替代。另一次是信息革命。它不再是人的身体的替代，而是大脑亦即智能的替代。信息的处理者计算机不仅能如同人脑那样计算，而且能够超过人脑那样计算。因此，计算机成为了与人脑不同的电脑。它在现代生产中的运用完成了语言和现实之间的对立的克服，使语言变成了现实。

在工具革命的进程中，工具自身越来越表现为技术，并且在那里将自身的本性极端化。故理解现代工具必须思考技术的本性。技术是人的活动，而不是物的运动。因此它们在本性上与自然相对，技术不是自然，自然不是技术。不仅如此，技和技术都是人对于自然的克服，是人改造物的活动。人在没有物的地方制造物，在已有物的地方加工物，这使技术的根本意义表现为制造和生产。技术就是要制造一个在自然尚未存在且与自然不同的物，亦即人为之物。但这个物并不以自身物为目的，而是以人为目的。如此，技术成为了人的工具或手段，人借此来服务于自身的目的。由于这样，它们都表明了人对于物的有用性的要求。有用性实际上意味着物具有技术化的特性，也就是能够成为手段和工具的特性。

（3）中西技术

但中国的技具有自身独特的意义。它主要是人用手直接或间接与物打交道的过程。作为手工的活动，技在汉语中就被理解为"手艺"或"手段"。那些掌握了某一特别手艺的手工活动者成为了匠人。手是人身体的一部分，技因此依赖于人的身体且是身体性的活动。但人的身体自身就是有机的自然，是自然的一个部分，技因此是依赖于自然性的活动。这就使技自身在人与物的关系方面都不可摆脱其天然的限度，即被自然所规定。在这种限定中，人不是作为主体，物不是作为客体，于是，人与物的关系不是作为主客体的关系，而是作为主被动关系。人在技的使用过程中，要么让自然生长，要么让自然变形，以此达到人自身的目的。尽管如此，技作为人工要合于自然，即人的活动如同自然的运动，如庄子所谓"道进乎技"。这也导致由技所制作的物虽然是人工物，但也要仿佛自然物，即它要看起来不是人为，而是鬼斧神工，自然天成。由此我们可以看出，一般中国思想所理解的技是被自然所规定的人的活动。但如此理解的技依然不是自然本身，不是道本身，相反它会遮蔽自然、遮蔽道，因此它会遮蔽物本身。

与中国的技不同，一般西方的技术指的不是手工制作，而是现代技术，即机械技术和信息技术。在手工操作到机械技术的转换中，人的身体的作用在技术里已经逐步消失了其决定性的作用。而在信息技术中，人不仅将自己的身体，而且将自己的智力转让给技术。因此，现代技术远离了人的身体和人的自然，自身演化为一种独立的超自然的力量。技术虽然也作为人的一种工具，但它反过来也使人成为它的手段。这就是说，技术要技术化，它要从人脱落而离人而去。作为如此，现代技术的技术化成为了对于存在的挑战和采掘，由此成为了设定。人当然是设定者，他将万物变成了被设定者，同时人自身也是被设定者，而且人比其他存在者更本原地从属被设定者整体。这个整体就是现代的技术世界。世界不再是自然性的，而且自然在此世界中逐渐消失而死亡。技术世界的最后剩余物只是可被设定者，它要么是人，要么是物。作为被设定者，人和物都成为了碎片。而碎片都是同等的，因此也是可置换的。

在这样的意义上，现代技术的本性已不是传统的技艺，也不只是人的工具和手段。它成为了技术化，成为了技术主义，也由此成为了我们时代的规定。这样一种规定正是通过设定而实现的。

现代技术当然首先设定了自然。在技术的世界里，自然不再是上帝的创造物，具有神性的意义，也不是天地的自行给予，自足自在。相反，技术通过发现自然的规律，使自然完全成为了人的设定物。由此技术仿佛是另一个上帝，可以创造并毁灭一个世界。现在的原子技术、生物技术和信息技术已经充分凸显了技术对于自然设定的特性。

现代技术其次也设定了人自身。人一向被看成是上帝所造和父母所生，因此，人的身体的神圣性不允许它有任何改变。但我们可以美化人的身体，改变我们的身体的器官，乃至重塑性别。基因技术在生育中的使用，将可以人为地变更婴儿的遗传基因而选择某些基因。克隆技术在人自身的实验将使人成为真正的上帝，按照自己形象造人。

最后，现代技术设定了思想，形成了虚拟世界。它超出了现实的可能性，也破坏了日常思维的惯常性，由此制造了人们的震惊。网络世界之所以是虚拟的，是因为它只是信息的集合和语言的集合。语言可以反映现实，但也可以不反映现实。如果语言与现实相关的话，那么它就有真与假、是与非的问题。合于现实的语言就是真话，不合现实的就是假话。如果语言摆脱了现实的限制的话，那么它就建立一个纯粹的想象的世界，并因此开辟了一个无穷的时空。这里就没有真与假、是与非的问题，而只有游戏。游戏是以自身为目的的。在游戏中，存在的不是是否游戏的问题，而是如何游戏的问题。如网上聊天就是纯粹的语言游戏。它不同于现实的聊天，人们坐在一起，身体以及表情本身就具有一种确定性。它也不同于电话聊天，人们的语音固然可以制造某种想象，但它却具有某种限度，即它无法摆脱语音所具有的性别、年龄等特性。但网络聊天就只是符号性的。因为它只是符号与符号的对话，所以说话者本身的身份被掩盖了。这导致"人们不知道我是一条狗"，当然也无法判断说话者是男还是女。虽然说话者的身份被掩盖了，但说话的内容即话语本身的重要性却显露出来。这样语言游戏就不是言说者的游戏，而是话语的游戏。

（4）关于技术的观点

对于现代技术对我们世界的设定，许多人采取乐观主义的态度。他们认为技术开辟了一条希望之途，由此可以克服我们时代的诸多问题。有的甚至相信技术万能，把技术思维贯彻到人类所有的领域。这也许会形成一种危险，即对于技术的崇拜，将技术当成了一个时代新神。但技术乐观主义没有注意到技术的两面性，即有利性和有害性。同时他们也没有考虑技术的有限性，因为人类的很多领域是在技术之外的。

当然，这绝对不能引发所谓的技术悲观主义。在这种论者看来，技术不仅导致了人的生存环境——自然的破坏，而且造成了人类社会自身的很多疾病。

显然，任何一个现代人都不可能离开技术而生活在所谓原初的自然里，也不能只是看到技术的弊端而忽视它对于人类的帮助。因此，现代对于技术的真正态度是抛弃乐观主义和悲观主义，确定技术的边界。

3. 智慧

（1）智慧的规定

人从欲望出发，借助于工具的使用和创造，也就是技术的运用，来满足欲望的要求。但不论是欲望和工具，它们都需要智慧指引。我们当然可以说人的欲望不同于动物的欲望，同时人对于工具的运用也不同于动物对于工具的运用。但在这两方面，人和动物都有许多相似的情况。惟有智慧是人的独特本性，而将人与动物完全分离开来。在这样的意义上，智慧才是人的真正的开端。

智慧也可以称为大道、真理、知识等。知识就是知道，亦即知道事物自身。正是如此，智慧是愚蠢的对立面，因为愚蠢是不知道。同时智慧也不同于聪明和计谋。在聪明看来，智慧是愚蠢的，但在智慧看来，聪明是愚蠢的，当然它是一种特别的愚蠢，因为它带着一层面具。这就是说，它看起来是知道，但事实上是不知道。因此，人们对于智慧和聪明的分别一般具体化为大智慧和小聪明的对立。

但智慧不是关于其他的什么知识，而是关于人的基本规定的知识。这个知识告诉人们：人是什么和不是什么，也就是存在和虚无。但人的规定正好是通过人与自身的区分来实现的。在此不是人与动物的区分，而是人与自身的区分。这是因为人与自身的区分是首要的，与动物的区分是次要的。卢梭指出，人只有与自身相区分，才能成为公民，亦即自由人。康德也强调，当人被对象所激动时，他要与自身相区分，这样他才是一个理性的人。这里的人自身就是人的给予性和现实性。所谓人与自身相区分就是人与自身的给予性和现实性相区分。惟有如此，人才能获得自身的规定。

但这种区分首先不是世界性和历史性的，而是语言性的。于是，智慧成为了真理性的语言或话语。所谓语言虽然是人的本性并显现为人的言说，但语言绝不是被人所规定，而是反过来，人被语言所规定。这是因为语言不仅是人的言说，而且也是语言自身的道说。于是语言包含了多重维度。首先是欲望的语言，它就是欲望直接或间接的显露。其次是工具的语言，它表达、交流并且算计。最后是智慧的语言，它教导和指引。智慧的语言与欲望和工具的语言相区分，它在历史上表现为神言、天言和圣言，而不同于人言。由于这种区分，智慧的语言就是语言自身，而不是语言之外的什么事情。在这样的意义上，智慧的语言就是纯粹语言。

作为纯粹语言，智慧的语言主要不在于描写、叙事和抒情，而在于说出道理。当然智慧的语言也会通过描写、叙事和抒情来表达自身的道理。如寓言就是描写、叙事而言说道理的典型，如圣歌就是歌唱了神圣的道理。这样，我们就不能要求智慧的语言要合乎某种历史的真实，并依据这样的真实来判定智慧语言的真伪。智慧语言的真实不是历史的真实，而是道理的真实，也就是关于事物之道的真理。因此，它比历史的真实更为真实。

作为真理的话语，智慧的语言具有否定性的表达式。这是因为在已给予的语言形态中，欲望的语言和工具的语言是原初的和主要的。它们是朦胧的、混沌的，甚至是黑暗的。面对这样的语言形态，智慧的语言首先就是否定，如同光明对于黑暗的否定，而达到对于自身的肯定。因此，智慧一般就具有光明的喻象，它是太阳、星星、烈火等。凭借自身的光明，智慧的语言展开了它的划界工作。它划清了什么是必然存在的和什么是必然不存在的，其弱形式亦即所谓的存在和虚无，是与非。与此相关，它还区分什么是显现的，什么是遮蔽的；什么是真实的，什么是虚伪的。在区分的同时，智慧的语言还进行比较，也就是分辨出什么是好的，什么是坏的，而且什么是较好的和什么是最好的。在这样的基础上，智慧的语言就要作出选择，人们既要放弃黑暗之路，也要告别似是而非的人之路，而要踏上真理之途。这便形成了开端性的决定。一般所谓的存在的勇气，去存在或者不存在的选择，最后都相关于是否听从智慧的语言的指引。

凭借说出道理，智慧的语言指出一条光明大道，并命令人们去行走。因此，智慧的语言在句型上就具有独特的形态。如果根据一般句法的分类的话，那么智慧的语言就一般不属于陈述句和疑问句，而是属于祈使句。它请求、命令、告诫、指引和规劝等。虽然它也会以陈述和疑问的形态出现，但它在这种已言说之中包含了尚未言说的，亦即一种祈使的意义。因此，智慧的语言始终具有一种否定或者肯定、毁灭和创造的力量。当然智慧语言的力量只是以一种特别的方式表现出来，它是言说，而不是行动。它看起来是无能，而不是大能。但智慧的语言的言说能够指引行动，于是，它的无能也就是它的大能。

（2）智慧的历史

智慧的语言作为否定性的语言经历了一个历史的发展过程。

人类学已经表明，人类最早的否定性的语言就是禁忌，也就是关于食物和性的禁忌：不能食用图腾、不能乱伦等。虽然禁忌确定了原初的人与自然、人与人之间的界限，并维系了的他们的关系，但这种否定性语言却是神秘的，它并没有将自身的根据揭示出来，即说明为什么要禁忌。

在后来的各种宗教和文化中，否定性的语言构成了戒律的基本内涵。首先是人不能做什么，然后才是人能做什么。它们如犹太的《旧约全书》的"摩西十戒"中的不可杀人，中国传统文化中的各种礼仪等。虽然否定性的语言在此不再是禁忌而是禁令，但它还不是思想本身。

否定性的语言告别了禁忌和禁令的形态，从而回到思想自身，这正是智慧的根本之所在。如果只是就西方中世纪的智慧而言，那么这种特征将变得更加明晰。例如《新约全书》中的否定性语言就是被思考的并召唤思考的，它充分表现于基督的言谈之中（最后的晚餐的谈话），更不用说保罗和约翰的书信了。它们的核心问题是神的真理和人的谎言的区分，并召唤人们放弃谎言，听从真理。但这种听从不是服从，而是理解，亦即思考。

到了现代，否定性的语言重要表现为各种法律。现代性社会的根本特征之一是法治社会。既不是神权，也不是王权，而是以人权为基础的现代法律制度制定了整个社会的游戏规则，并规定了人的现实生活。其中特别是作为各个民族国家的根本法——宪法以及联合国的人权宣言具有决定性的意义。法律作为游戏规则是人基于现实世界通过思考而约定的，但它却具有超出人之上的权威和力量。因此，法律作为智慧的语言是典型的权力话语。法律规定了人的权利和义务。所谓权利，就是人能够不做什么和能够做什么；所谓义务，就是人必须不做什么和必须做什么，如此等等。正是因为法律主要表现为否定性的语言，所以凡是法律所不反对的，便是可行的。

（3）智慧的形态

在智慧话语的这些历史演变中，我们又可以把它区分为神性的、自然的、日常的智慧形态。

神性的智慧主要是西方的智慧，其结构是由缪斯、圣灵和人的人性的言说所构成的。第一个时代（古希腊）的智慧表达于《荷马史诗》中，其主旨是：人要成为英雄；第二个时代（中世纪）的智慧显现于《新约全书》中，其核心是：人要成为圣人；第三个时代（近代）的智慧记载于卢梭等人的著作中，其关键是：人要成为公民，亦即成为人性的人和自由的人。这三个时代的智慧形成了西方历史的每一个时代的开端性的话语。如果对这些话语要提出后现代的问题"谁在说话"的话，那么回答将是明晰的：智慧在说话。于是在不同的时代在说话的不是荷马，而是缪斯；不是福音传播者，而是圣灵；不是卢梭，而是人的人性，亦即所谓的人的神性。这些言说者不可能回归于一个更高的本原，这在于言说者之所以可能，是因为它在言说中得到了规定，而它的实现正是话语。因此不是"谁在说话"，而是"说了什么"才是根本性的。它作为话语召唤思想。因为作为西方智慧的言说者是缪斯、圣灵和人的神性，所以西方的智慧在根本上是一种神性的智慧。

与西方的神性智慧不同，中国的智慧是自然的智慧。人们一般将中国的思想分为儒、道、禅三家。儒家的圣人追求仁义道德，道家的理想是参悟天地之道，而禅宗认为，最高的智慧在于自我觉悟，亦即发现自性。这三者虽然也有较大的差别，但它们具有共同的特点，即不是神性启示的，而是自然给予的。儒家的智慧主要是关于人生在世的智慧，但它在世界结构的等级序列的安排中始终是将天地放在基础性的位置，这就是说天道是人道的根据。道家的智慧的核心是人与自然关系的智慧，它主张人要如同自然界那样自然无为。禅宗的智慧的根本是关于心灵的智慧，它意在回到心灵自身，回到它光明的自性。这三者实际上都肯定了人的自身给予性，也就是自然性，而不是与人不同的神的启示和恩惠。不仅如此，它们甚至让精神沉醉于自然，也就是使精神始终囿于自然的限制，而不是让自身成长。

除了上述神性的和自然的两重主要的智慧形态之外，还有一种日常的智慧形态。它主要保存在日常语言之中，如谚语、格言、箴言、传说、故事和民谣等。它们通过不同的方式说明日常生活世界的道理，特别是为人处世的法则。这类智慧缺少系统的构建，也没有复杂的论证，大都简单明了，通俗易懂。但日常智慧不可避免有它的有限性，即它的经验性使它缺少深度和广度。

但在现代和后现代的社会里，传统的智慧已经终结。就西方而言，上帝死了。这意味着神启的智慧不再是我们时代的规定性。就中国而言，天崩地裂。这标志着自然的智慧在我们的世界不再起着关键性的作用。当然，终结不是简单的过去，而是它作为传统依然保存着。

在我们的时代或者世界里占统治地位的是多元的智慧，或者多元的真理。这里没有唯一的真理，而是多元的真理。一方面古老的智慧还在言说，另一方面新的智慧却在生长；一方面民族自身的智慧具有强大的生命力，另一方面民族之外的他者的智慧也包含了巨大的诱惑力。这样，多元真理形成了多元的世界。

4. 游戏

（1）游戏的语义

生活世界就是智慧和欲望、工具三者的聚集活动。我们称这种活动为游戏。

"游戏"这一语词越来越变成现代思想的关键语词之一，它似乎成为了理解存在、思想和语言的奥妙的通道。但游戏自身是什么？对此人们并无定论。游戏最容易想象为儿童消磨时光的玩耍。那些丢掉了童年时代玩具的成年人会把它看做毫无意义的行为。如果不是这样的话，那么游戏也会被轻视为一种玩世不恭的人生态度。大智大德的人们会讲出这样的箴言："如果你游戏人生，那么小心人生游戏你。"但这里所说的游戏则试图敞开游戏最大的维度，因而称为大游戏。大游戏是说：存在就是游戏。不仅人生，而且万物都在游戏。

正如有多种游戏形态一样，也有多种对于游戏的规定。我们试图从现代汉语对于"游戏"的一般理解出发。游戏一词是由"游"和"戏"构成。游是生物的一种活动，它区别于走和飞。走是在陆地之上，飞是在天空之中，而游则是在水中。游与水的这种关系表明游本身是一种随意的和自如的身体活动。这一意义的范围也扩展到陆地和天空中的活动，如游走和飞游。与游不同，戏主要是指玩耍活动，如嬉戏。当戏是在"戏言"和"演戏"的意义上使用时，它所指的事情是虚幻的，而不是真实的。作为合成词的游戏基本上保存了"游"和"戏"的语义。我们日常所说的游戏主要意味着随意的玩耍活动。当然，鉴于西方语言对于现代汉语的影响，我们也有必要稍微顾及它们关于游戏的使用。英语和德语的游戏在含有玩耍的意义之外，还意指赌博和竞赛。不过，人们还使用自由游戏这一说法，以强调游戏的自由本性。

这些关于游戏日常语言意义的考查有助于我们对于游戏自身的理解，但它们还不是我们要讨论的"游戏说"。

（2）中西游戏观

就中国传统思想而言，人们并没有形成一种关于游戏的系统学说，但有一些对于它的相关讨论。孔子就说过："志于道，据于德，依于仁，游于艺。"[1]艺不仅指狭义的艺术，而且指广义的技艺，即所谓的"六艺"（礼、乐、射、御、书、数）。这些活动要求人的身体和心灵得到训练，达到心灵手巧。"游于艺"描述的正是人的身心的这种自由状态。与孔子一样，庄子也谈到了游。他的"逍遥游"描述了"乘天地之正，而御六气之辩，以游无穷者"[2]的形象。但孔子是游于艺，庄子是游于道或者是游于自然。同时，前者所说的游只是仁义道德的补充形态，后者却是大道大德自身。最重要的是，庄子将游区分为两种：有待之游和无待之游。有待是有所依靠的，无待是无所依靠的。这样，无待之游和虚无建立了根本性的联系。它一方面是游于无穷，是对所游的有穷性的否定；另一方面是无穷之游，是对游自身的有限性的克服。因此"至人无己，神人无功，圣人无名"[3]。此后中国传统思想中关于游的理论基本上是孔子和庄子

---

① 孔子：《论语·述而》，见杨伯峻：《论语译注》，中华书局2000年版。
② 庄子：《庄子·逍遥游第一》，见陈鼓应：《庄子今注今译》，中华书局1983年版。
③ 庄子：《庄子·逍遥游第一》，见陈鼓应：《庄子今注今译》，中华书局1983年版。

思想的发展，如关于游于艺术的态度和游于山水（自然）的态度。

与此不同，西方的思想在它的各个不同的历史时期对游戏进行了不同的解释。古希腊的赫拉克利特说，存在的命运是一个儿童，他正在下棋。这个儿童就是始基。① 赫拉克利特在此所说的存在是作为整体的世界，始基是世界的开端和根据等。当游戏的儿童是始基的时候，这无非是说，世界是没有根据的，它自身建立自身的根据。

中世纪的游戏不再是世界的游戏，而是上帝的游戏。上帝创造了世界，上帝是创造者，世界是创造物，因此，上帝是世界的存在根据与原因。但上帝没有根据，上帝就是根据本身。在这样的意义上，上帝是一游戏者，他的创世行为是一游戏行为，如同人们所说的"掷色子"。据此，我们既不能问上帝为何存在，也不能问上帝为何如此创世。

在近代，游戏主要指人性的游戏，它揭示了人的自由本质。当人们将审美理解为自由的时候，游戏便成为了美的规定。康德美学的一个核心问题就是把美规定为"无利害的快感"②。作为如此，它是无目的的合目的性，因此是自由的。审美的这种特性其实就是游戏的本性。在康德美学的基础上，席勒充分发展了审美游戏说。在人与世界的关系中，人有两种冲动，一种是感性冲动，另一种是形式冲动，或者是理性冲动。前者要"把我们自身以内的必然的东西转化为现实"，后者要"使我们自身以外的实在的东西服从必然的规律"。但这两者是对立的，它必须依靠第三者亦即游戏冲动才能达到统一。它不是强迫，而是自由活动。在游戏里，感性冲动和理性冲动恢复了自由。游戏冲动的对象是活的形象，亦即广义的美。③ 在审美游戏里，人成为了自由的人和真正的人。

在现代思想中，游戏得到了多方面的阐释。海德格尔认为存在或世界的本性就是游戏，并具体表现为天地人神四元的游戏。"我们称天地人神的纯真的

---

① 赫拉克利特：《残篇》，慕尼黑：黑美兰出版社 1979 年版，第 52 节。
② 康德：《判断力批判》，汉堡：美纳出版社 1974 年版，第 40 页。
③ 席勒：《审美教育书简》第 11-15 封，载于《席勒全集》第 22 卷，魏玛：魏玛出版社 1956 年版，第 112 页。

生成的镜子之游戏为世界。"① 作为镜子之游戏的世界区分于绝对自我的设立，也区分与原因和结果的关系。作为镜子之游戏，世界没有任何原因和第一根据，因为游戏自身就是自身建立根据和无根据。与此同时，维特根斯坦用游戏来描述语言。他的语言游戏意味着"用语言来说话是某种行为举止的一部分，或某种生活形式的一部分"②。不过，他主要将游戏理解为对于某种规则的运用。伽达默尔则把游戏作为艺术作品本体论阐释的入门。他区分了游戏者的行为和游戏本身，并强调了游戏本身对于游戏者的先在性，而且认为"一切游戏活动都是一种被游戏的过程"③，在游戏中，游戏活动本身超出游戏者而成为主宰。这种游戏观意在克服近代思想中对于游戏的主观主义解释。

　　作为对于现代思想的反叛，后现代思想将游戏做了更极端的解读。基于解构主义的立场，德利达认为："由此有两种解释、结构、符号和游戏的解释。一种梦想着去破译一个真理和一个本原，此真理和本原对于游戏和符号的次序来说已反离而去，于是这种解释体验了解释的必然性如同放逐。另一种不再面向本原，而是支持游戏并且意欲超出人和人道主义而去，因为人是本质的名称。在形而上学的和本体—目的论全部历史中，亦即在它的整个历史中，此本质已梦想了完全的在场，保证了的根据、本原和游戏的终结。"④ 这里所说的关于游戏等的两种解释的不同是逻各斯中心主义和非逻各斯中心主义的不同。对于后者，德利达称为"无底棋盘上的游戏"。所谓无底棋盘就是没有根据、没有原因。所谓无底棋盘上的游戏正是无原则主义或者是无政府主义的游戏。它反本质、反基础、非中心，如此等等。

　　西方关于游戏的理论的演变显然表明了其不同历史阶段的思想主题：古希腊的世界（在场者的整体），中世纪的上帝、近代的人性（理性）、现代的存在（生活）和后现代的语言（文本）。尽管人们关于游戏的思想有其时代差异，如

---

① 海德格尔：《演讲与论文》，普弗林恩：内斯克出版社 1990 年版，第 172 页。

② 维特根斯坦：《哲学研究》第一部分第 23 节，牛津：布来克威尔出版社 1963 年版，第 112 页。

③ 伽达默尔：《真理与方法》，图宾根：莫尔出版社 1986 年版，第 112 页。

④ 德利达：《文字和延异》，法兰克福：苏康普出版社 1992 年版，第 441 页。

在历史上将其更多地理解为自身建立根据，在现代和后现代将其主要地解释为自身消解根据，但它始终被理解为其自身之外没有其他任何根据的活动。

（3）欲、技、道的游戏

我们这里所指的游戏不是其他事物的游戏，而是指欲望、工具和智慧的游戏。作为如此，它不是人的活动，而是生活世界本身的活动。因此不是人规定了游戏，而是游戏规定了人。同时，欲望、工具和智慧的游戏是无原则的活动。它不根据某种既定的规则来展开自身，而是自己确定规则并消解规则。

让我们更细致地描述这一游戏，看它自己究竟是如何发生的。

生活世界的游戏始终是被欲望所推动的。只要人存在着，欲望就存在着。欲望是人的存在的显现的一个标志。同时，欲望指向所欲望之物，它推进了人的生产和消费。不仅如此，欲望是永无休止的。一个欲望满足之后又会出现新的欲望，仿佛是一条无穷无尽的河流。但只要欲望是欲望并且要满足自身的话，那么它就需要工具。欲望将自身设定为目的，将工具作为手段。由此，欲望让工具获取所欲之物为自己服务。欲望不仅需要工具，而且也需要智慧。这是因为人的欲望不是动物的本能，它要得到智慧的指引。只有在智慧的规定下，欲望才能在其实现过程保证自身的满足。

在生活世界的游戏中，工具扮演着和欲望不同的角色。它似乎从来都不是自在自为的，而是为它所用的。工具一方面服务于欲望。它不仅要效劳于欲望自身，而且要作用于欲望的对象，由此使欲望的对象满足于欲望自身。工具另一方面也服务于智慧。就智慧自身而言，它只是知识，因此，智慧的现实化必须借助于工具。正是如此，工具不仅是欲望的手段，而且也是智慧的载体。除了为欲望和智慧效劳外，工具自身也有自身的任务。这就是说，它要成为一个好的工具，亦即利器。当然，这看起来也是为了更好地为欲望和智慧服务。

当欲望和工具各从自身的角度来参与生活世界的游戏时，智慧也到来与它们同戏。智慧自身本来是与欲望和工具不同而分离出来的知识，反过来，它又指引欲望和工具。智慧首先是对于欲望划界。它指出哪些欲望是可以实现的，哪些欲望是不可以实现的。它一方面对于吃进行规范，如文明初期的禁食图腾，后来的禁食人肉，宗教中的关于一些食物的禁忌等；另一方面是对于性的规范，如不可乱伦、不可通奸、对于同性之间的性的禁忌等。智慧其次是对于工具划界。它指出哪些工具是可以使用的，哪些工具是不可以使用的。它一方面是对于满足吃的欲望的工具进行划界，如生食和熟食等；另一方面是对于满足性的欲望的工具进行规范，如是否应该避孕、堕胎和克隆等。对此问题的争论看起来是一个宗教的、道德的和社会的问题，实际上是一个智慧的问题。在这样的划界过程中，欲望和工具也就区分成两种，一种是合于智慧的，另一种是不合于智慧的。

生活世界的游戏就是欲望、工具和智慧三者的游戏。每一方都从自身出发，并朝向另外两方，由此构成了两重关系。一方面它们是同伴。这是因为整个游戏依赖于三方的共同在场，这三方中任何一方的缺席都将导致这个游戏的失败。另一方面它们是敌人。这在于每一方自身的肯定都是对于其他两方的否定。在这样的意义上，欲望、工具和智慧是敌人般的朋友，或者是朋友般的敌人。因此，整个生活世界的游戏也就是它们的斗争与和平。

在整个游戏活动中，尽管欲望、工具和智慧的角色不同，但它们的权利是平等的，亦即每一方都要存在和发展。这样，在游戏中就没有绝对的霸权、垄断和权威，也就没有中心、根据和基础。于是，生活世界的游戏就不是一般的活动，而是没有原则的活动。这在根本上实现了游戏的本性。当然，任何一个游戏者从自身出发都想充当原则，尤其是智慧要申辩自身的指导身份，但这种主张不会得到另外两方的承认，而是得到它们的否定。由此也显示出，生活世界的游戏不仅是无原则的，而且也是否定任何原则的活动。

虽然如此，在生活世界的游戏的历史发展的过程中，欲望、工具和智慧会在某个阶段占据主导地位。于是便有三种游戏形态，即从欲望出发的游戏、从工具出发的游戏和从智慧出发的游戏。由此，历史就形成了三种可能的极端世界。

如果游戏从欲望出发去游戏的话，那么欲望将是规定性的。在欲望的世界里，智慧失去了作用，因此就有道德沦丧和世风日下的现象。同时工具只是片面化为欲望的手段，它既没有自身的自持性，也没有智慧对于自身的限定。占主导的是欲望的需要和满足以及满足之后新的需要和新的满足。这样便是人欲横流和物欲横流。不再是人有欲望，而是人就是欲望。人成为了欲望者，人之外的世界成为了所欲者。于是世界中的人和物失去了其自身的独立性，而只是被区分为可欲望的和不可欲望的。这样一种欲望化的世界使人的世界变成了动物的世界。正是在动物的本能的世界里，一切只是单一地区分为可食的和不可食的；可交媾的和不可交媾的，并由此区分同伴和敌人。人的欲望化的世界不过是这种动物的欲望化世界的扩大化而已。

如果游戏从工具出发去游戏的话，那么工具将是规定性的。工具本身只是手段，而不是目的。它不仅服务于欲望，而且也效劳于智慧。作为手段，工具似乎从来就是被规定者，而不是规定者。但工具作为手段不仅是手段，而且要成为更好的手段，甚至成为最好的手段。于是，工具就不仅以自身之外的欲望和智慧为目的，而且也以自身为目的。由此，工具就不仅是手段，而且也是目的。基于这样的角色定位，工具也就可以完全不顾欲望和智慧等的关联，而只是考虑自身的发展。这尤其表现在现代技术的技术化的进程中。显然技术的技术化不再只是手段，而是目的。技术的不断进步要求更快、更高、更强，因此，技术的真理不再是其他什么东西，而是效率。在技术化的社会里，工具不仅仅满足于欲望和智慧，而且也刺激新的欲望和要求新的智慧。

如果游戏从智慧出发去游戏的话，那么智慧将是规定性的。智慧的本性只是去指引欲望和工具，而不否定和消灭欲望和工具的存在性。这也就是说，它承认欲望和工具的存在，并且与它们同戏。智慧的指引在于给欲望和工具自身划分边界，让欲望作为欲望，让工具作为工具。在与欲望和工具同戏的同时，智慧自身也在生长。但一当智慧的指引成为极端化和片面化的时候，它就改变了自身与欲望和工具的关系。由此，它要消灭欲望和否定工具。西方的中世纪和中国的礼教传统都出现过这种极端化的智慧，但它们不是成为仁爱的真理，而是成为了杀人的教条。这样，智慧就不再是智慧，而是愚蠢。

但真正的生活世界的游戏就其根本而言是对于上述三种极端的游戏形态的克服，是欲望、工具和智慧三者的相互和谐的发展。虽然它们有差异、对立和矛盾，甚至冲突，但它们依然同属一体，相互共存。它们的游戏如同三者的圆舞。

游戏就是游戏活动自身。游戏的根本意义不在游戏之外，而在游戏之内，也就是在游戏自身。这就是说，游戏既不源于什么，也不为了什么，而只是去游戏。这种去游戏始终是源于自身并为了自身。生活世界的游戏也是如此。它并不指向生活世界之外，而是指向生活世界之内。它是欲望、工具和智慧源于自身并为了自身的活动。作为这样的活动，生活世界开始成为自身。

这就是生活世界游戏的生成。生成不是一般意义的变化，不是从一种状态到另一种状态的过渡，甚至也不是从旧到新更换，而是从无到有的活动。生成在根本上就是无中生有的事件。因此，它是连续性的中断，是革命性的飞跃。在生活世界的游戏的生成中，一方面是旧的世界的毁灭，另一方面是新的世界的创造。由此，它形成了生活世界的历史，也就是欲望、工具和智慧的生成的历史。

（4）三者的生成

首先是欲望的生成。

作为基本的欲望，吃的本能是基于人的身体的生命特性。人的身体需要获得身外的食物，以维系自身的生存和生长，而避免衰弱、疾病和死亡。这种欲望表现为饥饿感，亦即要求通过吃将食物变成身体自身的营养。因此，吃的首要的意义是充饥。充饥对于任何一个人来说都是生存的第一需要，特别是对于那些处于饥寒交迫的人来说更是如此。于是，满足充饥的活动甚至成为了推进人的生活乃至一个社会的动力。但当充饥满足之后，人的饮食行为就不再只是满足肠胃的需要，而是满足口舌的需要了。此时，吃便成为了在与充饥同时的美食行为。它是对于食物的味道的品尝。人们不仅要求有一些食物，而且要求有精美的食物；不仅要求食物是有营养的，而且要求食物是形色香味俱全的；不仅要求食物是多样的，而且要求食物是变化的，如此等等。在此，人们往往只是为吃而吃。这种美食的兴起直接导致了鉴赏趣味的发展和提升。由此，人们不仅品谈食物，而且也品谈自然、人物和艺术。但吃最后还演化成为一种礼仪。这里吃的行为自身包含了许多吃之外的意义。中国人在春节时用食物祭祀先祖，让不在场的人和在场的人聚集在一起。西方基督教的圣餐中的葡萄酒和面饼是基督的血与肉，信徒们的领受不仅是对于基督的纪念，而且也是与上帝的共在。至于现代生活中各种私人的和公共的宴饮则具有许多不同的意义：聚会、庆祝、迎接和告别等。

如果说食欲是为了个人的身体不致死亡，那么性欲则是为了种族的身体不致消失。于是，性首先便表现为生殖。人是要死的，但这个要死的人却在自己的子孙后代身上看到了自己的死而复生，且生生不息。在生殖行为中当然有性欲的要素存在，但真正的性欲及其满足的快乐是与生殖相对分离的。由此，性行为不再作为生殖的中介，而是作为性欲本身，如此的性欲及其满足便以自身为目的。这时的性表现为纯粹的肉体感官愉悦，它就是人们讲的色情之乐。但既不是生殖，也不是色情，而是唯有爱情才是性的最高升华。爱是给予，因此，相爱就是给予与被给予。为什么？个体在他的成长过程中意识到了自身的界限及其残缺，他只有在异性中才能使之达到完满。由此，异性的存在便是自身渴望和追求的根据。它使人超出自身，在两性的合一中结束不完满并达到完满。在此过程中，每人对于他人而言都是给予者和被给予者。这种给予和被给予是全部身心的。异性不仅渴求精神的沟通，也渴求肉体的交媾，从而成为一体。但这个爱的一体是给予与被给予的统一。于是在爱中便开始了伟大的生成，男女成为了新人。他们既各自展开自身独特的个性，又建立相互灵肉共生的关系。

其次是工具的生成。

工具最初只是手段。人为了满足自己的欲望，必须制造和使用工具。工具作为工具之日起，它就是作为直接或者间接的手段，为实现人的目的服务。于是，它既不同于纯粹的自然之物，是自在的；也不同于人所创造的艺术作品，是自为的。工具虽然是一个独立的物，但它始终指向自身之外。它源于人，并且为了人。在效劳于人的活动中，工具丧失了自身的独立性，它只是听命于人的安排。不仅如此，工具在使用过程中还会逐渐自身消失。因此，它作为一个被使用的手段将会被人抛弃。

虽然工具是人的手段，但为了成为更好的手段，它也成为了自身的目的。这样，它便有了自身的规律和发展逻辑，而且是不以人的意志为转移的。特别是现代的科学技术，不再简单的是人的手段，而是以自身为目的。它取代了历史上曾经存在过的上帝和天道，并成为了新的上帝和天道。这种以自身为目的的现代科学技术不仅超出了人的控制，而且也丧失了自身的边界。这就是说，它成为了无限的和没有穷尽的。如现代的原子技术、生物技术和信息技术所敞开的可能性，不仅是人未曾经历过的，也是人无法想象的。

于是，工具既不能简单地看成人的手段，也不能简单地看成以自身为目的。特别是现代科学技术要求人们对于工具进行新的思考。这种思考必须抛弃片面的手段和目的的模式。也许工具自身既是手段也是目的，也许它既不是手段也不是目的。工具是人的伴侣，是沟通人与其生活世界关系的信使。因此，现代的工具如科学技术一方面要沟通人与自然的关系，另一方面要沟通人与自身的关系。在这样的关联中，工具既让自身存在，也让人和万物自身存在。

最后是智慧的生成。

一般人认为，比起欲望和工具，智慧或者真理是永恒存在的、千古不变的。它们存在得如同上帝，存在得如同天道。但事实上，智慧也是处于永远的生成之中，它不是永恒不变的，而是不断成长的。对于人的生活世界的游戏来说，并没有一个预先给予的智慧，而只有在此游戏中与欲望和工具一起生长出来的智慧。同时，智慧随着其历史性使命的完成，也有其死亡和终结。于是，人们既不能相信智慧的永垂不朽，也不能希望它的死而复活，而是要思考智慧的死亡和新生。这正是智慧的历史性的生成。

智慧的历史是一个由外在到内在的过程。人类历史古代的智慧总是以外在于人的形态表现出来的，它们或者是神灵，或者是天道。当然神灵和天道的显现最后还是依赖于人，这个人就是圣人。圣人向人们说出了智慧，指出了真理。但圣人既不是作为人，也不是作为个人自身在言说，而是作为神灵和天道的代言人在言说。因此，所谓智慧就是神灵的启示和天道的显现，它规定了人在世界中的生活和道路。与人类历史古代的智慧的外在性不同，现代的智慧却是内在性的。这就是说，人不需要借助于人之外的其他什么东西，而是依靠于自身。人自己说出了关于生活世界的智慧，规定了自己的存在、思想和言说，由此制定了生活世界的游戏规则。正如各种法律都是人的意志，并且是人的约定。但随着事物的变化，法律不仅有制定，而且有修订，甚至还有废止，由此重新制定。

　　智慧的历史也是一个由一元的到多元的过程。人类历史古代的智慧一般都是一元的智慧。特别是当宗教成为智慧的主要形态的时候，我们看到了每种宗教都宣称自己是唯一的真理，并以此统治那些信仰的民众。就一神教而言，有犹太教、基督教和伊斯兰教；就非一神教而言，有印度教、佛教和道教等。这些宗教，其中特别是一神教不仅主张自己所宣扬的智慧的唯一性，而且要求自己的普遍性。因此，在历史上就出现了频繁的宗教战争。但人类历史进入现代之后，智慧进入到多元的格局。一方面，唯一的真神死亡了，由此历史进入到无神的时代。那些依然存在的各种宗教不再宣称自己的唯一性和普遍性，而是承认多元，并寻求和他者对话。另一方面，现代世界的智慧是差异的、异质的、多样的和非同一的。它们形成了不同的游戏规则，并指导了不同的游戏活动。由此，生活世界的大世界分离出许多小世界。

　　正是由于不断生成，欲望、工具和智慧才使自身日新月异。由此，它们创造了世界并形成了历史。但历史作为生活世界的游戏不是必然的，而是偶然的。它反对各种决定论和宿命论，而强调随机、选择和突变。由于这样，生活世界的游戏克服了有限性，而获得了无限性。于是，生活世界的游戏是一场无穷无尽的游戏。

　　5. 显现

　　我们开始探讨的目的是美自身，但之后却一直都在追问生活世界，也就是欲望、技术（工具）和智慧的游戏。在完成这些追问之后，我们又回到了原处，重新探讨美自身的问题。思考的道路似乎绕了一个大圈子，但事实上却不是如此。我们其实一直都在追问美的问题。这是因为美不是其他什么东西，而是欲望、工具和智慧的游戏的显现。

　　显现大多和现象相关，有时甚至被理解为现象。但是现象不能简单地等同于显现。这在于现象当然是存在的显现，但它却可能不是存在自身。因此，现象具有几种不同的形态和语义。

　　现象容易被误解为假象。假象其实就是假的现象，不是事物自身真正显示的现象。它似是而非，看起来如此却并非如此，或者反过来，看起来并非如此却是如此。这种假象实际上是伪装、骗局和面具，它遮盖了存在自身的真相。因此，对于存在或者事物的理解就必须去掉假象，把握真实。

现象也被理解为表象。表象如同疾病的某种症候，显示出某种自身不显现的东西。在此，一方面是作为表象的现象，另一方面是作为与此不同的存在自身。表象指引了它之后的某种东西。虽然表象不是假象掩盖了存在自身，但它也不是存在自身的显示。

这两种形态的现象都与存在自身是具有差异性的。只有第三种现象，即现象学意义上的现象才与存在是同一的。这种现象被理解为显现，它是作为显现自身的显现者。① 它不是存在之外的某种东西，它就是存在自身。因此它也不是与本质相对的现象，而与本质相分离。在此，存在和现象的矛盾得以克服，而无须透过现象看本质。

在这种意义上的显现就是事物自身。但事物的显现意味着什么？如果说显现就是事物自身的话，那么显现就是事物的生成。作为显现自身的显现者将自身作为自身显示出来，也就是事物作为事物将自身表现出来。这种显现就是存在，就是在场，也就是完成。

显示是从虚无到存在的过程。一个事物的显示是从虚无到存在的转变，因此，它就是无中生有。事物并不是建立在已有的基础上生成自身的。如果没有一个预先给予的基础的话，那么事物自身就是建立在虚无之上，但它同时也是建立于自身之中。在此就发生了有无之变，事物形成并显示自身。

显示也是从缺席到在场的过程。作为事物的生成，显示将缺席的事物召唤到在场。缺席作为不在场，是事物的自身遮蔽。它不敞开自己，反而归闭自身。显现则是事物自身的在场和敞开，而表明它自身是什么和不是什么、它和其他事物的关联。

显示也是从开端到完成的过程。事物自身的显现证明了它自身不仅仅是一个开端，而且也是一个完成。它表现为整体，即一个有序的事件。它也可以被

———————————
① 参见海德格尔：《存在与时间》，图宾根，尼迈耶出版社 1993 年版，第 34—39 页。

称为是完美、完满和圆满。一个已完成的事物就是一个已实现的事物。而一个已实现的事物就是现实，也就是我们的生活世界。

显现在显示出存在、在场和完成的同时，也允诺了虚无、遮蔽和开端。这就是说，显示是存在和虚无、在场和缺席以及完成和开端的冲突和斗争。也正是如此，显现自身在一种张力之中保持自身的无限性。

毫无疑问，显现就是存在自身的发生。但是存在始终相关于人的存在，并把人的存在包括于存在之中。于是，存在自身的显现过程也是向人的思想敞开的过程。这表现为思想的经验和理解。没有思想的显现，存在的显现是难以想象的。同时，存在和思想的显现过程也是向语言敞开的过程。惟有语言将存在和思想的事件说出来，事件才会真正显现出来。因此，语言是最明确的显现。

生活世界是人的存在的发生之所，是存在、思想和语言的聚集。作为欲望、工具和智慧的游戏，其游戏过程本身就是显现过程。这就是说，生活世界通过自身的游戏将自身显现出来。它显现的就是自身，而不是自身之外的其他什么东西。生活世界的显现表现为一系列错综复杂的事件，如欲望的、工具的和智慧的，还表现为自然的、社会的和精神的等层面。

显现就是显现出来。它是放射，是照亮，如同光一样。当生活世界的游戏将自身显示出来的时候，它是源于自身并为了自身而将自身表现于光明与黑暗的斗争之中的。在此不是上帝的神性之光，也不是天地的自然之光，甚至也不是人类的理性之光，而是生活世界自身的光明及其黑暗。在欲望、工具和智慧的游戏中，欲望是黑暗的，工具是镜子般的，而智慧却是光明的。正是在光明和黑暗的冲突和嬉戏中，正是在镜子的反射和映照中，生活世界的万事万物显现自身并形成自身。它们要么是自然，要么是作品。

作为显现活动的生活世界的游戏在根本上是感性的。感性一般被人理解为感性认识，并和理性认识相对。与理性认识相比，感性认识是低级的。不仅如此，感性认识最后要被理性认识所克服。感性还会被理解为感性对象。它是事物的一些特征，如色彩和声音等，它诉诸人的感官的感觉。与此相对，事物的本质特征是为理性认识所把握的。不管是感性认识，还是感性对象，它们都被看成是初级的和外在的。但感性不仅要理解为感性认识和感性对象，而且要理解为感性活动，一种不断生成自身的感性活动。它就是存在自身，就是生活世界的游戏。存在或生活世界从来不是理性、逻辑和推理的对象，它就是活生生的人和物本身。它是可看见的、可听见的，甚至是可触摸的，因此，它就是感性活动。在这样的意义上，生活世界本身就是审美的。于是，我们可以断言，所谓的美就是欲望、工具和智慧的游戏的显现。

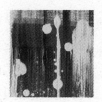

第三节　美作为人的自由境界

一、人与美的关系

1. 人创造和欣赏美

我们认为美是生活世界的欲望、技术和智慧的游戏的显现。这意味着美既不是上帝之光，也不是自然之光，而是人类之光。因此，美自身与人有密切的关系。但它们究竟是一种什么样的关系？

为了回答这样的问题，我们必须回到欲望、技术和智慧的游戏自身。所谓的欲望、技术和智慧显然都是人的欲望、技术和智慧，并形成人的生活世界。但我们并不能因此说欲望、技术和智慧是被人所规定的。相反，正是欲望、技术和智慧的游戏规定了人。在这样的意义上，欲望、技术和智慧的游戏不能等同于人的游戏。同时，这一游戏不仅将人纳入为游戏者，而且将万物纳入为游戏者。由此，游戏敞开了人、自然和精神的宽广维度。于是，人和生活世界的游戏不是片面的决定或被决定的关系，而是相互共生的关系。如果事情是这样的话，那么我们必须重新思考人和美的关系。

流行的观点为：人是美的创造者。创造一般会使人想到上帝的创造和艺术的创造，但其中上帝的创造是根本的，因为艺术的创造也受上帝的创造的影响。就上帝的创造而言，上帝是创造者，世界是创造物。上帝凭借自己的道给予了这个世界，因此，上帝是世界的规定者。如果说人是美的创造者的话，那么人和美的关系就如同上帝和世界的关系。这也就是说，人是美的规定者。人在没有美的地方创造了美。但人是如何创造的呢？

一种观点认为，人对于美的创造是心灵的创造。人的心灵本身就具有审美构造的能力，它能给一个没有审美特性的事物赋予审美的特性。特别是情感的投射和移情是美的现象产生的根源。因此，没有人就没有美。这又是说，没有人的情感也就没有美。

另一种观点认为，人对于美的创造是现实的创造。美肯定是人的创造，但人创造美不是借助心灵的活动，而是借助现实的活动。这里的现实具有独特的意义。它不仅相对于情感等心灵的活动，而且不同于一般的日常生活世界的活动。它是一种特别的活动——实践，亦即人的物质生产活动。它是人类使用和创造工具的活动，是人类借此改造自然并同时改造自身的活动。正是在这种活动中，人创造了美。

人创造美的过程主要表现为人化的自然和自然的人化。① 自然的人化包含外在和内在两个方面。外在自然是人所生存的自然环境，它的人化分硬件和软件两个维度。前者指人对于自然界的物质性改造；后者指自然与人的关系的重要变化。同样，内在自然的人化也有硬件和软件两个层面。前者是改造作为人自身的自然，即人的身体器官、遗传基因等；后者是人的内在心理状态的改变。自然的人化和人的自然化是人类历史进程中的两个方向不同的重要环节。如果说前者是走向人本身的话，那么后者是走向物本身；前者是人不断与自身相分离而进步，后者是人永远与自然去亲近而回归。自然的人化和人的自然化实际上形成了一个存在悖论，但它们正是凭借这种不可克服的矛盾的力量一方面促使了人的生成，另一方面促使了自然的生成。

无论是把创造理解为心灵的还是现实的，但"人是美的创造者"这一理论都设定了人对于美的规定性。但人并不是如同上帝那样，可以根据自己的意志去创造美或者是毁灭美。因此，我们必须对于人创造美这一观点作更深入的思考。一方面，美不是自然论所主张的那样，自然自身就具有审美的特性，而无

---

① 参见李泽厚:《美学三书》，安徽文艺出版社 1999 年版，第 477 页及以后。

须人类的创造；另一方面，美也不是人类学和人类中心主义所说的那样，是人类的主体的产物。这种理论还将人置换成生存、生命等，如一些生存美学和生命美学的基本观点。事实上，人对于美的创造这一观点必须理解为：人让美成为美。这就是说，一方面，美不是与人无关的，美在它的发生的过程中已将人纳入其中；另一方面，人作为一个美的发生的参与者听从美的召唤，并服务于它，让美自身成为自身。

这种对于"人是美的创造者"的重新解释也让我们进一步思考"人是美的欣赏者"。人们一般将人与美的关系分成两个方面：一方面是创造；另一方面是欣赏。就美而言，在创造那里，美是尚未存在的；在欣赏那里，美是已经存在的。就人而言，在创造那里，人是活动的；在欣赏那里，人是静观的。这种区分一直流行于美学理论并影响了人们对于人与美关系的看法。

人当然是美的欣赏者，但欣赏不等于静观。这是因为人对于美的欣赏已经进入到美的发生中去。美虽然是已经存在的，但它还在继续生成。人的欣赏就是对于美的存在状态的守护。因此，人是美的欣赏者必须理解为"人是美的守护者"。所谓的守护不是其他东西，而是对于美的爱护和保护。爱护是让美如其所是地存在，而保护则是让美免受其自身之外的事情的干扰和破坏。如果美的创造必须理解为让美成为美的话，那么美的欣赏则是让美作为美。

我们将人是美的创造者解释为人让美成为美，将人是美的欣赏者解释为人让美作为美。在这种重新解释中，我们看到了美与人的关系发生了微妙但根本性的变化，不再是人规定美，而是美规定人。

美之所以成为人的规定，是因为美使人成为人。一方面，美让人与动物相区分，人不是动物而成为了人；另一方面，美让人与自身相区分，从非自由的人到达自由的人。

2. 人与动物的区分

人是一个动物，但不是一般的动物，而是一个特别的动物。因此，人和动物之间存在一个最微小的缝隙，但它又是最难以逾越的。

事实上，西方的历史主要不是人与动物的关系，而是人与神的关系形成了主题，这尤其是在古希腊和中世纪的思想中得到了充分的表达。古希腊认为神是不死的，因而是长存的；但人是要死的，因而是短暂的。阿波罗神殿前的箴言"认识你自己"意味着人要认识自己不是神，而是人。中世纪相信神是造物主，而人是受造物，人背离了神并因此要皈依神。只是在近代以来，神或者上帝对人失去规定性之后，人们才首先考虑的不再是人与神的关系，而是人与自然的关系以及人与动物的关系。

近代以来的哲学对于人和动物关系的思考基于人与其他存在者关系的确定。此时的世界是由人和自然所构成的整体。在存在者整体中，矿物、植物、动物、人和神都以自己不同的存在方式存在着。其中当然保存了人与神的关系，但这种关系已经变成人和自身神性的关系，亦即人和理性的关系。与此相关，人和自然界的关系以及人与动物的关系凸显出来。这是因为人和自然虽然也同属一个世界，但人作为主体又与作为客体的世界相分离，并去设立它、生产它。这就使人与自然划界，与动物划界。

那么人与动物的界限立于何处？人与动物可以作出许多区分。如生理上，人最显明的特征是直立的双脚和灵活的双手，还有大脑以及其他面部形态。而动物，哪怕是最高等的动物也不具有人的这些特点。可以说，人与动物的生理性的差异在任何一方面都是存在的，因此，其区分是无限的。但这种区分可多可少，并不具备决定性的意义。饮食上，人熟食，动物则生食；性行为上，人可以在任何时令做爱，而动物则只能在特定的季节交媾。但所有这些人与动物的界限都是似是而非的，因此是模糊的、朦胧的。这要求寻找一明晰的分界线，它使人与动物相互之间不可逾越。

自古希腊以来，人就被规定为理性的动物，理性成为了人与动物的区分。但这一点只是在近代得到强调并形成主题。理性是思想，而且是自身建立根据的思想。作为理性的动物，人不同于神，因为神不是动物，而只是理性的存在。同时人也不同于动物，因为动物不是理性的，而是非理性的。人一旦被规定为理性的动物，这就意味着理性是人的最高尺度，并作为人思考、言说和行动的准则。惟有如此，人才能规定自己并规定他的对象（世界）。

现代依然注重了人与动物的区分，但其最终界限不再是理性，而是存在。

存在比理性更为本源，而存在本身却是超理性、超逻辑的。于是，人的规定不再是作为理性的动物，而是作为生活者、存在者和生产者。尼采从生命和创造力意志来解释人的本性，而生命是欲望，是它的保持和上升。不是动物、而是人才将创造力意志作为自己存在的规定。海德格尔将人理解为此在，亦即立于林中空地的存在者。动物虽然存在，但惟有人理解了自己的存在。作为此在的人是能死者，他能以死为死。但动物没有人类意义上的死亡，它们生命的完结不过是倒毙。因此，人要首先规定为能死者，然后才能规定为理性的动物。与尼采和海德格尔一样，马克思也放弃了把人规定为理性的动物，而是将人置于存在的领域。但马克思将人的存在把握为有意识的生命活动。这成为了马克思思想中人与动物的最后分界线。

马克思对于动物与人的区分主要是鉴于它们的生产活动，并对此作了许多现象描述。如动物的生产是片面的，人的生产是全面的。前者直接相关肉体，后者则能摆脱肉体。前者生产自身，后者生产整个自然界。前者的产品与肉体相连，后者则能自由与产品相对。前者按照自己所属的尺度，后者懂得按照任何物种的尺度并将人内在固有的尺度给予对象。总之，动物和它的生命活动是直接同一的，人则将自己的生命活动本身变成自己的意志和意识的对象。有意识的生命活动直接把人和动物的生命活动区分开来。[1]

显然，马克思并不注重人与动物在生理上、心理上和生活习性上的差异，而是注重它们在生产活动方面的不同。这是因为生产活动是人与动物最基本的存在方式和显现方式，而生理、心理和生活习性等都会在生产活动中显示出来。但最根本的原因在于，马克思将人本身不是看成一理性的人，而是看做是一生产者。同时，人也不是一思想的生产者，而是一物质的生产者。这使马克思只能从生产活动方面来区分人与动物，而其他方面的区分也就变得无足轻重了。

马克思将人的生产规定为有意识的生命活动。这听起来仍然如同人是理性的动物。如果将理性和意识都把握为人的思想，而不考虑它们之间的差异的

---

① 参见马克思：《1844 年经济学哲学手稿》，人民出版社 2000 年版。

话，那么理性和意识是同义的。而动物类的特性就是生命活动，有生命活动的存在者就是动物。事实上，马克思作为德国古典哲学的继承人仍然使用了德意志唯心主义的语言，这特别体现在关于意识或理性的理解上。在区分人与动物时，马克思指出人的活动因为是有意识的、对象性的活动，所以才是自由的活动，而自由自觉的活动恰恰是人的类的特性。这基本上沿用了近代理性哲学的话语。理性哲学将人看成是理性的动物，而人具有理性意味着人拥有自我意识，这又同时意味着人具有对象意识。正是如此，人才能设立自我和设立对象（世界），并因此是自由的。然而，马克思对生命活动的理解方面却有与德意志唯心主义完全不同的意义，它不是理论活动，而是实践活动，亦即人的物质生产活动。人的生产是实际创造一个对象世界，而这成为了人的存在的确证。与此同时，马克思将人的生命活动与意识不是相互分裂，而是合为一体，亦即有意识的生命活动。这样一种根本性的活动作为存在才是那些分离的、纯粹的思想的基础，而不是如同唯心主义那样做得相反。正是在这样的意义上，马克思的作为有意识的生命活动的人改变了传统的作为理性的动物的人，将一个颠倒的世界重新颠倒过来。

根据我们的观点，人当然是一个欲望、工具和智慧的游戏者。因此，人在这几个方面都是区分于动物的。人的欲望不同与动物的欲望。人的最具动物性的欲望也是人性的。同时，人是使用和制造工具的动物，这是动物无可比拟的。最后人具有智慧。动物，哪怕是最高级的动物也是没有智慧的。

3. 人与自身的区分

但人与动物的区分不过是其准备性的工作，而人与自身的区分才是其根本的问题。这是因为人与动物的区分只是说明了人作为生物的类的特征，而不能阐释人的世界和历史的本性，不能显示出人与人的差异。人的世界的建立和历史的发展不是通过人与动物的分离，而是通过人与自身的分离而实现的。这种分离，就是人与自身的区分，亦即与人自身的现实给予性的区分。这一区分使人的规定真正得以实现。

不同于人与动物的区分，人与自身的区分一直成为了西方思想的主题。从古希腊经中世纪到近代的划时代性的变化，就是人的规定的变化，亦即人与自身区分的变化。在古希腊，人与自身相区分而成为英雄，其美德是智慧、勇敢、节制和正义。在中世纪，人与自身相区分而成为圣人，其美德是信、望、爱。在近代，人与自身相区分而成为公民，亦即自由人，其美德是自由、平等和博爱。在这每一个时代的人与自身的区分之中，人的规定都保持了和神的密切关联。英雄的命运，不管是他的幸运还是厄运，都离不开诸神冥冥之中的祝福或诅咒。圣人是那意识到自身罪恶并皈依了上帝的人，他们是上帝福音的使者。公民作为自由人是合乎人性的人，而人的人性是人的理性，但理性是人自身的神性。在这样的意义上，西方历史上的人的规定又是被神性所规定的，也就是所谓的"人神同在"。

虽然现代思想也追求人的区分，但它基于一种与古典时代完全不同的生存境遇，即上帝的死亡。只要上帝是最高的理性自身的话，那么上帝之死也是理性之死。同时只要人被规定为理性的动物，那么理性之死也是人之死。但在这样的一个时代里，人如何与自身相区分？对于尼采来说，人要与末人相区分，而成为超人。对于海德格尔来说，人要与常人相区分，而成为能死者。尼采的超人和海德格尔的能死者都不再是传统的理性的人，而是一个存在的人，一个比理性的人更为本源的人。超人是大地的意义，而不是居于天空充当另外一个上帝。而能死者在天地人神的世界中，居住在大地之上和苍天之下，能以死为死。但尼采和海德格尔所经验的现代性是一个独特的时刻。前者称为正午时分，即上帝已死但超人尚未诞生。后者谓之为过渡，即人不再是理性的人，但尚未成为能死者。因此，超人和能死者是一个未来的人和将来的人。他们成为了现代人的规定。

与尼采和海德格尔相似，马克思对于现代人的规定也是借助于一个将来的人和现在的人进行区分。这就是人与异化劳动者（雇佣劳动者）相区分而成为共产主义者。这是马克思思想中的核心问题。只是建基于这种区分，马克思才展开了对于资本主义社会的无情批判和对于共产主义社会的美好憧憬。

马克思关于异化劳动者的分析展开于关于异化劳动的分析之中。异化的本意是陌生化和疏远化，即一个事物不再成为其自身，并成为其对立面。但马克思所说的异化的主要意义并不是思想性的,如黑格尔的精神异化,也不是道德性的,如一些人道主义者所做的那样,而是存在性的。它是对于现代人生存境遇尤其是劳动的描述。劳动异化之所以可能产生,是因为劳动本身正是外化,而外化正是对象化。在马克思看来,劳动的现实化就是劳动的对象化。但这只是事情的一个方面。另一方面却是劳动的现实化表现为非现实化,对象化表现为异化。因此,对象化和异化是劳动的两面,而异化建立于对象化的基础之上。但对象化活动不是对象的对象化活动,而是主体的对象化活动,即主体将自身对象化。这已经设定了一个"主体—客体"二元关系的模式,而它正是德意志唯心主义的基本概念。近代哲学的人是理性的人且具有自我意识的人。这样一个自我作为主体设定主体自己,同时也设定它的客体(对象)并达到主客体的统一。马克思的对象化活动的理论接受了这种思想,但对它进行了革命性的改造。其关键在于,意识的主客体关系变成了劳动的主客体关系,而且劳动自身作为本原性的存在,是主客体关系建立的基础。

对异化劳动的本性,马克思从四个方面予以了分析:人与产品、人与劳动、人与类本质、人与人。马克思关于异化劳动的分析展现为从劳动对象经劳动活动到劳动者这一过程,而劳动者又分成劳动者与自身的关系和劳动者与他人的关系。从劳动对象经劳动活动到劳动者实际上经历了从客体到主体的转换。虽然马克思采用了近代哲学的主—客体的思想模式,但他却放弃了从主体到客体的道路,而是采用了从客体到主体的路线。这是因为马克思的历史唯物论的思想是从存在者出发,从现有的事实出发。但事实就是劳动的直接存在形态,即劳动产品,而劳动过程和劳动者都必须显现于劳动产品之中。同时马克思也没有设定孤立抽象的主体(劳动者)和客体(劳动产品),而是始终将它们置于劳动活动自身的分析之中。

现代人作为存在者就是异化劳动者。但马克思的思想要求人与之相区分,成为共产主义者,他才是人真正的规定。对于马克思的这一人的规定,现代汉语译为共产主义者。但这是一流行的译法,而不是准确的译法。马克思所憧憬的不是共产,不是私有财产的普遍化,而是共同生活,共同生存,如同中国古代哲人所梦想的大同世界。因此,共产主义应理解为共生主义,共产主义者应理解为共生主义者。

那么谁是共产主义者？共产主义者是被共产主义所规定的。马克思认为，共产主义是人的自我异化的积极扬弃，它是人通过人并为了人而对于人的本质的真正占有，是人的本性的全部复归。总之，共产主义者是一个真正的人，一个合乎人性的人，一个获得了现实自由的人。他不仅与动物相区分，而且与异化劳动者相区分。对于人的本性和人的历史的理解，马克思采用黑格尔的辩证法：肯定（人的本性），否定（异化），否定之否定（异化的扬弃和人的本性的复归）。但这一辩证法不是线形的，因为异化劳动的产生和异化劳动的扬弃走着同一条路。当然，共产主义作为社会形态只是将来的，而共产主义者作为人的理想也是将来的。

马克思始终将人的本性置于人与自然的关系的生成之中，于是，共产主义也是关于人与自然的关系的最高发展。它是完成了的自然主义，是人与自然之间矛盾的解决，是它们的和谐与合一。同时，共产主义也是完成了的人道主义，是人与人之间矛盾的克服，是他们的共同存在。在此，我的存在就是你的存在和他的存在，反之亦然。据此，共产主义是自然主义和人道主义的统一。而共产主义者就是一位自然主义者和人道主义者。

在马克思的思想中，共产主义者作为人与异化劳动者的区分而获得的人的规定，同人与动物的区分的仍然具有深刻的关联。动物与人相比较，前者是不自由的，后者是自由的。但人作为类的特性的自由是抽象的、空洞的，因为人的现实正是非自由的。在异化劳动中，人作为动物时才是人，而人作为人时成为了动物。这要求人与非自由的人相区分，成为自由的人，并成为真正的人。共产主义不仅使人与异化劳动者的区分得以完成，而且也使人与动物的区分得到真正的实现。因为异化劳动者是动物性的，共产主义者才是人性的。

但根据我们的观点，人与自身的区分就是人的欲望、工具和智慧与自身的区分。这就是说，新的欲望、工具和智慧与旧的欲望、工具和智慧的斗争。这就形成了历史上无穷无尽的新旧之争、古今之争。正是在这种斗争中，历史才形成了所谓的中断、跳跃和划时代，人也获得了不同时代的不同规定。

4. 美与人的两重区分

我们已经探讨了人与动物的区分和人与自身的区分。但美又是如何使这两种区分实现的呢？虽然中国和西方的美学在不同的程度上思考了这个问题，但马克思的历史唯物论的美学对此问题的思考无疑是最深刻的和最具有启发性的。

马克思认为，首先就人与动物的区分来说，动物只是按照它所属的那个物种的尺度和需要来进行塑造；而人则懂得按照任何物种的尺度来进行生产，并且随时随地都能将内在固有的尺度给予对象，因此，人也按美的规律来塑造。其次，就人与自身的区分来说，虽然劳动创造了美，但使劳动者成为了畸形，在此人是异化劳动者；而作为共产主义者的人将是美的实现者，是人的解放和感觉的解放。

人与动物的差异在于：动物不是按照美的规律来生产，而只有人按照美的规律来生产。动物之所以不能，是因为它只是依据其物种的尺度，且只是本能性的，无意识的。而人之所以可能，是因为他能够超出其物种的尺度而把握其他物种的尺度，并且能够将自身的尺度来给予其他物种。同时，人的生产是超本能的，有意识的。但这样一种美的规律究竟是什么样的规律？美的规律可以理解为自然王国的必然性，由此人与动物的差异可描述为人把握了这个规律，而动物没有。但马克思认为这种必然性统治的王国只是黑暗王国，没有光明，没有自由，因此没有美的规律的存在。美的规律还可以理解为理性或精神的设定的规则，如同德意志唯心主义所做的那样。显而易见，不是动物而是人才能领会这一规则。但马克思哲学的基础不是理性或精神王国，而是现实王国。这就使美的规律作为精神法则并创造现实成为一种幻想。因此，所谓美的规律实际上只是人的现实的规则亦即其生产的规则。但按照马克思的观点，人的生产是有意识的生命活动，是人改造自然的活动，是人内在固有的尺度和其他物种的尺度的统一的活动，并因此是主客体合一的活动和自由的活动。于是，美的规律就是人的规律，即有意识的生命活动。如果说美的规律是人的生产的规律的话，那么不仅动物，而且整个自然界都不存在这样的规律。同时，不仅神灵，而且整个意识领域也不存在这样的规律。这样就使马克思在美学上彻底告别了机械唯物主义和一切形态的唯心主义。

马克思认为人的有意识的生命活动亦即自由，在这样的意义上，劳动创造了美。但这只是基于人与动物的区分，基于对人的类的一般特性的描述。马克思所经历的现代却是人的本性被剥夺的时代，亦即异化的时代，这具体表现为劳动的剥夺和劳动的异化。因此，马克思所经验到的首先不是人的自由的活动，而是人的非自由的活动；不是美的创造，而是美的否定。于是，马克思一方面说人不同于动物，劳动创造了美；但另一方面说人的现实是异化性的，劳动使劳动者成为了畸形。这种异化的现实才是现代人的基本生存处境。这样，马克思的美的规定不仅要求人与动物的区分，而且要求人与自身的区分。此种区分表现为共产主义和异化劳动的区分，美的实现和美的否定的区分。

异化劳动作为美的否定关键在于它不是自由的活动，而是不自由的活动，因此是非人性的活动，也因此是动物性的活动。这实际上在异化劳动的各个环节已经显示出来，即人与对象的异化、人的劳动活动自身的异化、人与类的异化、人与人的异化。劳动的异化也导致了人的感觉自身的异化和感觉对象的异化。人的感觉不再是人性的感觉，而是非人性的感觉；它不再是自由的感觉，而是非自由的感觉。这种异化的感觉只是成为了对于对象的占有感，即当我占有也就是消费对象时，对象才是我的，否则就不是我的。与人的感觉的异化相对应，感觉的对象的异化使对象失去了可感觉的多样性和丰富性，而变得单一和贫乏。感觉对象向人的感觉所显现的只是它们的可被占有和可被消费的方面，而它自身作为存在物的特性则隐而不露。在感觉自身和感觉的对象双重异化的情况下，美的感觉和美的感觉的对象也被双重剥夺掉了。

共产主义作为美的肯定正是对于异化劳动的否定。作为完整的人，人将自己的本质据为己有，并将属人的现实据为己有，但这不是私有制下片面的占有方式。作为人的解放，共产主义也是一切属人的感觉和特性的彻底解放。因此，人不仅在思维中，而且以全部感觉在对象世界中肯定自己。于是，感觉的主体和客体方面成为人性的。就感觉的主体而言，感觉通过自己的实践直接成为了理论家。这意味着感觉不仅超出了异化的感觉亦即片面的感觉的限制，而且也超出了感觉自身的限制，使感觉成为超感觉的，也就是自由的、审美的。

就感觉的客体而言，对象摆脱了其有限的功利性，而展露其超功利性。这使对象一方面成为人性的，即人的丰富本质的对象化；另一方面成为物性的，也就是成为自然物自身。这样一个既是人性的又是物性的对象就是自由的对象和审美的对象。感觉的主体和感觉的客体的人性化显现了人与自然关系的人性化，同时也显现了人与人关系的人性化。我的感觉变成他人的感觉，他人的感觉变成我的感觉。这种感觉的交流使个人性的器官变成社会性的器官，因此，审美的交流成为可能。

这无非表明，美不仅使人区分于动物，而且也使人区分与人自身。于是，不是人规定了美，而是美规定了人。在这样的关系中，人与美相互生成。

二、自由的本性

美不仅使人与动物相区分，而且使人与自身相区分。这意味着美使人从非审美状态走向审美状态，也就是从非自由走向自由。

1. 自由的现象

虽然自由是人的本性并且也是美的本性，但关于自由的思想并形成自由主义只是现代现象，在现代，出现了各种不同类型的自由思想，如政治的、社会的和经济的等。

首先是政治的自由。它反对绝对主义，争取个人的政治权利，要求建立宪政政府。通过宪政政府的建立，个人的基本权利获得了法律上的保障，同时人民享有了选举与参与的权利、选择政府形式的权利。

其次是经济的自由。其核心是私有财产、市场经济以及国家较少对经济干预与控制。它强调经济个人主义与自由企业制度，坚持个人应该具有的种种经济权利，如生产与消费，缔结契约关系，通过市场经济购买或售卖，以自己的方式满足自己愿望，支配自己的财产与劳动等。

最后是社会的自由。它关注各种社会问题，如不同的阶层、种族、性别和年龄等的差别和关系，它追求最大可能的正义和平等。

但是，我们在此不是探讨此种自由或者彼种自由，而是探讨自由本身，也就是自由的本性。

2. 自由的理论

关于自由本身，历史上也有各种各样的理论。

第一种理论认为自由就是随心所欲。这是关于自由最一般的日常理论。它无非认为自由是人按照心灵的意愿来行动，而心灵的意愿本身是没有限制的。但这是一种似是而非的理论，它所说的自由看起来是自由，但实际上不是自由。这是因为心灵本身可能自己规定自己，并同时规定它的对象，但也许它没有自己规定自己，相反它被它的对象所规定。这样的心灵就是不自由的，而是非自由的。真正的自由刚好与此相反，它要克服随心所欲，控制自己。

第二种理论认为自由是对必然的认识。这种理论已经脱离了日常观念而上升到了哲学层面。必然是不自由的，自由不是必然的。但必然王国之所以能够飞跃到自由王国，是因为必然在此不是不为人所知的，而是为人所知的。因此可以说，不自由就是没认识到的必然，而自由就是认识到的必然。这不过表明，不自由是不自觉地服从必然，而自由是自觉地服从必然。这种自由理论是一种伪装和精致的宿命论。宿命论主张绝对服从命运。最著名的宿命论的观点是，听从命运的人，跟着命运走；不听命运的人，命运拖着走。作为对于必然认识的自由：一方面与宿命论是相同的，它要服从必然；另一方面与宿命论是不同的，它对于必然是认识了的。真正的自由是克服必然并超出必然。

第三种理论认为自由是自我规定。所谓的自我并不是经验的自我，而是先验的自我。或者说，它就是我思，自我意识。所谓的规定并不是为所欲为，而是对于自身的限定。一方面是自我可能做什么和不能做什么，另一方面是自我必须做什么和必须不做什么。作为自由的自我规定不仅规定自身，而且还规定它的对象。这是因为自我在此将自身设定为主体，并同时设定了其客体。最后自我规定还设定了主客体的同一。正是在这种同一性中，自由才得到了真正的实现。但作为自我规定的自由主要基于理性主义和主体主义，因此，它不可避免地具有唯心主义和意志主义的特色。

3. 自由自身

让我们回到自由本身。

如果对于汉语的"自由"进行字面上的解读的话，那么它就是"自己由着自己"。但是这种自由已经设定了它的对立面：自己不由着自己，亦即不自由。

在人的生活世界里，非自由不仅是原初的现象，也是大多的现象，它表现为垄断、集权、奴从等。非自由的基本规定是：束缚自己和束缚对象。我们可以从多个方面描述非自由，如社会的：社会对于个人的限制，个人对于社会的反抗；自然的：自然对于人的控制，人对于自然的破坏；精神的：一方面，没有精神，无知、愚昧，另一方面，宗教、道德和哲学的极端统治。当代世界的非自由以新的形态出现，如欲望的泛滥、技术的控制和虚无的流行等。但不自由所带来的最大的困境是人们还没有思考非自由为非自由。

因此，当自由要成为自由的时候，它首先必须是对于不自由的否定。

否定在日常生活中的用法一般只具有消极的意义。特别是当人们习惯于作为顺从的肯定的时候，否定大多被认为是反叛的，甚至是恶魔般的。即使否定不在这样的意义上使用，它在其他地方也是容易被误解的。道家和佛教容易将否定理解为虚无、空幻，并赋予一种本体论的意义。但否定不能把握为什么也没有或者什么也不是。不如说，否定作为存在的特性是对于存在自身的否定，但它自身却具有一种存在的力量。因此，否定不是虚无、空幻，而是真实的存在。否定既不能理解为本体的虚无和空幻，也不能等同于陈述句中的否定句的否定。这种句子模式在于说明某物是其自身，而不是其他什么。以此，某物将自身和他物区分开来。但作为自由的否定是命令句中作为命令的否定，它意味着事物不要、不应该、不容许。它是禁止、剥夺、反抗，甚至是斗争和消灭。那么作为否定的自由究竟要否定什么？它当然要否定已给予的现实，不仅要否定他物，而且要否定自身。因此，自由的否定在根本上是解放。它一方面从外物中获得解放，另一方面从自身中获得解放。

自由在否定的同时是肯定。如果说否定是否定非自由，亦即自己不由着自己的话，那么肯定就是确证自由的本性，亦即自己由着自己。肯定并不意味着对于已有事件的承认和辩护，认为它是合理和合法的。相反肯定意味着对于未曾到来的许诺，而且是让这个事物自行发生。如果说否定意义上的自由是去解放的话，那么肯定意义的自由就是让存在。作为如此，自由就是让自己作为自己去存在，去生成，自己成为自己。成为自身，就是让自身显示出来。不仅如此，自由也是让他物作为自身去存在，去生成。于是真正的自由的肯定就不是作为自我意识的自身规定。它既不是主体自身的自由，也不是主体创造客体的自由，甚至也不是主客体统一的自由。作为肯定，自由让万物都如其所是地存在。

自由在根本上必须理解为生活世界的游戏。自由作为否定和肯定之所以可能，是因为它就是欲望、工具和智慧的游戏自身的本性。游戏自身就是否定和肯定的统一。在与欲望和工具的共同游戏中，智慧或者真理表明，什么是不可欲的和什么是可欲的，同时，什么是不可使用和什么是可使用的。在这种否定和肯定中，游戏显明了自身的自由本性。

4. 人与自由

我们这里所说的自由是自由自身，并不是一般人类学意义上的人的自由。但是自由始终相关于人的自由，并且表现为人的自由。因此，我们必须进一步探讨人与自由的关系。

人们一般说，人是自由的。这就是说，人在本性上是自由的。故人的本性就是自由，或者人就是自由。当然人们也说，人有自由，也有不自由。但自由在此并不是人的某种所有物，可以获得也可以丧失。不如说，正是因为人是自由，所以人才能有自由或者没有自由。如果将人的本性理解为自由的话，那么就不是人规定自由，而是自由规定人。这不过是说，自由使人成为人。自由就是人自身成为自身，而不自由就是人自身不成为自身。由此我们可以理解关于人的存在的一个誓言：不自由，毋宁死。在此，生命或者存在就等同于自由。由此我们也可以理解，为什么人们为了自由，可以抛弃生命和爱情。

虽然人的本性就是自由，但是自由并不是一个对于人来说的自然事实。事实上，正如卢梭所说的，人虽然生而自由，但无时不在枷锁之中。因此，人的自由就不是一个自然的事件，而是一个历史的事件。这就是说，自由是创立的、生成的。

正是因为如此，人的自由是对于人的自然的告别和分离。对于人来说，它的自然就是它本能的欲望。欲望及其满足从来不是自由的，因此没有任何一个箴言会告诉人们：欲望使人得自由。相反，自由的开端是对于欲望边界的意识以及对于欲望的克服。由此我们看到了两种可能性。

一种是：真理使人得自由。世界中可能存在的道路无非三条。一条是虚无之路，它是不存在的、不可思议和不可言说。另一条是存在之路，它是存在的、可思议和可言说。第三条道路是人之路。它是意见之路，模棱两可，似是而非。因此使人获得自由的既不是人之路，也不是虚无之路，而是存在之路。这里的存在之路就是真理之路。它给人指引了一条光明大道，让人在其中前行。由此避免了误入歧途，而能自由存在。

另一种是：科技使人得自由。如果说真理使人得自由是一种古老的思想的话，那么科技使人得自由则是一种现代的口号。科技在此是指现代科技，它是工具，但不是一般传统的工具。现代科技作为手段本身具备多快好省的特性，不仅缩短了空间，而且还缩短了时间。科技给人以自由正是凭借这些本性，使一些不可能性变成了可能性，让人能自己设定自身和它的世界。

真理和科技使人获得自由，但必须置于生活世界的欲望、工具和智慧的游戏之中。如果事情是这样的话，那么就不是片面的真理和片面的科技，而是生活世界的游戏使人获得自由。生活世界的游戏本身就是自由游戏，它是欲望、工具和智慧的斗争，但同时也是天地人的聚集，是自然、社会和精神的交互生成。

在生活世界的游戏中，人的自由表现在几个方面。

首先是人与他人之间关系的自由。我们一般主张的政治、经济和社会的自由的核心问题是人与他人的自由，或者说，它们分别是人的自由的政治、经济和社会的维度。所谓的消极自由，是指人排除他人的干涉；所谓积极的自由，是指自己当家做主。在此始终存在人与他人的自由关系。一方面，极端的集体主义忽视人与他人的自由关系；另一方面极端的个人主义也破坏了人与他人的自由关系。因此，我们必须反对极端的集体主义和极端的个人主义。在人与他人的关系中，人们应该考虑到共同游戏和人作为游戏伙伴这一事实。正是出自对于共同存在且交互生成的这一游戏本性，人与他人才通过约定而制定契约。它作为游戏规则是维系人与他人关系的纽带。在这样的游戏中，每个人的自由不是构成对于他人的自由的侵犯，而是成为他人自由的条件。于是，不是一个人是自由的，而是一切人是自由的。

其次是人与事物之间关系的自由。在生活世界的游戏中，人不仅与他人打交道，而且与事物打交道。与人一样，物也是人游戏的伴侣。但人生在世，不免累物或者反过来为物所累。这就是说，人要么让物成为自己的奴隶，要么让自己成为物的奴隶。因此，人与物的自由关系的建立一方面是超然物外，摆脱外物对于自己的束缚；另一方面是与物为春，开启外物自身的生命。

最后是人与精神之间关系的自由。其实人与他人的交道和人与外物的交道都离不开精神的自觉或者不自觉的指导。但我们看到，也许人会没有精神、没有灵魂，如同行尸走肉；但也许精神变成了牢笼，束缚了活的生命，阻碍了人与世界的发展。所谓人与精神自由是对于这种情形的克服。人不是如同动物一样，而是具有精神的指引；但精神是活的精神，它自身是解放的，自由的。由此，人与精神才建立了一种真正自由的关系。

正是在自由的王国里，我们才能探讨审美的境界。

三、自由作为审美境界

1. 境界

如果我们说自由是审美的境界的话，那么也可以说审美是自由的境界。但什么是境界？

境界中的境指的是地方，而界指的则是边界。因此，所谓的境界就是一个有边界的地方。但境界一般不是一个已经现存的地方，如同自然天地一样，而是一个构造和创造出来的地方。当然构造有多种可能性，它要么是现实的，要么是精神的。我们把现实和精神所构造的地方一般称为境界，而把艺术所构造的形象则称为意境。对于意境，人们有极为丰富和深入的探讨，并认为它是情景合一、主客合一等。但我们这里所说的则是生活世界的境界，它是存在自身的发生，即欲望、工具和智慧的游戏。

无论是在日常语言还是在学术语言的运用中，人们关于境界都有种种区分。首先境界分有无。无境界指人沉沦于日常生活之中，而没有构成自身的生存领域。有境界则是对于无境界的分离，是境界的构建。其次境界分大小。境界的伟大和渺小不仅是对于人的存在的事实描述，而且也是对于它的价值判断。最后境界分高低，在此凸显了等级、层次和序列。毫无疑问，高的境界优于低的境界。与此相关的境界也分好坏和美丑。尽管境界有如此多的区分，但它其实最后都可以简化为有境界和无境界。所谓无境界就是小的、低的、坏的和丑的，所谓有境界就是大的、高的、好的和美的，但我们在此关注的只是非审美的境界和审美的境界。

2. 非审美的日常生活世界

在现实中，人首先大多生活在非审美的境界中。非审美状态是首先的，这意味着审美状态是其次的；非审美状态是大多的，这意味着审美状态是少数的。这听起来似乎有点悲观主义的音调，至少看起来对于现实怀有一种否定的偏见。但其实不然。它是我们思想所面对的事实，因此与某种态度无关。这种事实不仅是我们所面对的，而且也是现代思想家所面对的。如马克思的现实就是异化劳动或者资本主义的雇佣劳动；尼采的现实是哲学、宗教和道德等虚无主义影响下的生命力的颓废；而海德格尔的现实则是人类无家可归的命运，在此，物不物化，世界不世界化。如果从美学的意义来说的话，那么这都意味着现实的非审美化境界。

非审美不是审美，是对于审美的否定。但非审美状态之所以可能，是因为人在本性上是审美的。一个事物只有本来就具有这样的本性，它才可能否认这种本性。如果一个事物本来就不具有这样的本性的话，那么这种否定就是没有意义的。例如，我们说一个人丧失了说话的能力而不会说话，是因为人本身具备说话的能力。非审美和审美的关系也是如此。非审美作为对于人的审美本性的否定，是对于审美本性的遮盖。

人现实的生活世界表现为日常生活世界、实践世界和技术世界等形态。在这种种世界形态中，人不仅与人打交道，而且与物打交道。由此人建立了人与自然、人与社会和人与精神的种种关系。但现实世界主要表现为一个功利的世界。世界如同一个巨型超级市场，人与物成为了直接或者间接的商品。一切关系成为了商品的买卖关系。因此，决定现实世界的是实用主义的原则和效率主义的原则。这在根本上导致了现实世界是非审美的世界。

非审美的世界有种种表现。

首先是混沌的。人和世界是无分别的，无界限的。人既不知道人，也不知道世界。人沉沦于世界之中，与世界一起随波逐流。于是就出现了混生活、混世界的现象。

其次是平均的。人和他人完全是一样的，没有差异，没有不同。因此，人们如何，我便如何。这便出现了我和他人在存在、思想和言说等方面的完全一致和大同小异。即使我也力图主张自我，但这个自我只不过是他人的变形。于是，我是虚幻性的，而抹平了一切分别的人们才是真实的。

最后是空虚的。这种混沌的和平均的生活世界的现实也使它自身变得是空虚的，也就是无意义的。无意义是对于意义的否定。它不仅消灭了过去的意义设定，而且也阻止了将来追求意义。一切都是平淡无奇，没有了秘密，没有了奇迹，甚至没有了幻想和梦想。

混沌、平均和空虚构成了非审美境界的几种基本的模态。

3. 非审美的真与善

在日常境界之上，人们还区分了认识、道德、宗教等。但人们一般将它们看成是意识发展的几个不同阶段，由此它们也刻画了人的心灵和思想的不同境界。但认识、道德、宗教等在根本上相关于人的存在，因此，它是存在境界的不同表现形态。认识就是达到真的境界，道德就是进入善的境界，宗教在根本上也是要升华到真和善的境界。于是，认识、道德、宗教等作为真和善的境界与美的境界构成了人类存在的基本本性，也成为人类追求的最高目标。由此它们是人类的理念、理想和价值。

作为假恶丑的对立面，真善美自身各自具有不同的意义。真是存在自身是其所是和如其所是。这就是说，存在是它自己，而不是其他。善的本意是好。它不是存在自身是其所是，而是存在应该是其所是。与真善不同，美则被理解为存在自身所显现的现象或者是幻象。于是在历史上真是一个存在自身的问题，而善是应该的问题，美则是显现或现象的问题。与此相对应，真善美的关系也就是存在和应该和现象三者之间的关系。但它是极为复杂的。

中国古代思想关于真善美的思考一直有两种对立的观点。一种观点认为，真善美是合一的。这就是说，真的就是善的，同时也是美的。至少一个理想的事物必须是既真且善且美。另一种观点则与之相反，认为真善美是分离的。真的不善也不美，同时从善和美各自的角度而言也是如此。一般而论，儒家比较强调美和善的关联，道家则更多注重美和真的关系。

与中国不同，西方思想的历史对于真善美形成了不同的主题。

在历史上，人们一直认为真善美是互不相同和彼此相关的。古希腊的亚里士多德将人的理性分为理论理性、实践理性和诗意（创造）理性三种。这些理性的相关对象就分别是真、善和美。近代的康德将人的心意的整体能力分为知意情，而其相关的应用领域则是自然、自由和艺术。这也就是说，知意情的对象分别是真善美。

尽管人们认为真善美是不同的，但也认为它们同属一起。于是，人们找到有一个所谓的最高的存在者统摄了真善美。古希腊的最高存在者是柏拉图的理式，它至真至善至美。中世纪的最高存在者是基督教的上帝。它的智慧、意志和全能便代表了真善美三者。近代最高的存在者是黑格尔的绝对理念，在其最后的发展过程中经历了艺术、宗教和哲学等阶段，也就是美、善和真等阶段。虽然一个最高的存在者统一了真善美，但这并不意味着真善美三者之间是绝对同一而没有差别的。相反，正是那些非同一而有差别的东西才需要统一。

到了现代思想，真善美的问题发生了根本性的变化。它们不再是理性的思考的对象，而是存在自身的本性。马克思认为真善美的本原在于人类社会的物质生产实践。实践产生了真理、道德和美。尼采从生命的创造力意志出发，揭示了传统的哲学、宗教和道德以及相关的美学的虚无主义特征，而只是将创造力意志作为理解真善美的唯一视角。海德格尔所谓的存在论将存在看成真理，同时将真理看成存在。与此相关，所谓伦理学的道德本原地必须理解为人的在此大地上的居住，也就是在世界中的存在。至于诗意在根本上是人居住在大地上的方式，是在天地人神的四元中对于尺度的接受。

但对于后现代而言，现代思想对于古代思想关于真善美本性的转移并不是革命性的，相反它还是形而上学的、是逻格斯中心主义的。这是因为它们还坚持对于真善美作为存在的基础、本质和中心的信念。与此相反，后现代在根本上摧毁了真善美本身，它们不再作为人的存在的绝对的尺度。

当然绝对的真善美是不存在的。但这既不意味着真善美不再是人类存在的一个重要话题，也不意味着真善美之间的差异变得毫无意义。这只是意味着，真善美在人的生活世界中，也就是在欲望、工具和智慧的游戏中历史性地与假丑恶相区分并形成自身，同时，真善美三者之间又历史性地自身区分和关联。

但我们在此只是一般思考认识、道德和宗教所达到的真和善的境界在何种程度上是非审美的境界。

首先是认识。与认识相关的还有思想、思考、沉思、冥想等。如果科学理解为知识学，成为知识的系统表达的话，那么它也属于此范围。认识是知道，也就是知道事情本身。但它不是其他什么东西，而是事情的真理。达到对于真理的认识就意味着人获得了真知。真知当然不同于无知，无知是什么也不知道。但真知也不同于意见。意见是一种似是而非的知识，它看起来是，但实际不是；它看起来不是，但其实是。因此，意见也谈不上是一种严格意义的知识，只有作为洞见的真知才是。从事认识也就是过一种沉思的生活，它能使人洞察世界万物的真相，从而带来安静与和平。但是认识始终囿于事物必然的或者规律的限制，它只是给自由的到来准备了一些条件，而不是自由本身。

其次是道德。道德和伦理相关，但道德不同于伦理。如果说伦理是一种社会的规范的话，那么道德则是个人的良心。良心或者良知当然也是一种意识，但它不是关于真的意识，而是关于善的意识，并且它是已经意识到的意识。良知要么是天地的给予，要么是理性的禀赋。因此，良知是无上的道德命令，是人生行为的准则。它要求具有普遍适用性，如所谓"金规则"所规定的一些内容。成为一个有道德的人，或者说过一种道德化的生活，就是按照良知去做人。作为如此，人就完成了从自然的人到道德的人的转变。但是道德的境界是被律令所规定的生活，因此，它只是自律，而不是自由。

最后是宗教。宗教和道德有密切关系。这是因为道德的至善本身不是人，而是神。但道德是诉诸人的良知，而宗教是诉诸人的信仰。信仰是无信或者不信的对立面，但也不同于迷信。迷信将真的当成假的、假的当成真的。真正的信仰是将真的当成的真的，亦即持以为真。当然真或者真理就是神本身，它是真善美的统一。但神不是人思考出来的，而是自身启示出来的。人对于神的信仰就是将这种启示作为真理来指引自身的生活。宗教的境界是人将自身皈依神，让神支配自身的命运。在这样的意义上，宗教的境界虽然使人超凡脱俗，但它的自由不是真正的自由，而是虚幻的自由。

4. 审美境界的否定性

上述认识、道德、宗教境界虽然已经脱离了日常生活世界的非审美境界，但它们还不是审美的境界。这在于它们还不是自由的，或者说它们只是走向自由的。惟有审美才是自由的境界。当我们经验审美的境界，如美好的人生、美好的生活和美好的世界时，它们向我们敞开了什么呢？这里没有其他什么东西，而只有自由。让我们看看在审美的境界里自由是如何发生的。

美的突出特性是具有否定性。否定在此就是去解放。解放之所以必要，是因为有束缚。束缚一般被理解为被绑起来，被捆起来。它是被限制、被伤害甚至被消灭。当然束缚除了有被束缚之外，还有自己束缚。解放就是去掉束缚，它既去掉外在的束缚，也去掉内在的束缚。

美最根本的否定性是去掉现实的功利和利害，因此，美的基本特性往往被规定为非功利性和无利害性。非和无在此都意味着否定。正是通过对于功利和利害的否定，美才能实现自身。功利或者利害都是关于事物有用性或者非有用性的描述。一个事物的有用或者无用始终不是对于自身而言，而是对于他物而言。如果事情是这样的话，那么事物和他物就构成了一种特别的关系，亦即手段和目的的关系。事物自身只是手段，他物才是目的。事物对于他物的关系是通过服务和效劳而实现的。由此事物并不是自身决定的，而是被他物所决定的。在这样的关联中，事物自身就不是自身，因此是不自由的。与此相反，美通过对于事物功利或利害的否定，切断了手段和目的的关系之网，让事物回复自身，而获得自由，并显示出自己的光辉出来。

在理解到美的非功利性和无利害性同时，人们也强调美的超越性。超越所具有的否定性表现为，它是超此而去和越此而去，它是离开，是告别，是舍弃。那么超越舍弃了什么呢？它不是其他什么东西，而是非自由的现实世界。它既是日常生活世界所表现的无审美的境界，如混沌、平均和空虚等，也是认识、道德和宗教等存在境界。但美的超越在告别的同时又要到达什么地方呢？它正是自由。但是自由不是彼岸，而是此岸。这就是说，超越是生活世界的自身超越，是从不自由到自由的跳跃。因此，超越不能误解为是从现实到精神的超越，这种超越是虚幻的和无意义的。作为自身超越，真正的审美超越所到达的地方就是所来到的地方。

但无论是美的非功利性和无利害性，还是美的超越性等否定性，它们作为美的解放应理解为人和世界的全面解放。

人和世界的束缚是多种多样的。如自然的，自然以其超人类的力量限制了人类的生存和发展；如社会的，社会结构的各种关系和矛盾阻碍了历史的进步；还如精神的，各种日常观念以及哲学、道德和宗教的观念往往会成为无形的精神牢笼。这些对于人自身的束缚最集中地表现为种种中心主义。人类中心主义将人类作为中心，将万物边缘化，但这实际上是将人束缚于中心之中。相反，还有其他的中心主义将某物作为中心主义，而将人类边缘化，这也是将人束缚于边缘之中。

去掉束缚，争取解放，这是人类历史的一般进程。但解放也是多方面的。政治的解放是统治和被统治关系的调整，而且最终达到民主的实施。经济的解放是生产力和生产关系的变更，并建立市场经济。社会的解放是颠覆种族、阶级、性别等的等级和压迫而实现社会正义。

但审美的解放是一种特别的解放。它所解放的不是一般的政治、经济和社会方面的束缚，而是人自身的束缚，亦即人的身体和心灵的束缚。因此，审美解放是感性的人和人的感性的解放。同时，它也是整个世界解放。世界在此不在是非审美的日常世界，但也不是认识、道德和宗教的世界。它将完成向审美世界的转变。在这样的意义上，审美解放作为审美革命是人和世界的全面的解放。

5. 审美境界的肯定性

美一方面具有否定性，另一方面具有肯定性。美的肯定性在于它是让存在。这也就是说，让存在的自行发生，如其所是，是其所是，成为其自身。美的"让存在"的特性并不是美作为一物让其他事物存在，而是美作为物让自身存在，或者物作为美让自身存在。因此，美的"让存在"是同一事物的自身与自身的关系。当美或者物是让存在的时候，它就是自由了。

在美中，我们看到了人自身生命力的表达。人不是死气沉沉的，而是活生生的；不是片面的，而是全面的；不是单调的，而是丰富的。人克服身心的分裂，而成为一个身心和谐的人。同时，人也克服了感性和理性的矛盾，让美的存在的经验成为最根本的。此外，它也消灭了个人和人类的对立，让个体和人类共同存在。

不仅如此，我们在美中还看到了世界的发生。一个美的世界是一个灌注了生命力的世界。它形成了自身，并将自身显示出来，如同放射的光芒一样。正是在美的世界中，世界不再被分割成片面的世界，而成为了世界自身。因此，美的世界是真正的世界。

最后，我们在美中还看到了人与万物的相互生成。美的存在境界不仅带来了人与人的和解，而且也带来了人与万物的和解，人与精神的和解。它们是美的游戏者而参与美的游戏。这是因为美作为自由不仅让人自身去存在，而且让他物也去存在。于是不仅人自身生成，而且万物也自身生成。由此形成了人与万物的交互生成。

第四节　美的形态

　　美的领域是多样和复杂的。在根本上说，人的生活世界有多丰富，美的领域就有多丰富。因此，我们完全可以按照生活世界的领域来划分美的领域。但传统美学一般只是将美的领域划分为两种：自然美和艺术美。这种划分实际上是基于自然与文化的二元差异。由于人们认为艺术美高于自然美，自然美的意义往往是被忽略掉的。同时由于人们认为只有艺术美是纯粹的，社会美是不纯粹的，社会美完全没有被形成主题。

　　但当代的审美现象发生了根本性的变化。一方面，自然美随着生态意识的觉醒获得了前所未有的重要性；另一方面，社会现实生活本身和艺术的界限日益消失，它们都具有同样的审美价值。鉴于这种变化，我们将考察自然美和社会美的不同意义。同时还鉴于身体问题的凸显以及它作为自然与文化的结合点，我们也探讨身体的审美特性，问题依次为：自然美、身体美和社会美。但它们在许多方面是交叉的。

一、自然美

1. 自然的语义

　　在日常生活世界中，自然美也许是一种最常见和最直观的美，因此也是一种最自然的美。如日出和日落的地平线、闪烁的星星、如水的月光，还有四季变化的风景等。

自然一般有两种语义：其一是本性，也就是自然而然；其二是自然界，也就是矿物、植物、动物的整体，人也属于其中。这两种语义也有内在关联，因为自然界是最自然而然的，也就是最合乎本性的。

但一般所说的自然是人之外的天与地。依此之故，自然美就是天地之美。

2. 人与自然关系的历史

比起人类的历史，自然似乎没有历史。至少人类历史的变化的剧烈远远超过了自然历史的缓慢。但自然美却是有历史的，而且有和人类一样的历史。这在于它依赖于人类的历史特别是人与自然关系的历史。

事实上，自然是人的生活世界的一部分。人的生活世界由天地人所构成。其中，天地就是自然。自然并非远离人而孤立存在，而是与人发生关联而共同存在。自然参与了欲技道的游戏活动。第一，自然成为了人的欲望之物。人生存的许多欲望是通过自然而满足的。如人的吃喝、穿衣和居住等都离不开自然的资源。第二，自然成为了人的工具之物。人的许多工具是自然物构成的。有的是直接取于自然，有的是间接取于自然。前者如石器，后者如铁器等。第三，自然成为了大道的显现。大道显现于天地万物之间，人领悟这种大道，而且践行这种大道。

当然，在漫长的历史中，人与自然的关系并非是一成不变的，而是不断发展的。

人类对于自然首先是畏惧。在远古的狩猎和采集时代，自然是强大的，人类是渺小的。虽然自然也赐给了人类的安生之所和生存的一般条件，但它也给人类带来了许多不可克服和不可预料的灾难。面对自身所生存于其中的自然，人类主要是畏惧以及由此所产生的崇拜。

其次是遵从。到了古代的农耕时期，人类开始意识到自然的奥妙，如四季的交替、植物的生长和动物的繁衍等。人类按照自然的时令从事种植和生产。人类居住在大地上，也就是居住在自己的田园之中。人在遵从自然时，一方面保留了对于天地的敬畏，另一方面却发展了对于山水的留恋。由此产生了人与自然和谐生存的田园画卷和牧歌。

再次是征服。近代以来的工业革命彻底改变了人与自然的关系。人是主体，自然是对象。人与自然的主客体关系甚至表现为主奴关系。人通过技术征服自然，改造自然，甚至控制自然。因此，人对于自然是一种技术的态度。自然丧失了自身的本性，只是变成了一个可被技术化的对象。

最后是友爱。到了我们所处的时代，由于生态危机的加剧，人们逐渐意识到了人利用技术对于自然控制的恶果，它不仅危及自然，而且也危及人类自身。人们开始反对人类中心主义的自然观，要求人与自然相互和谐发展。归根到底，自然是人类的朋友，因此，人类要热爱自然。

3. 自然美的显现

正是在人与自然关系的历史中，自然美展开了自身的历史。

自然美首先显现为田园。田园是一个地方，但它不是荒原，而是人的居住和生活之所。田园是被耕作的地方，也就是说它不是单纯的自然，而也是文化。田园将人与万物聚集在一起，故这里的万物都具有其人性的特征。它有春风秋月，夏雨冬雪，还有人春天播种的艰辛和和秋天丰收的喜悦。

自然美其次显现为山水。如果说田园是人直接生活的自然的话，那么山水则是人间接相关的自然。山水是群山和河流，是植物的兴衰和动物的栖息之所，与人类的家园具有一定的距离。正是如此，山水具有两重特性。一方面，它远离喧嚣的人间，使人们能够忘却尘世的荣辱而享受自然的宁静。另一方面，它可游，可观，更可交流对话，成为人无言的伙伴。在这两重关系中，山的雄伟和水的秀丽充分地显示出来。

自然美最后显现为自然，亦即整个自然界。此时的自然美既不只是人所生活的田园，也不只是与人相邻的山水，而是整个自然界。它包括了荒原和大海，白昼的蓝天和黑夜的星空。这里所说的自然不是人直接生存的地方，同时也不是人的本质力量的对象化，而是作为自然自身。这也就是说，自然的形态、色彩、声音和运动本身就具有美学的意义。但它的显示之所以可能，是因为人与自然的关系发生了改变，由此人让自然作为自然自身显示出来，同时自然向人将自身显示出来。

4. 自然美的层次

在对于自然美的历史生成的考察中，我们发现自然美具有不同的层次：环境、景观和生态。

环境一般理解为人的生活的环境。它是一个地方，但它环绕人的生活所在。在这样的意义上，环境虽然是自然，但它也属于人的生活世界，只不过它是一个环绕的周边世界。依据与人的生活的距离的亲近和遥远，它又可以分为小环境和大环境。但在人与环境的关系中，必须克服人类中心主义的偏见。人类绝对不是环境的主人，可以随意改变它，甚至破坏它。人类只是环境的看护者，同时环境是人类的伙伴和邻里。因此，人和环境要和谐相处，共存共生。环境的审美本性就是天人合一。人走向自然，自然走向人。

与环境不同，景观则是一个独立的所在。所谓的景观就是大地上呈现的风景，并且是为人所观看的。因为景观是大地上所呈现的风景，所以它是自然的。风景和人类并没有直接的关系，它只是自身呈现自身的美。如一处风景的优美或者壮美，奇特或者险峻等，都是源于自然自身的形象显现。但因为景观也是为人所观看的，所以它又必然和人建立联系。观看就是景观的显现过程，是让景观作为景观去存在。正是在这样的意义上，才有所谓的景观的发现、开发和保护。

比起环境和景观，生态更直接地呈现了自然的本性。生态意义的自然是一个相互联系的生命共同体。事实上，人也属于自然的生态之中，与其他自然物发生关联。因此在整个生态中，人类并非如人类中心主义者所设定的那样是自然的中心，并成为自然的目的。但人们也不能完全将人类排除于生态之外，或者否认人在生态中的独特性以及人与其他自然物的差异性。一个包括了人的生态的美在于它的自然性，也就是说作为自然界，它呈现出了自然而然的本性。这些敞开了的奥妙就是它的神奇、深邃和不可思议。

5. 自然美的形式

不管是环境、景观，还是生态，它们作为自然美，最直接显现的是其形式。在所有的美的形态中，自然美主要不是内容美，而是形式美。自然界的形式美具有一般形式美的特点。

第一是整齐一律。这就是说美的自然事物始终要保持其自身的同一性。如直线就是同一性的延伸；又如四方体的每一面都是同一的形态。与此相关的是平衡对称。它在同一性中引入了差异性，将一致性和不一致性结合在一起。平衡对称的特征在矿物结晶体、植物的样式、动物以及人的形体上面都充分地表现出来。

第二是合乎规律。它不再保持自身绝对的同一性，而是在变化中有统一，在统一中有变化。因此，合乎规律的自然美是差异性向同一性的聚集。如椭圆和抛物线、蛇形线等。合乎规律虽然摆脱了同一性的僵化，但它自身还没有达到自由。

第三是和谐。它已经摆脱了合乎规律中对于同一性的回归，不是一致和重复。和谐在根本上是一种关系，但它不是一般的关系，而是对立统一的关系。差异在和谐中是主导性的，但它们却消除了绝对的对立，而保持相互联系，且相互转化，共同存在。如大自然斑斓的色彩和万物的声音所形成的天籁等。

6. 自然美的内容

但自然美的形式也直接或者间接地包括了内容。

首先，自然是人的生活的一部分。人生活在天地之间。虽然人是天地间的一个存在者，但天地也成为了人的生活世界的一个存在者。人与天地是共在共生的。一方面，天地是人的生活和生产的相关物；另一方面，人也看守和保护天地的万物。基于人与自然的这种关系，自然美实际上是人的生活美的一种特别形态。如太阳就是生活世界的光明和温暖；春天就是生命的繁衍和生长。

其次，自然是人的心灵的投射物。自然万物作为其自身是无情的，与之不同，人是有情的。但人可以将自己的情感投射到自然万物身上去，使无情之物变成有情之物。这种形态的自然美实际上是作为人的心灵创造物。它可以分为两种：一种是集体心理的产物，如龙、凤和四君子等；另一种是个体心理的产物。这种自然美与人在某时某地某种特定的感觉相关。人快乐时，玫瑰花是微笑的；人痛苦时，玫瑰花是流泪的。

最后，自然美也是一种有意味的形式。这种形式没有特定的内容，但它是有意味的。如直线的坚硬有力、曲线的轻巧流动、红色的热烈激动、绿色的安静和平，等等。

二、身体美

1. 人与身体

毫无疑问，个体在现实时空中的存在就是身体。它似乎是直接的、简单的和不证自明的。但事实上，身体在我们的语言中却缺少一个同一的意义，而具有多重的边界。与动物的躯体相对，它是人体；与死去的尸体相对，它是活体；与精神相对，它是肉体，如是等等。同时不能确定的是：身体是自然遗传基因所给予的，还是历史话语所建构的？这都给关于身体的谈论带来各种困难。

在谈论身体的时候，我们其实已经被卷入问题之中了。"谈论身体"这一现象至少包括了两个要素：谈论和身体。谈论是思想和语言行为，身体是所思考和所言说的。这就在哲学上形成了所谓的身心关系，亦即身体和思想的关系。身体和思想不是如二元论那样所设想的是分离的，前者是广延性的，后者是思维性的。但也不能简单地统一到物质或者精神那里去，如同传统的唯物主义和唯心主义所做的那样。思想和身体关系的复杂性表现为：对身体来说，思想不是身体自身，但思想是既内在又超越的。思想是内在于身体的。这是因为思维是人的大脑的机能。一块石头不思维，一棵树不思维，一个动物也不能在理性的意义上思维，惟有人思维。因此，人是思维的动物和理性的动物。但思想也是超越于身体的。这是因为身体的界限并不是思想的界限。思想不仅思考身体及其相关物，而且思考身外之物，甚至思考天下万物。

"谈论身体"的完整表达式应为："人谈论身体。"这还可以更具体化为："人谈论他的身体。"在这样一个表达式中，除了谈论和身体两个要素之外，还有一个第三者：人。但人是如何确立的？人在现实的语言关系中总是我、你、他。从语言学上说，作为人称代词的我、你和他只有在相互区分时才获得了自身的意义。因此，我始终相关于与我之外的他者的关系。但在人谈论人的身体时，人回到了自身，同时人分裂成言说之人和身体之人。作为言说者，人在谈论人的身体，人和身体都在谈论中显示出来。但这种显示出来的人和身体又是一种什么关系呢？

一种可能的关系是：人是身体。在这种论断中，人与身体是同一的。一方面，人被身体所规定。人不是身体之外的其他什么东西，如心灵、语言等，而是身体自身。不仅如此，而且心灵和语言也只是附属于身体，是服务于身体的工具。身体就是人的生死爱欲。这要求不要把人理解为没有肉身的漂浮的灵魂和语言的符号，不要追求死亡之后的永垂不朽或者是死而复活，而是回到身体所处的现实世界。另一方面，身体也被人所规定。作为被人所规定的身体，它既不是动物性的，遭到嘲笑和唾弃，也不是神圣性的，受到推崇和膜拜，而是人性的，是合乎人的本性和生活的，因此是得以理解和尊重的。

另一种可能的关系是：人有身体。这种论断设定人拥有很多东西，其中也拥有身体。按照一般的观点，人除了拥有身体之外，还拥有与身体不同的思想和语言。人不仅拥有这些身内之物，而且还拥有一些身外之物，如权力、名声和财产等。这意味着身体不是人的全部，而是人的部分。它只是人的必要条件，而不是充分条件。与身体比较，也许其他部分对于人更为重要，如思想和语言等。由此人可以控制身体，即让身体按照人的思想和语言所设定的目标锻炼和成长。在这样的意义上，人不仅拥有身体，而且可以制造身体。

2.中西身体理论

上述两种关于人和身体的关系的论断支配了人们的相关谈论模式。但在历史上，它们却具有不同的形态。

中国的传统思想对于身体持有独特的观念。它强调身体的整体性，认为"形与神俱"，"形神合一"，同时认为天人同构，身体是一小宇宙，宇宙是一大身体。在此基础上，道家给予身体以自然的规定，身体从属自然并要回归自然。与此不同，儒家给予身体以社会的规定，身体必须合于礼的尺度。正是礼说明了身体哪些是可做的，哪些是不可做的。但中国的思想在思考自然和社会对于身体规定的时候，忽略了身体自身的特性，即它是个体的、差异的，并且是充满无限欲望的。

西方人虽然在其不同的历史时期表达了关于身体的不同观念，但长期以来身体被理性所规定。在存在者整体中，矿物、植物和动物是非理性的存在。上帝是理性的，但不是理性的动物，而是理性的存在。惟有人是理性的动物。人一方面凭借理性区分于动物，另一方面凭借于动物性不同于上帝。作为理性的动物，人是身体和思想的统一体。对此人们当然还可以作更细致的划分：肉体、灵魂和精神，但其中灵魂只是肉体和精神的过渡要素。因此，人主要被描述为肉体和精神的二元性统一。肉体是人的动物性，是其欲望和冲动。精神就是人的理性，它作为思想的最高的要素，是原则的能力，建立根据和说明根据。鉴于肉体和精神的差异和对立，肉体是邪恶的和肮脏的，精神是美好的和纯洁的。于是不是肉体规定精神，而是精神规定肉体。由此，肉体要被控制，肉体的欲望要被禁止。这是柏拉图主义和基督教思想的基本原则。

随着现代思想对于传统思想的反叛，身体的意义得到了重新的理解和解释。不再是理性，而是存在或生命规定人的身体。在存在和理性的关系上，存在是更本源和更基础的，因此不是理性决定存在，而是存在决定理性。同时，在理性和思想的关系上也发生了根本性的变化。理性不能等同于思想，甚至也不是思想的原则，而是思想的一个部分，并且要置身于思想的经验之中。这个规定了理性的存在在不同的思想那里得到了不同的表达。如马克思的存在是"物质生产实践"，尼采的存在是作为生命的保持和上升的"创造力意志"，海德格尔则是"天地人神"的四元世界。在这种种关于存在的规定中，身体都获得了新的内涵。马克思的身体是吃喝性行为，它推进了物质生产和人自身的再生产；尼采的身体是生命力的同义语，并且在与灵魂的关系中颠覆了柏拉图主义和基督教思想的传统，而成为了哲学的中心和思想的原则；海德格尔的身体是在天地人神的世界中形成的，它相关于人居住在此大地上的存在方式。这里我们看到一方面存在赋予了身体非常重要的意义，另一方面身体也给予存在独特的形态。存在不再只是抽象的、一般的概念，而是具有肉身性，富有生命力的冲动。

但在后现代思想的眼里，现代思想中的身体仍然没有回到身体自身。虽然身体不再被理性而是被存在所规定，但存在依然是身体之外的一个设定。回到身体自身，就是回到身体直接的肉体性。在这样的意义上，人的身体就是其肉体性，而不是这个肉体性之外的其他什么。作为肉体性的存在，人的身体是其基本本能的冲动和实现。因此，人的身体实际上是一个欲望机器，是由欲望而来的不断的生产和消费。基于对于身体的这种设定，身体欲望的生物学基础、生理学的机制和心理学的奥秘得到了前所未有的揭示，并获得了哲学的意义。

3. 身体与欲技道

我们考察了关于身体的种种言谈，身体是自然、社会的，身体的规定者是理性、存在或者欲望，如此等等。但在这种种谈论中，人们对于身体有两种设定：身体或者是现实给予的，如同自然物一样，或者是话语建构的，是历史的作品。从现实出发形成了所谓的基础主义的视角，从话语出发则构成了所谓的反基础主义的视角。当然这两种视角都有其合理性，但任何一个身体都是一个被话语建构的活生生的身体。身体是欲望的、工具的和智慧的三种话语的游戏活动。它不仅是这三种话语游戏之所，而且就是这三种话语自身。

关于身体的欲望的话语是最自然的、日常的和普遍的话语形态。欲望作为潜意识借助符号、隐喻和形象等起作用。在此意义上，它就像一种语言。但拉康认为，潜意识惟有获得语言之后，才开始真正的存在。因此，欲望在根本上不是非语言性的，而是语言性的。欲望的话语不是"我"在言说，而是"他"在言说。于是，欲望没有主体，没有自我意识，没有理性。欲望的言说就是要或者不要。这在于欲望自身就是匮乏、需要和不足，它总是指向欲望之外的人和物。身体的欲望可谓多矣，但主要是食欲和性欲。这样欲望的话语主要是关于食欲和性欲的言说。当然人的欲望是无边的。这不仅意味着基本的欲望永远得不到满足，而且意味着在此之外还会衍生出其他种种欲望。在我们的时代里，基本欲望依然存在，但一些新的欲望不断产生，如虚拟世界中的种种愿望。欲望最后还会成为只是欲望，即对于欲望的欲望。在这种种欲望话语的言说中，身体将自身显示出来，并指向世界内的其他存在者。

欲望的实现必须通过工具。工具一向被理解为是人所制造的并使用的，且服务于人的目的。从远古的石斧到现代的计算机都是如此。但事实上，人自身的身体就是工具，如手和脚的活动。因此，工具就是"手段"。同时人说的语言也是工具，是"媒介"。对于身体而言，工具性的话语是关于身体自身成为工具而训练的话语。这主要包括了四肢和五官的训练，它或者是为了劳作，或者是为了健身和自卫，或者是为了表演而提供消费。

对于身体的建构起着关键性作用的是智慧性的话语。它是身体的大脑和心灵，对于身体的活动具有指引性。历史上形成了种种关于身体的智慧。道家要合于自然，儒家要合于礼制。天主教则要求禁欲，通过节食和独身亲近上帝。但后现代的口号则主张强健和性感的身体，使之成为可消费物。消费就是享受，让自己享乐，也让他人享乐。

虽然智慧性的话语对于人的身体的建构是规定的，但它必须进入与欲望性的话语和工具性的话语的游戏之中才能发挥作用。故人的身体的建构是这三种话语的游戏活动。每种话语都是不同的、差异的，具有自身的边界。但每一方都指向他方，并冲击他方，形成了斗争。由于自身力的大小，各方会成为主导者或者被主导者，从而构成不同的话语格局，由此也塑造了智慧性的、欲望性和工具性的身体。但话语力的大小是在游戏中生成的、变化的，因此也是不确定的和偶然性的。

4. 身体美学的兴起

不管人们在历史上如何解读身体，也不管人们试图压抑它或者是解放它，它都是一个哲学问题。但身体也是一个美学问题吗？如果美学是哲学的一个分支的话，那么它当然要思考身体现象；如果美学还宣称自身还是感性学的话，那么它更应该凸显身体的主题。这在于身体自身是感性的，而且是最感性的。但美学并没有真正的思考过身体呢，特别是思考过身体的美。

身体的美学意义是在现代思想中被发现的。因为现代思想的主流是思考存在的不同意义，所以它们都是"非"理性主义和"反"理性主义的，并由此是广义的感性主义和审美主义。所谓的美和艺术都置于存在之中。马克思认为美是人的物质生产劳动实践的产物，艺术作为意识形态依赖于经济基础。尼采强调美是"创造力意志"的直接表达，并因此是人的生命力的实现。海德格尔主张美和艺术是存在的真理自身投入作品，诗意是人在此大地上的居住方式。在这些现代美学思想中，人的形象凸显出来，他或者是马克思劳动的人，或者是尼采生命冲动的人，或者是海德格尔立于林中空地中的人。特别是在尼采的人的形象中，身体的肉身性获得了一种前所未有的审美意义。这在于尼采关于美和艺术的本原的探讨在根本上是身体性的。美和艺术首先是人类学的，它是人的生命的冲动；其次是生理学的，它是身体的力量，是肉体和血液的作用；最后是心理学的，它是创造力的感觉。尼采的身体美学具有非凡的意义，它一方面是对于西方传统古典理性美学的反叛，另一方面是给予后现代美学的遗产。

在后现代，正如没有传统意义的哲学一样，也没有传统意义的美学。因此，后现代的美学是"非美学"和"反美学"。基于反本质主义和反基础主义的立场，后现代在根本上反对传统美学的霸权主义对于美的本质、美感的本质和艺术的本质的思想追求。美和艺术的意义就是无规定性的和非确定性的，是复杂的、多元的和断裂的。于是，美学问题就是语言和文本的解释问题，是话语分析的一个独特的领域。从此出发，后现代也打破了现实和艺术的界限，消解了原本和摹本的二元模式。在后现代美学的多元话语中，关于身体及其欲望的话语成为了主导性的话语之一。这在于它自身是无规定性的和非确定性的。但后现代的身体美学不同于现代的身体美学。现代的身体是现实给予的，后现代的身体是话语构建的；现代的身体是被存在所规定的，后现代的身体是被欲望所规定的。

从身体的视角来审视美学的历史，我们发现，传统美学一方面忽略了身体的意义，另一方面包含了思考身体的可能性。这在于感性总是作为身体的感性，它是一个在已思考中尚未思考的问题。现代对于作为存在的身体和后现代对于作为欲望的身体为身体美学则提供了许多思想的资源。

身体美学当然主张身体成为美学的主题之一。人们对于美的范围有许多分类。传统美学将它划分为自然美、社会美和艺术美等，现代美学则将自身的触角伸向了日常生活世界和科学技术领域，关注生活美和科技美。但身体不仅与它们相关，而且就是它们的聚集点。我们可以说，身体美是自然美的顶峰，是社会美的载体，是艺术美尤其是造型艺术和表演艺术美的中心。日常生活的美和科学技术的美也与身体美学建立了直接和间接的联系。因此，身体美学的构建不仅凸显了身体美的独特意义，而且能导致审美领域的某种交叉和重构。

基于身体美的这种特性，身体美学不仅要求身体作为美学的主题之一，而且重申从身体的本性出发探讨身体和与之相关的审美现象。这首先要让身体成为身体自身。它不能再被分割，变为不同的美的领域中的一个碎片，而是要独立出来，显示为完整的有机的身体。其次要从身体自身出发来理解身体。我们不能只是从自然、社会和艺术等不同的角度来解释身体，而是要从身体的角度来透视身体自身。最后要以此为基础去观看身体在自然、社会和艺术中的相应的审美表现。

这里关键的问题是，如何让身体自身作为自身显示出来。我们关于身体及其审美表现有各种各样的观念，这些观念既可能是日常的，也可能是理论的和逻辑的。它们作为思想的原则规定我们去描述、理解和解释身体，如同开辟了各种思想的道路。但它也许是迷津，阻碍了我们思考身体自身。因此在此需要抛弃各种作为原则的关于身体的先见和偏见。

5. 身体的审美特点

让我们思考身体自身。任何一个存在于此的身体当然是自然给予的，是父母生育和基因遗传的；但同时也是文化塑造的，是社会和历史的成果。因此，身体是自然与文化的双重产物，而且是一个始终自身更新的作品。

这一作品的直接呈现是肉身，即血肉之躯。它表明，身体是活的生命的存在。这往往导致将人理解为动物或者具有动物性。其实这只是一种似是而非的判断。人与动物无疑具有相似性，但他们之间存在着不可逾越的缝隙，即人的肉体不是动物的肉体可以置换的。这就是说，人的肉体从一开始就是人的肉体，而不是动物的肉体。因此，人最初并不是一般的动物或者只是具有动物性。同时，人的身体是有感觉、意识和语言的，这充分地标划了人的身体的独特性。人感觉和意识到自己的身体，并且说出自己的身体。于是，人的身体不仅现实地存在于此，而且在感觉和意识领域里呈现出来。由于语言，身体既是自然的，又是文化的，成为了自然和文化相互生成的本原性的场所。我们看到身体一方面是现实给予的，另一方面是被话语建构的。

人的身体的肉体性表现为它的欲望。其生死爱欲就是吃喝性的欲望。人的欲望指向所欲望的。它一方面驱动人感觉人自身，形成身体的内感觉，另一方面迫使人感觉人之外，形成身体的外感觉，如视听和触摸等。但欲望由于对所欲望的渴求的实现便使自身变成了身体的活动，亦即手和脚的活动。于是，人的身体的感性不仅是感官和感知，也不仅是它们作为自身的感性对象，而且也是人的感性活动。其最根本的是人的经济活动，即通过劳动而满足吃喝性欲望的身体性行为。这种身体的感性活动甚至规定了身体的感觉及其对象。鉴于这种情况，人的身体不能片面地理解为身体的感觉或者是被感觉的身体，而是要理解为身体的活动和活动的身体。

作为感性活动的身体，身体始终是指向身体之外的。这也就是说身体存在于它的世界之中。身体不仅有一个世界，如它周边的世界、各种人与物等，而且就是这个世界。这意味着世界不是外在于身体，对于身体是可有可无的，而是身体最直接的显现形态。正是在世界中，身体与物打交道，形成了人与自然的关系；与他人的身体打交道，形成了人与社会的关系；与神打交道，形成了人与精神的关系。

身体与其世界中的人和物的交互关系促使了身体自身的成长，从而构成了身体的历史。在这样的历史中，身体并非否定自然性而达到文化性，如同人们所设想的逐渐远离动物而成为人自身，而是身体的自然性和文化性的交互生成。在历史发展的任何一个阶段，身体的自然性和文化性在一种相互对立中激发了各自的活力。伴随着文化性的越来越丰富，身体的自然性也越来越多样。这种身体的历史生成就是身体的审美化。

这表现为，身体的欲望及其实现完成了从自然到文化亦即人化的过程，即它们不仅是自然的，而且也是文化的。例如饮食由充饥到美食甚至成为礼仪性的宴会，性欲由生殖到色欲再到生死般的爱情等。

但身体的审美化是多方面的。首先是作为被感觉的身体，如形体、容貌、气质、风度等。此外，衣服特别是时装对于身体的美化具有重要的意义。就某一身体部位而言，衣服既是遮蔽，也是显露。其次是作为感觉的身体，如视觉、听觉和触觉等。除了对于身体之外的感觉，人还有对于身体之内的感觉，如心跳的快慢，呼吸的疾缓，体温的冷热以及一些不可言说的感觉。最后是作为感性活动的身体，它包括了由食欲和性欲所推动的人的身体的活动。这既表现在日常生活世界里人的衣食住行和人际交往，也表现在艺术、体育等专门领域的身体的表演。

但从审美的角度来看，身体在其历史中遇到了许多问题，它们是反审美的、非审美的和伪审美的。这首先是"无身体"的思想。人们在思考身体和它的相关物时，往往遗忘了身体自身。身体在此是缺席的和不重要的。特别是在"身心"和"内外"的二元模式中，人们重心轻身，重内轻外。于是心灵美高于身体美，内在美高于外在美。他们忽视了身心的互动及其统一。其次是对于欲望的误解。人们或者认为欲望是丑恶的，对它限制，主张禁欲主义；或者认为欲望是美好的，对它放纵，主张纵欲主义。但欲望本身只是欲望，无所谓美丑。欲望的问题在于它是否超出了其历史性的边界。因此，关键是检查欲望给予它一个历史性的度。再次是关于身体的技术化。在我们这个技术时代里，除了自然性的身体和文化性的身体，还出现了技术化的身体。人们不仅能够美容和美体，塑造"人造美人"，而且能够改变性别，重分男女。技术化在介入身体的生产的同时，也介入了身体的消费。借助于技术满足人的身体最自然的欲望在现代已是公开的秘密了。

鉴于时代的这种状况，关于身体的美育问题成为了一个越来越重要的问题。其核心是关于身体的审美塑造。实际上，人们早就在从事身体美育的工作。如关于被感觉的身体的美育有体育和健美；关于感觉的身体的美育就更为多样，对外在感觉的训练有绘画和音乐，对内在感觉的训练有静坐和瑜珈；关于活动的身体的美育有各种礼仪等。这种种美育类型的目标就是促使人的身体的自然性和文化性的同步生长。

三、社会美

1. 社会美的语义

社会在此指一切非自然的，在这样的意义上，它等同于人类、文化和世界等。因此，社会就是人类的生活自身，是人类自己创造的文化和世界。它是美的现实的显现之地。

但是社会美长期以来是被轻视的，甚至是不被谈论的。这是因为社会美在许多方面是有疑问的。与自然美和艺术美相比，社会美似乎是间接的。一片美丽的风景和一个美的艺术作品能够直接将自身的美呈现出来，并能召唤人的审美感觉，但社会的美往往是隐蔽的。同时社会美是不纯粹的，它始终和一些非审美的因素交杂在一起，伴生着现实功利的和伦理的成分。最后社会美是不完满的，它既不像自然美那样是自在自足的，也不像艺术美那样是典型性的，它自身似乎有许多欠缺。

尽管这样，我们也要注重社会美。社会是人的现实的生活世界，是人的家园，而人主要生活在这样的家园之中，而不是生活在自然世界和艺术世界里。虽然人也漫游于自然，但人是来源于社会并要回归于社会。虽然人也沉浸于艺术的王国里，但人不能用艺术取代现实。

值得注意的是，在现代社会里，现实的社会美和自然美以及艺术美的关系发生了许多变化。一方面人类和自然交融。人类和自然不是绝对的对立面，也不是遥远的存在者，而是居住的近邻。它们同属一个生态。另一方面现实和艺术的界限消失。现实不是非艺术的，艺术也不是非现实的。它们在保持了差异的时候达到同一。

这些都表明了一个最关键性的事实，即社会现实的审美化。它无非是说，社会由非审美走向审美。这意味着人类从非自由走向自由的历程。其标志是，社会由物的或者神的社会走向人的社会，人的片面的发展走向全面丰富的发展，肉体与精神的分离走向人的整体的自由的创造和享受。所有这一切正是审美化的历程。它将社会自身的审美价值显示出来。社会作为生活世界的主体是欲技道的活动。社会美的根本是欲望、技术和大道的审美化。就欲望的审美化的而言，饮食成为了美食，性欲成为了爱情。就技术的审美化而言，装饰超出了实用，器具成为了作品。就大道的审美化而言，智慧的思想变成了事物，真理的话语显现于形象。

社会的美是多种多样的。我们可以根据对于社会生活领域的区分而划分社会美的不同领域。但社会美主要包括了人自身的美，人与世界所发生的各种事情的美，还有人创造的物的美。

2.人自身的美

关于人自身的美，我们又回到了一个根本性的问题：谁是人？中国人一向把人看成万物之灵，它同属万物但又不同于万物。西方的传统认为人是理性的动物，凭借如此，人将自身与其他的存在者区分开来。当然现代思想经验的是：人首先是一个存在者，然后才是一个思想者。至于后现代则没有了一个完整的人的本性的规定。这是因为后现代的人分裂成生物的人、经济的人和语言的人等。如果我们谈论人自身的美的话，那么将是哪一种人的美呢？对于我们而言，人是生活世界的人，是欲望、工具和智慧游戏的参与者。因此，人自身的美主要是人在生活世界的游戏中如何作为游戏者而显现出来的。

一般的理论将人自身分为身体与心灵，因此便有身体美和心灵美；同时也分为内在与外在，因此也有内在美和外在美。这种种划分都有其领域和合理性，但是它们并没有切中人自身。一方面它们将人分成了碎片，而不是一个整体，另一方面它们没有考虑人的种种美的显现的可能性。事实上，无论是身体和心灵的美，还是内在和外在的美，它们都只有在人的生活世界里才能显现出来。因此，我们必须将关于人自身的美的思考集中于人在生活世界的游戏活动之中。

人自身不是某种特别的物，而就是欲望、工具和智慧的游戏的聚集之所。这意味着，人不仅作为一个游戏者与天地万物一起参与由欲望、工具和智慧的游戏，而且就其自身而言就是这个游戏。人是一个欲望者，同时还渴求那些所欲之物；人自身是一个工具，但也创造和使用其他的工具；人是有智慧的，不过智慧和愚蠢又始终相伴而行。总之，人在欲望、工具和智慧三者的战争与和平的过程中成为自身。

因此，所谓的人自身是欲望、工具和智慧三者和谐的整体，而不是某种片面的人，如人们所说的单面的或者一维的人。片面的人可能是欲望的人。人被欲望所驱使并被欲望所困扰。所谓人欲横流和物欲泛滥便是关于欲望的人的生存状态的刻画。片面的人也可能是工具的人。人是机器，是齿轮和螺丝钉。在工具化的过程中人丧失了自己作为人的本性。当然片面的人也可能是智慧的人。成为有智慧的人，这一般被视为人所追求的理想。但一个否定欲望和工具的智慧就不再是其自身，而是它的对立面：愚蠢。一个神学的时代和一个理学的时代就是极好的说明。

真正的人自身是欲望、工具和智慧三者的同戏，而且是它们的完成。于是，我们看到人是无欲的。这里所谓的无欲当然是纵欲主义的对立面，但它绝对不是禁欲主义的同义语。无欲不是没有任何欲望，而是没有贪欲。这就是说，欲望及其实现始终保留在自身可能的边界之内。同时，这种欲望是已实现的，不再是渴求的和需要的。一个在边界之内的欲望的满足的情形就是和平与宁静。

与此同时，人也是外物的。外物是指人自身既不是物的奴隶，但也不是物的主人。如果人是物的奴隶的话，那么人就被工具化了。人不再是人，而只是一个物，而且只是一个被利用的物。如果人是物的主人的话，那么人就可以随意地支配物，让物服务于自身的目的。这也非常容易走向事物的反面，亦即由人物物变成人物于物。外物是人与物的工具关系的中断，因此是人与物的关系的解放。人超然物外，和物保持一种自然的远离和亲近关系。于是，人成为人，物也成为物。

无欲使人免除为欲所困，外物让人去掉为物所累。但最后人自身的精神必须是自由的。达到精神的自由就是获得智慧的指引，这是因为自由是一切智慧的本性，智慧正是使人获得自由。达到精神的自由意味着一方面人要去掉精神的桎梏和束缚。它既可能是各种公开的愚蠢，但也可能是一些隐蔽的愚蠢，也就是各种形态的虚伪智慧。另一方面，人要去让自身存在，去让世界存在。这里的去存在不是去逍遥，去静观，而是去创造，去生产，去实现。

无欲、外物和精神自由等，显现了人自身的美。但我们如何命名人自身的这种美呢？在此我们感到无论是所谓的身体美和心灵美，还是所谓的外在美和内在美，都表现出了自身的贫乏和无能，它们都不足以描述我们所说的人自身的美。但我们发现一个被人们惯用的语词"人格美"正好切中这种人自身的美的现象。人格在日常语言中具有一种心理和道德的意义，如有人格或者没人格，人格高尚和卑下等。但人格的本意就是特定的人的形态，即面具，它是身份和角色的确定和显现。然而人格的确立在根本上在于人自身在生活世界的游戏中的角色的确定，以及在此游戏中人自身所表明的格调的高低。无欲、外物和精神自由正是人格美的基本特征。

就人格和它达到的审美境界而言，我们可以划分为几个层次：无我、有我和超出自我。无我既没有人我之分，也没有物我之分。有我则是这种混沌状态的破裂。人们称为自我意识或者自我的觉悟。但我和自我有几种可能的情景。第一仍然是无我，因为我对于自身并没有意识。第二是与世界分裂的自我。自我中心主义便是其典型形态。它认为自我不仅与世界是分离的，而且自我还是世界的中心。第三是真正的自我。它是自我本身，一个具有智慧的自我。这样它便会转化成超出自我。在此人我同一，物我交融。在超出自我的时候，人就达到了审美的境界。这就是所谓的人格美。

3. 人与事物的美

在讨论人自身的美的时候，我们其实也在讨论人和世界所发生的事件的美。这是因为所谓的身体和心灵、外在和内在，甚至所说的人格等都必须显现出来。它就是一般所说的人的行为或者行动。行为绝对不能狭义地理解为人的身心的活动，而是要理解为人在世界中存在的基本方式，它是人与世界万物的交往与共生。于是，行为便产生了事情和事件。但人与事情有着多样的关系。固然我们可以说人是事件的肇事者，人引发了事件的发生，由此甚至可以认为事件就是人的事迹。但这并不意味人是事情的规定者，而是反过来，事情才是人的规定者。人是由事情显现自身的，一个什么样的事情便证明了一个什么样的人。因此，事情有超出人自身的意义。

但什么是事情或者事件？事情绝对不是一个物体或者物件，如同一个自然之物或者是人工之物摆在那里一样。它也绝对不是一个人所思考和行为的对象，而被认识和被实践。不如说，人自身已经被编织进入到了事件之中，与各种事件交织在一起。这样的事件就必须理解为"发生的事件"和"事件的发生"。但它不是一场偶然的事故或者意外，而就是人与世界存在的生成。于是，事件就成为了历史。

一切历史都是人与世界的事情发生的历史。在这样的意义上，一块石头和一棵植物是没有历史的，只有人的生活世界才是有历史的。这样的历史是人的存在的历史、真理的历史，也就是人走向自由的历史，是真正的美的历程。当然历史本身也是需要区分的，有平凡的历史或者是伟大的历史。一个惊天动地的事件便会形成历史的开端或者终结。因此，它是历史性的，并且是划时代的。历史的这些事件便成为了故事，对于它们的描写就是叙事，也就是史诗。历史作为人和世界所发生的事件的美所显示的是人的命运，是人的自由的本性。这些美往往表现为历史的瞬间，但却铸成了永恒。这是因为历史不是过去的，而是曾有的，同时是当下的，且召唤着那要到来的。

当然人和世界所发生的历史可以按照惯例分为几个方面。

首先是人与自然之间所发生的事件的历史。人们一般将人类的历史看成是从动物到人，也就是从自然到文化的历史。但事实上一方面自然不断显示出自身遮蔽了本性，另一方面人始终敞开自身的存在。人们也将人与自然关系描述为自然的人化和人的自然化的双向历程，但这并不意味着自然变成人性的和人变成自然性的，它实际上揭示了人与自然的永远不可消解的张力。这就是说，自然更自然化，人更人化。这种自然与人的关系的审美化无非表明，自然作为自然存在，人作为人存在。美就是每一存在者如其所是地去存在。

其次是人与人之间所发生的事件的历史。人与自然的关系同时也是人与人的关系。人总是和他人同属生活世界的，于是，人的存在就是我与他人的共同存在。这种共同存在事实上便形成了各种各样的人与人的关系。其不同形态的组织就成为了家庭、社区和国家等。人与人的关系的历史是一部恨与爱的历史，因而是一部战争与和平的历史。但只有爱与和平，或者为了爱与和平的奋斗才是美的。爱是奉献和给予。人在爱时也获得了爱。当然爱有不同的形态。亲情是具有血缘关系之间的人的感情。友情则超出了血缘关系的自然性，它是志同道合的同志和同道的友谊。爱情是男女之间的生死之恋，它不仅是心灵的，而且也是身体的。博爱则是神圣之爱，它是对于天地人的一切存在者的爱与关怀。

最后是人与精神之间所发生的事件的历史。在人与自然和人与人建立关系的同时，人与精神之间也展开了自身的历史。这是因为人自身也是一个精神性的存在。但人与精神的历史不仅渗透于人与自然和人与人的历史之中，而且有自身独立的历史。精神的历史主要是哲学、宗教和艺术的历史，也就是关于真善美的历史。在精神的世界里，艺术具有独特的意义，因为它就是美的发生之地。由此艺术成为了人类精神世界最美丽的花朵。

4. 器具的美

在人类社会的各种审美现象中，除了人自身的美和人与世界所发生的事情的美之外，还有各种物自身的美。物与人是容易分辨的，但物与事则容易混淆。我们一般说事物就是将事和物置于一起。但一般而言，事是发生的事件，物则是存在于此的物体或者器物。它们相关，但仍有不同。

如果将物理解为物体的话，那么这也会导致一些误解。人们往往把物的存在于此看成一个对象，它要么是一个自然的对象，要么是一个人工的对象。与物的对象性相对，人成为了主体。物或者与人直接相关，或者与人间接相关。但是物的存在于此绝对不是作为主体的人的对象而存在的，不如说它与人共同存在于生活世界之中，一起参与欲望、工具和智慧的游戏。

那么物到底是什么？在我们的世界里，物有许多种类。所谓的纯然之物就是自然之物，如石头、植物和动物等。所谓的器具是人工制品，它作为工具而服务于人的目的，如各种农业的工具和工业的工具等，最典型的有镰刀和锤子。所谓的作品当然也是人工制品，但它不是以他物为目的，而是以自身为目的。这种种物各不相同，它们有的不是为美而生产的，有的则是为美而创造的。但也许它们都可能成为美的物体。这又是为什么呢？

在此，我们还有必要更进一步地深思物的本性。但为了到达物的本性的显现之地，我们必须回到我们生存于其中的生活世界。在此一个纯然之物也与人发生了关联，它显示出自身的自然的本性，如它的斑斓的色彩、变化的线条和动人的音调等。至于器具本身就是物的因素和人的因素的结合。在器具的使用中，器具将自身的物与人的结合的特性昭示出来。至于艺术作品克服了器具中人与物的有限性，而敞开了人与物的无限性。同时在生活世界的历史进程中，一个非作品完全可以实现向作品的转化，如埃及的金字塔、古希腊的神殿和中国的万里长城等。

因此，我们看到物的本性在于它是关系的聚集。这也就是说，物自身聚集了人和事，故物就是人和事的物化，就是一个物化的人类生活世界。如果物的本性就是如此的话，那么我们对于物的思考就不能见物不见人，更不能将物物质化和质料化。在这种对于物的态度中，物正在消失自身。同时，我们也不能将物看成是人对象化。一个成为人的对象化的物就是人认识和实践的对象，是对象化了人的认识和实践。这种观点也让物的物性丧失殆尽了。

作为人与事的聚集的物的本性既不是物质化，也不是对象化，而是让物性和人性的显现。物作为其自身一方面显现物的物性。石头作为石头存在，植物作为植物存在。物另一方面显现人的人性。人作为人存在。同时，物还让人和物共同存在，交互生成。这样一种既显现了物又显现了人的物就是美的物。物的美就是物性与人性显现的光辉。

第五节　美的范畴

　　审美范畴不同于审美形态。如果说审美形态是关于美的区域的划分的话，那么审美范畴是关于美的性质的区分。同一审美形态会有不同的审美范畴。如艺术美的领域就不仅包括了单一的审美范畴，而且包括了所有的审美范畴。同时，同一的审美范畴会表现不同的审美形态。如优美既显现于自然界，也显现于社会界，当然也显现于艺术界。审美范畴有很多区分。它有民族的不同，如中国的阴柔之美和阳刚之美就不同于西方的优美和壮美。同时，它也有时代的不同。同一审美范畴在不同的时代有不同的意义。但我们在此暂时忽略审美范畴意义的种种差异，而只是考虑其一般意义。按照惯例，审美范畴主要分为美与丑、优美与崇高、喜剧和悲剧等。

一、美与丑

1. 美的定义

　　作为审美范畴的美不同于作为审美本性的美。作为审美本性的美只有一种，是区分审美和非审美的界限。而作为审美范畴的美则有多种，是审美自身的区分。这也就是说，美自身的性质是差异性的。当作为审美范畴的美具有不同内涵的时候，它也相应地具有不同的外延。于是，不同的美所指称的范围是不同的。因为美始终相关于丑，所以这种种不同的美与作为审美范畴的丑也具有不同的关联。

第一，美指广义的审美现象。它作为审美与非审美相区分。一切具有审美价值的事物，无论其具有何种性质，都可以成为美。在这种意义上，美包括了优美和崇高，悲剧和喜剧，其中也包括了丑。在广义的美的现象里，丑不仅是一种独立的审美范畴，而且也贯穿于崇高、悲剧和喜剧等范畴之中。

第二，美指排除了作为独立存在的丑的其他审美现象。它与单一的丑相区分。在这种美之中，丑不是单独的审美物，但它却保持在崇高、悲剧和喜剧等范畴之中。这种意义的美实际上包括了优美和崇高、悲剧和喜剧等。

第三，美指狭义的审美现象。它与崇高相区分。它不仅排除了丑，而且也排除了崇高、悲剧和喜剧等。这种纯粹性质的美事实上只是指优美。

2. 丑的定义

丑在日常语言中是一个经常被用到的语词。一般而言，丑的日常语义是消极性的和否定性的。但丑其实不只具有单一的意义，而是具有多面的意义。它大致可分为如下几种。

第一，人和事物的形象难看、怪异。如一个身材畸形和面部扭曲的人，一个不规则的和破损的形体等。这种人和事物的丑主要是其外观破坏了惯常的结构。

第二，人和事物的品质恶劣、不好。一个人的道德是败坏的；一个事物是违背了伦理规范的。对于这种现象，人们都可以说它们是丑的。这种丑人丑事就不是指人和物的外观，而是指其生活和活动。

第三，人对于自身和他人的言行所产生的羞耻感和厌恶感。人意识到自己和他人的错误，有一种丑陋之感。这种丑感是一种心灵的感觉。它不是肯定的，而是否定的。

虽然丑的哲学语义与日常语义相关，但它们之间是有区别的。丑的哲学语义有自己独特的规定。一般而言，丑和假恶相连。因此，假恶丑常常构成一个关联。人们不仅将假恶丑三者相连，而且将它们置于与真善美的对比之中。在这样一种关联中，丑往往被赋予了假和恶的特性，并被实际理解为假与恶的另外的形态。一方面，丑被理解为认识领域中的错误判断。例如，一个错误的判断既是荒谬的，也是丑陋的。另一方面，丑被把握为伦理学领域中的不良道德。一个违背道德的行为不仅是邪恶，而且是丑事。

但审美意义的丑既不同于假，也不同于恶。一个丑的事物可能和假恶相连，也可能和假恶分离。这就是说，一个丑的事物并不一定就是假的和恶的。如，一块丑陋的石头并非就是一块假的和恶的石头。同样，戏剧里的丑角也不能被说成是一个虚伪和邪恶的人。

虽然作为审美范畴的丑与美是相对立的，尤其是与在优美意义上的美相对立的，但它仍然具有审美价值。这在于它是人的自由活动的一个不可或缺的部分。丑是美的否定和反衬，又是其他审美范畴如悲剧、喜剧、崇高、滑稽等的必要的组成因素。

3. 丑的形式特点

丑的事物所呈现的外观最根本的特点是不和谐。它的各个部分是残缺的，它们所形成的关系是冲突的、破裂的，而不能构成一个完整的整体。

第一，反整齐一律。丑的事物是畸形的、怪异的。如一张发育不健全的脸、一个肢体残缺的人体。它们违反了事物自身的同一性。

第二，反规律。丑的事物是无规律的、无节奏的，是不协调和杂乱无章的。它破坏了事物自身的发展的逻辑。如一阵刺耳的噪音、一段跑调的歌声和器乐演奏等。

第三，反和谐。丑的事物不是一个由不同的部分所构成的整体。它的各个部分是冲突的、对立的。它破坏了事物自身的多样统一性。

4. 丑的内容特点

丑是生活世界中的事实，并且充满了生活世界的方方面面。人的欲望可能是虚假的，也可能是邪恶的，但也可能是丑陋的。一个丑陋的欲望是不完美的。同时，人所采用的手段可能是虚假的，也可能是邪恶的，但也可能是拙劣的。拙劣的手段是不灵巧。此外，人所把握的知识可能是虚伪的，也可能是邪恶的，但也可能是丑陋的。一个丑陋的知识是残缺的。总之，丑是生活世界的非完满性。

在生活世界中，丑之所以具有审美价值，是因为它与美相关，并且可以成为美的一个环节。

第一，美丑共存。生活世界既不可能是绝对的美，也不可能是绝对的丑，而是美丑共存的。一旦有美的存在，便有丑的存在。反之亦然。因此，生活世界中的丑与美是不可分割的。这正如光明和黑暗、温暖与寒冷一样。惟有如此，生活世界才是真实的和丰富的。

第二，美丑对立。在生活世界中，美与丑当然处于一种对立关系之中。这就是说，美要否定丑，而丑也要否定美。正是在这种相互否定的过程中，生活世界才不断地发展和变化。美丑对立还有一个极端的形态。一个人虽然具有丑陋的外貌，但具有美好的内心。如庄子描写的一些人物就是如此。他们面部残缺、畸形，四肢缺少或者弯曲，脖子上还长着巨大的肿瘤。但是他们却具有伟大的德性。这种美丑的对立仿佛使丑成为了美的手段。

第三，美丑转化。生活世界本身是变化的，这也导致美丑的变化。于是，美的事物可以转化成丑的事物，而丑的事物可以转化成美的事物。这种转化甚至是不断的。腐朽可化为神奇，而神奇也可化为腐朽。例如，在艺术中，裸体乃至身体的部分裸露在中国古代是丑陋的，但在当代却被认为是美好的。

如果说生活中的丑的事物具有审美价值还值得怀疑的话，那么艺术中的丑的形象具有审美意义则是毋庸置疑的事情。在艺术史上，丑一直是艺术作品一个不可或缺的要素。这使艺术形象具有多元性和丰富性。

丑充满了中国历史的各种艺术形态。文学作品除了有正面人物，还有反面人物。如四大古典小说中的各种坏人、小人，其中，最为人所知的有奸雄曹操和阴险毒辣的王熙凤等。绘画在描写美好人物的同时，还描绘丑陋的人物。如佛教题材中的罗汉形象，其面相和形体都夸张变形，超出了常人。人们还提倡书法中宁丑勿媚，打破了常规的用笔和结字的规范；主张园林中以丑石为美，采用怪异的、奇特的石头。此外，戏曲的丑角也往往具有生动活泼的气息。丑使中国的各种艺术打破了单一性，而变得丰富多彩。

如同在中国古代艺术一样，丑在西方古代艺术中也有大量表现。但自现代以来，丑越来越成为艺术审美的一个主题。文学上有象征主义，如波德莱尔的《恶之花》；戏剧上有荒诞派，如贝克特的《等待戈多》；音乐上有现代派音乐，如斯特那文斯基的《火鸟》；绘画上有现代主义，如蒙克的《呐喊》等。丑之所以成为现代以来西方艺术的主题，是因为丑成为现实生活世界一个不可回避的事实。所谓丑的事实在现代就具体化为人的无家可归的事实。这就是说，西方现代艺术中的丑的经验实际上是西方现实中无家可归的经验的审美表达。

当然，我们还必须探讨：艺术中的丑为什么会具有一种独特的审美价值？除了丑给予了艺术形象的丰富性之外，更重要的是艺术中的丑是一种被揭示了的丑，也就是被照亮了的丑。丑在艺术中表演，显示了自身的真实本性。因此，它能让人洞察丑的真相，而由此获得了审美价值。丑虽然能给人带来痛苦的感觉，但也能带来审美的愉悦。

二、优美与崇高

优美和崇高也是一对重要的审美范畴。它们主要是西方美学史上的概念。在中国美学史上，相似的概念有优美和壮美、阴柔之美和阳刚之美。

1. 优美的定义

一般而言，广义的美包括了一切审美现象。它除了包括优美与崇高、喜剧和悲剧之外，还包括了丑。与此不同，优美是一种狭义的美。它不仅排除了丑，而且还排除了崇高、喜剧和悲剧。一般而言，优美和崇高相对。

优美是事物所呈现出来的一种没有冲突的和谐的美。如群山中涓涓的小溪、风中摇曳的百花、歌唱的小鸟等。无论是它们自身，还是它们与环境，都是和谐的。

2. 优美的形式特征

优美的事物具有其独特的形式特征，它具有小巧、精致、轻盈、清新、秀丽、优雅等品格。如人们说小的就是美的，这就是指小的就是优美的。人们还说精致的东西是精美，秀丽的东西是秀美。这里的精美和秀美也就是优美。优美的事物虽然具有许多特点，但最主要具有如下的根本的特点：

第一，单纯。优美的事物不是杂乱的，而是单纯的。如某一简单的线条，如蛇形线；某一简单的图形，如圆形。还有某一单一的色彩等，如绿色和蓝色等。优美的单纯主要是是保持了自身同一的纯粹性。

第二，宁静。优美的事物不是骚动的，而是静止的。它表现了人和事物处于自身本性的寂静的状态。即使它是运动的和变化的，也不是剧烈的，而是柔和的。因此，优美的事物是一种静态、柔性的美。如秋日蓝天上的白云、春天拂面的清风等。

3. 优美的内容特征

优美的事物主要表现了生活世界的和谐性。一个事物是一个由不同的要素所构成的整体。每个要素是独特的，因此是差异的。但它们遵守一定的尺度，恪守自身的边界，并与其他要素发生关联。这样一种关系便是和谐的关系。

在生活世界中，欲望、技术和智慧是不同的，但构成了一种无法割裂的关联。在此关联中，三者是矛盾的。但当它们化解矛盾并保持平衡时，生活世界就是一个和谐世界了。此时的世界呈现为和谐的美，也就是优美。

和谐的世界使人和物都能具有一种优美的特性，人身心合一，物也自在自得。一种优美的艺术也就是表现了处于和谐本性中的人和物，如古希腊的雕塑爱与美之神维纳斯、贝多芬的田园交响曲等，又如中国古代的田园诗和山水画等。优美的事物总是能给人带来甜美的感觉。

4. 崇高的定义

与优美不同，崇高就是高大和强大。崇高的美是一种高大、强大的美。这种事物具有粗犷、博大的姿态、劲健的力量和雄伟的气势。

崇高的现象在世界中并不陌生，而是比比皆是。自然有许多崇高的现象：一望无际的苍穹、太阳升起和落下的壮丽景象，还有高山、风暴等。人类的崇高主要表现为人的人格和精神，一些英雄和伟大人物等就是崇高的。

在中国的传统美学中，崇高或壮美常用"大"来表述。儒家的孔子在歌颂尧的功业时，称赞其崇高为"巍巍"、"荡荡"、"涣乎，其有文章"。这不仅是一种道德的赞美，而且也是审美的歌唱。孟子把人格美的核心称为"浩然之气"，并将它们区分为善、信、美、大、圣、神六个等级。对于美和大，孟子进行了解释："充实之谓美，充实而有光辉之谓大。"这里的"大"比一般的美更广阔宏伟，更鲜明强烈。大是一种壮美和崇高的美。道家所经验的崇高是无。它是一种超出了有限性的无限性。禅宗的所理解的崇高是人的佛性的伟大，故有佛光普照、佛光万丈和佛光无边。

在欧洲美学史上，古罗马时代朗吉努斯认为崇高是"伟大心灵的回声"，它包括了庄严伟大的思想、慷慨激昂的感情等方面。近代的博克第一个把崇高与美严格区别开来。他提出，崇高感情的根源是"自我保全的冲动"。当遇到痛苦和危险时，人就自然产生一种以保全自己为目的的反抗力量。但当痛苦消失之后，人就会获得一种欢欣之情。与一般积极的快感不同，凡是能引起这种以痛苦为基础的欢欣之情的东西，就是崇高的。在此基础上，康德指出了崇高感是一种只能间接产生的愉快。在崇高事物的经历中，生命力首先在一瞬间受到阻滞，然后立刻又继之以更强烈的迸发。崇高的事物固然可以引起恐惧，但崇高感毕竟不是起于恐惧。一个威力强大的事物之所以崇高，并不是因为它可怕，而是因为它把我们的精神力量提高到超出平常的尺度，使我们在内心里发现了一种抵抗力。与心灵的力量相比，自然界的一切都变得渺小。康德强调崇高不存于自然界，而是存在于人类的心灵。黑格尔认为神是世界的创造者，是崇高本身最纯粹的表现。

5. 崇高的形式特征

崇高的形式的基本特征为大。但大有许多种类。康德曾把它们区分为数学与力学两个类型。

第一，数学的大。这包括了数量的、体积的、空间的、静态的等方面。最典型的是宇宙的大。它大到无法计算，以至无穷。宇宙不仅空间上是无穷的，而且时间上也是无穷的。

第二，力学的大。这包括了力量的、能量的、动力的、动态的。最典型的例子有暴风雨、洪水、海啸、火山的爆发等。

当然，数学和力学的大是两种不同形态的大。有的崇高具有数学的大，但不具有力学的大。反之亦然。但这两种形态的大也常交融并存。这样，崇高就不仅是高大，而且也是强大。

大是和小相比较而成为自身的。没有小，就没有大。但大自身也仍然可以区分。因此，大可以分为较大和最大。最大的大是无限的大。它克服了有限，而成为了没有限制。但真正的无限只能是无本身。这在于，任何有都是有限的，而只有无才是无限的。在此，作为大的崇高就超出了任何数学和力学关于大的计算。

6. 崇高的内容特征

当崇高的大不可计算的时候，它的形式也就否定了自身。这就是说，崇高的本性主要不是在其形式，而是在其内容。崇高的内容方面主要是人和事物的伟大和坚强。

在生活世界中，人和物并非始终是和谐的，而是不断冲突的。这就是说，不仅有美的存在，而且有丑的存在。在美与丑的矛盾和斗争中，人及其行为就显现了自身的崇高。

生活世界的崇高表现是多方面的。人对于欲望和激情的控制和支配，这显示了人的意志的坚强；人对于工具和手段的驾驭和运用，这显示了人的力量的伟大。人对于真理的认识和实践，这显示了人的智慧的博大。真理与谬误作斗争而照亮世界所展示的伟大形象和力量正是崇高的本性。

当一些伟大的历史人物在人格和行为上凸显了这种本性的时候，我们称他们具有崇高的品德。如孔子以教化天下为己任，是中国历史上最伟大的圣人。佛陀悲天悯人，普度众生，其伟大的人格力量如同佛法无边和佛光万丈。耶稣一心拯救世界，为人类受难并献身。其神性的光辉超过了日月。

当然，自然的事物也有崇高。按照自然自身来说，高者自高，低者自低。

它们无所谓崇高或者不崇高。但自然也是人的生活世界的一部分，并赋予了人类的意义。一方面，自然的强力和威力给人以心灵的震撼，并加以强烈的鼓舞和激越，引起人们对它产生敬仰和赞叹的情怀；另一方面，自然的强力使人发现了自身心灵的伟大，从而提升和扩大自身的精神境界。因此，天的无限、地的宽阔、山的险峻和水的浩淼都成为了崇高的形象。

艺术的崇高在于表现人的心灵的崇高。建筑以体量和形态聚集了难以言说的震撼力量。如中世纪的哥特式大教堂就呈现了上帝的神圣性。音乐的快速的节奏和激越的旋律仿佛是巨大的呐喊。如贝多芬的《第九交响曲》表现了人类灵魂的庄严和伟大。文学中的史诗和史诗般的作品都具有一种恢弘的精神。如杜甫诗作抒发了天地情怀，达到了天地境界。

各种崇高的事物所引发的感觉就是崇高感。一般而言，崇高感是伟大的事物在感情上所产生的效果。但崇高感带有庄严感或敬畏感，甚至伴有某种程度的恐惧或痛苦。

三、喜剧和悲剧

和优美和崇高一样，喜剧和悲剧也是一对重要的审美范畴。喜剧和悲剧不仅是中西戏剧艺术中的两种类型，而且也是存在于生活世界中的两个审美范畴。区分于艺术样式的喜剧和悲剧，作为审美范畴的喜剧和悲剧可以被称为是喜剧性和悲剧性。当然，喜剧和悲剧艺术以一种典型的方式揭示了生活世界中的两种审美特性。

1. 喜剧的定义

狭义的喜剧是一种戏剧样式。它一般被称为笑剧或笑片。它以独特的手法刻画可笑的人物和事件，从而否定丑与滑稽，肯定美和崇高。但除了戏剧之外，喜剧还作为一个要素广泛地存在于其他艺术门类之中。如语言艺术中的幽默、笑话、相声和小品等。

广义的喜剧则是一种审美范畴。在事物发展过程中，美战胜了丑。丑自身的揭示和否定便具有可笑性，也就是喜剧性。马克思说，历史要经过许多阶段把陈旧的形态送进坟墓。世界历史的最后一个阶段是喜剧。它是人类愉快地同自己的过去诀别。这事实上是美和丑的分离和告别。

2. 喜剧的形式特点

喜剧事物的最大的形式特点是它的可笑性。任何一种喜剧性艺术或者生活的事件都会引人发笑。一个不能令人发笑的喜剧艺术不能算是成功的作品。笑是人的一种独特的生理和心理行为。甚至可以说，只有人才会笑。与其他人的生理和心理行为不同，笑是人对于事物的一种特别的态度，是一种心理满足的释放。

笑可以分为很多形态。如真笑和假笑、皮笑肉不笑等。但从其本性上而言，笑可以分为否定性的笑和肯定的笑等类型。否定性的笑有嘲笑。它是对于事物存在的批判和反对。肯定性的笑有会心一笑和开怀大笑等。它是对于事物存在的满意和赞美。但喜剧的笑包括了两重性，既是肯定的，又是否定的。

一个事物之所以是可笑的，是因为它在自身的揭示过程中是脱节的。事物的脱节有两种可能。一种是它自身没有达到自身，是不完满的；另一种是它超出了自身，越过了完美。这种种脱节的情形从而引发了笑者的优越感。它一方面是事物自身对于自身的优越感，另一方面是笑者发现了自身对于可笑之物的优越感。当然，笑者不仅能对于可笑之物具有优越感，而且能对于自身具有优越感，如自嘲等。

3. 喜剧的内容特点

喜剧的可笑性和脱节性源于生活世界中美丑的矛盾和斗争。当美转换成丑的时候，或者是当丑转换成美的时候，喜剧性便产生了。如，一种卑劣的情欲冒充高贵的感情，一种拙劣的手段伪装成高超的技巧，一种愚蠢的知识充当智慧的思想。但在事物的发展过程中，事物的本性揭示出来了。高贵变成了低劣，高超变成了拙劣，智慧变成了愚蠢。这就是喜剧性产生的契机。反之亦然。不过，一般的喜剧主要是美转换成丑的喜剧。

当然，作为戏剧类型的喜剧可以表现生活世界的方方面面。根据其内容，喜剧艺术可分为讽刺喜剧、抒情喜剧、荒诞喜剧和闹剧等。讽刺喜剧主要是对于丑的解释。它是丑的人物和事件的表演。抒情喜剧主要是对于美的歌颂。它大多是美的人物和事件的揭示。其间，它有很多变形、误会和冲突等。但最终是美的人物和事件的大团圆。荒诞喜剧描写的是怪异的意义。一个事物看起来是理性的，但实际上是非理性的。闹剧则表演了完全无意义的事情。它是无聊的、空洞的，但又是喧嚣的、夸张的。

4. 悲剧的定义

狭义的悲剧是一种戏剧样式。古希腊的悲剧来源于山羊歌和酒神颂。人们扮演成半人半羊来歌唱酒神狄奥尼索斯的苦难和再生。后来这种戏剧发展成关于人的悲剧命运的故事的表演。一般而言，悲剧是以剧中主人公与现实之间不可调和的冲突及其悲惨的结局来构成其基本内容的作品。它的主人公大都是人们理想、愿望的代表者。但悲剧以悲惨的结局来引起人的悲情。

广义的悲剧是一种独特的审美范畴。从根本上说，自然没有悲剧。悲剧不是一个自然发生的事情。洪水、地震等天灾等只是灾难，而不是悲剧，但它们能构成悲剧发生时的一个要素。只有社会才有悲剧。这在于悲剧相关于人在生活世界中的性格和命运。尽管社会有悲剧，但悲剧并不同于一般的悲惨和痛苦。当一种天灾人祸不相关于人的性格和命运的时候，它就不是悲剧，而只不过是一种令人痛苦的事情而已。

但作为艺术种类的悲剧更典型地解释了作为一般审美范畴的悲剧的本性。对于悲剧的本性，西方历史上作了不同的探讨。

古希腊的亚里士多德认为悲剧是对于一个严肃、完整、有一定长度的行为的模仿。它能够引起怜悯和恐惧，并使这情感得到陶冶和净化。

近代的黑格尔强调悲剧的核心是两种对立的理想和普遍力量的矛盾的冲突。矛盾的双方都具有片面性，即既具有合理性，也具有非合理性。于是，它们就会产生冲突。冲突的结局是双方实现了和解，而达到了永恒正义的胜利。

现代的马克思和恩格斯则指出，悲剧性的冲突是历史性的必然要求和这个要求实际上不可能实现之间的矛盾。

尼采的悲剧观则建立在日神精神和酒神精神的解释上。日神如梦，酒神如醉。前者为造型艺术，它借助于外观的幻觉而肯定个体；而后者为音乐艺术，它通过否定个体而复归于世界的本体。悲剧虽然是日神和酒神精神的结合，但在根本上是酒神精神。悲剧所表现的是个体的毁灭和复归。

中国历史上也有悲剧的经验，如屈原的诗篇和《红楼梦》等。但对于悲剧的美学思考是近代以来的事情。王国维认为悲剧是人的欲望的冲动和这个冲动不可能实现的矛盾。

鲁迅认为悲剧即将人生有价值的东西毁灭给人看，从而激起观众的悲愤及崇敬，达到提高思想情操的目的。

5. 悲剧的形式特点

悲剧性事物的主要特点是其可悲性。一般而言，悲剧总是相关于失败、伤害和死亡等事件。例如，一个人事业的失败，尤其是一场战争的失败；人的身体和心灵的痛苦；人的死亡、自杀和他杀等。

这些极端的事情都能引发人的悲痛。悲痛是一种由事物所引发的人的否定性的情绪。一个事物之所以引人悲痛，是因为它激发了人的同情心和怜悯心。因此，悲痛也是爱的一种独特的表现。但悲痛作为否定性的情绪主要在于事物导致了对于人的身心的伤害。悲剧总是可悲的、痛苦的和令人哭泣的。在悲剧的痛苦中，一方面是对于他人的怜悯，另一方面是对于自己的恐惧。

6. 悲剧的内容特点

悲剧一般是人的悲剧。它主要表现为人在生活世界中与他人的冲突并以失败而告终。它有多种表现。人被一种强烈的欲望所支配，但这种欲望在根本上是不能被满足的。人使用的手段和工具是有限甚至是无能的，它们无法实现人所追求的目的。人远离真理，并不知晓自身的命运，而让自己的生活行走在黑暗的道路上。这是悲剧的实质。

生活和艺术世界的悲剧有多种形态。但根据历史的发生的事实，悲剧一般可以分为如下几个类型。

第一，命运悲剧。它主要是人与命运的冲突的悲剧。索福克勒斯的悲剧就是其典范，如《俄底普斯王》。命运注定了俄底普斯王要杀父娶母。人们从神那里知道了这个命运，并力图逃脱它。但正好是在知道和逃脱命运的过程中，人们被命运规定了自己的生活。面对这样的命运，俄底普斯王只好刺瞎自己的双眼，而放逐自己。命运表现为光明和黑暗的交织。它既显现，又遮蔽。这使人处于其迷途之中，而被其作弄。

第二，神性悲剧。这主要是基督教上帝的悲剧。基督耶稣出生、传道、受难和死亡的过程就是神性悲剧展开的过程。耶稣的受难成为了西方艺术一个重要的主题，并在雕塑、绘画、音乐等艺术样式中有不同的表现。神性的悲剧在于上帝和世界的矛盾。上帝是光明的，世界是黑暗的。上帝来到了世界，世界却拒绝了上帝。因此，事情的结果必然是上帝被钉十字架上。

第三，性格悲剧。它产生于人自身的性格的矛盾和冲突。莎士比亚所描写的哈姆莱特的性格中存在着刚强与软弱两种要素。一方面，出于刚强，他要为父亲复仇；另一方面，出于软弱，他又不能付诸行动。这就使存在或者不存在变成了一个问题，或者，生或者死变成了一个问题。在这种性格的矛盾中，他失去了复仇的机会，最后只好选择自杀。

第四，生活悲剧。这是由生活各种复杂的因素和关系的冲突而导致的悲剧。如曹雪芹的《红楼梦》就描写了生活的悲剧。它通过贾宝玉和林黛玉的爱情揭示了爱与无爱、情和无情的矛盾。《红楼梦》主要借助了佛道思想来揭示生活的悲剧。《红楼梦》所说的无非是：红楼即梦，梦即红楼。这正是佛教所说的色即是空，空即是色。其悲剧性为：爱成为了无爱，情成为了无情。

第二章
美感

第一节　美感的意义

一、美感的语义

如同美一样，美感在日常语言和理论语言中有非常复杂的意义，往往是模糊的和歧义的。如当欣赏到一片美丽的风景和一幅著名的画作之后，我们常常会说，它给予了我们美感。当品尝了一杯陈年美酒之后，我们也会说，感觉真美。这无非表明，一般所说的美感就是好的感觉和愉快的感觉。当然这种美感的范围过于宽泛，并不是严格的美学意义的。我们所要讨论的美感只是相关于对纯粹的美的存在者的美感。

1. 心理学的美感

即使我们将美感限定为关于美的感觉，它仍然是多义的。人们一般将美感分成狭义的美感和广义的美感。狭义的美感指对于美的感觉，如感知或者情感等。这是审美心理现象中的相关于感觉的个别环节。人们描述这种审美感觉作为感觉的一般特性，同时也指出它作为审美感觉而不同于一般感觉的特性。广义的美感则指包括了美的感觉在内的整个审美心理结构，它有感知、想象、理解、意志和情感等要素，故它可以等同于整个审美心理。但现代审美心理的研究具有十分宽广的领域。除了实验心理学外，精神分析理论、格式塔学说和人本主义心理学都对于审美心理提出了自己的观点。

2. 哲学的美感

但不管是狭义的美感，还是广义的美感，它们都只具有心理学的意义。在对于美感进行心理学研究的同时，人们还探讨了美感的哲学意义。在此，美感指审美意识、审美理想甚至审美理论和审美文化等。它们不再是关于美的感觉的心理学，而是关于美的思想的认识论。但关于美感的心理学的研究和认识论的研究有什么关系？后者当然是建立在前者的基础上的，后者是对于前者的分析和反思。但前者具有直接性，后者具有间接性；前者具有个别性，后者具有一般性。

3. 美感作为审美经验

关于美感的心理学的研究和哲学认识论的研究是目前美感研究的主要方向。但它们能否切中美感的本性？因此，我们有必要深思它们是如何规定美感的。在心理学和认识论看来，美感作为关于美的感觉是一个心理现象，当然也可以作为一个意识现象。美感看起来也的确就是一个心理和意识的现象，但这并不切中美感的全部事实。

让我们看一看美感的事实吧。当我们置身于海南岛亚龙湾的蓝天碧海中，当我们在欣赏宋元山水画或者是在倾听古曲《春江花月夜》时，我们的确是有狭义的审美感觉，即看到了，听到了；此外还有广义的审美感觉，即整个心理都为之感动。在审美心理活动的同时，我们的审美认识也活动了，审美意识、审美理想、审美文化和审美理论都直接和间接地发生作用。但在审美心理和审美认识的同时，美感还存在一个更根本的事实：人置身于美之中。人不仅仅是感觉美，也不仅仅是认识美，而且也是已经和美共同存在了。这就是说，我们与风景、绘画和音乐的关系首先是一种存在的关系，然后才是一种感觉和认识的关系。人与美的共在是一个比美的感觉和认识更本原的事实。

基于这样的事实，美感在根本上既不能理解为狭义的审美感觉，也不能解释为广义的审美心理，当然也不能表达为在此基础上的各种认识论的规定。美感必须理解为美的经验。经验不是人作为主体对于客体的体验。它既不是一个心理学的事实，如感觉，也不是一个认识论的概念，如感性认识，而是人对于美的存在最直接的把握方式。

因此，我们必须放弃关于美感的狭义和广义的规定，也必须走出心理学和哲学认识论的种种设定，而回到美感呈现的原初事实。当我们把美感规定为美的经验的时候，我们不仅可以把握美感的本性，而且可以洞察美感和美之间最深刻的内在关系。

二、美感与美的关系

不管人们在何种意义上理解美感，都会遇到美感的本源以及美感和美的关系问题。

1. 三种理论

唯物主义的美学认为美感的本源是物质性的。这就是说，美感不是源于感觉和它所属的精神自身，而是与之相对的物质世界。这个物质性的世界既是美自身的存在之所，也是美感产生的根源。美感不过是关于物质性的美的感觉而已。与此相关的是，美感不仅是对于物质性美的反映，也是人的物质性的生理本能的产物。它是人的生理结构的一种特别的机能，即一种感受美和欣赏美的能力。故美感根源的物质性可以分为世界的物质性和人的物质性两种。

与此相反，唯心主义的美学认为美感的本源是精神的。它们认为，对于美感而言，最根本性的不是那个引起美感的对象，而是美感自身。这是因为美的对象都是美感的构成物。作为美感自身，它当然是精神性的。但精神一般分为主观精神和客观精神，与此相对应的就有所谓的主观唯心主义和客观唯心主义。前者将美感归于主观性的感觉，如直观和情感等；后者则归于客观性的精神，主观性的感觉不过是对于它的回忆和觉悟而已。

与上述两种观点不同，马克思的历史唯物论认为，美感作为人的一种特别的感觉是物质和精神交互生成的。但使物质和精神得到统一的不是其他什么东西，而是人的实践。它是人类能动地改造自然的活动。在实践的历史中，一方面是外在自然的人化，也就是说自然成为了人性的自然。由此诞生了美。另一方面是内在自然的人化，人的身体和感官成为人性的身体和感官。于是感觉在成为人的感觉的时候便成为了美的感觉。由此便产生了美感。

在这种种关于美感本源的规定中，人们其实已经规定了美感和美的关系。这在于美感作为感觉一方面是情态性的，即感觉是美的；另一方面是意向性的，它是对于美的感觉和朝向美的感觉。故美感自身不是独立的，而是包含了关系的，并且自身就是这一关系。具体而言，美感就是它自身和美的关系。

一般而论，将美感看成物质性的观点认为美是第一性的，美感是第二性的，因此美决定美感。与此相反，将美感看成精神性的观点认为美感是第一性的，美是第二性的，因此美感决定美。至于历史唯物论从实践出发规定美的本源，也就确定了美和美感的相互作用的关系。

2. 美感与美的分离

虽然上述三种理论及其变式对于美感以及美感与美的关系的规定在许多方面有所不同，但它们都有一个共同点，即美与美感的分离。正是在这样的基础上，人们才展开了关于美与美感关系的各种可能性。

美感和美首先被设定为分离的，不同属一起。人们甚至可以设想一种极端状态：没有美的美感，或者没有美感的美。于是，美感或者美具有自身的绝对性。这样，唯物主义美学和唯心主义美学才可能各执一端。它们不过是将一种孤立的美或者美感绝对化了。

在美感和美原初分离的前提下，人再试图建立美感和美的关系。它们或者是从美走向美感，或者是从美感走向美。但它们无非试图表明，美在何种程度上是相关于美感的，而美感又在何种程度上是相关于美的。

但美感和美之间一般构成了一种特别的关系，即主客体关系。美感是主体性的，美是客体性的。因此，美感是主体的感觉，美则是被感觉的客体。这样一种主客体关系的思想贯穿了心理学和认识论的美感研究。无论是美感反映美，还是美感构造美，它们都是主客体关系的各种可能形态。

当然，各种美学理论并不只是设定美感和美的关系的差异及其关系，而也是追求美感和美的同一。这种同一表现为美感对于美的感觉的实现，即美感反映美或者构造美等形态。但这种同一自身仍然是具有差异性的。要么是美同一到美感那里去，要么是美感同一到美那里去。这也就是说，同一并不表现为美感和美是同等的，是合一的。

这种对于美与美感自身及其相互关系主客体的规定一直占据了我们美学研究的主流。但它们是否切中了真正的审美现象？

3. 美感与美的统一

让我们回到美与美感的本源之处。在那里，美和美感同属一起。既没有无美感的美，也没有无美的美感，只有美和美感的共在。美包括了美感，美感包括了美，它们相互依存。这就是说，美和美感本原地就是同一性的关系并处于关系之中，并且是交互生成的。美与美感的分离只是美与美感本原共在现象的一种特别样式。至于美感和美的主客体关系的设立更是对于它们自身本原现象的一种思想的暴力行为。真正的美感对美的经验是一种突出的经验，即所谓的"物我两忘"的经验。在此既没有主体，也没有客体，甚至也没有主客体的合一。它正是对于美与美感原初经验的回归。所谓的"物我两忘"的经验表明：美的经验是美向人敞开的最原初的样式，也是人经历美的最根本的方式。

三、作为感觉的美感

1. 感觉的语义

我们始终强调，美感是人对于美的存在的经验。当然这并不否认美感自身是一种心理现象，它既可能是在狭隘意义上的，也可能是在宽广意义上的。但无论如何，我们都必须将作为心理现象的美感作非心理学的思考。这就是说，让作为感觉的美感植根于作为审美经验的美感，也就是回归于人的生活世界，回归于欲望、工具和智慧的自由游戏。

感觉就是感到和觉到。如人感觉到了一块石头的坚硬和沉重；人感觉到了海潮由远而近的声音的节奏；此外，人还感觉到了自身的发热或者是发冷。感觉是事物和人向人自身的一种直接显示。作为一种身心现象，感觉似乎是自明的。不仅每个人都有自己的感觉，而且只要人存在，人就会有他的感觉。感觉始终伴随着人的身体和生命活动本身，由此，它就是人的身体和生命活动的证明。一个没有感觉的身体和生命活动就意味着死亡。

但将感觉的本性揭示出来却不是一件轻而易举的事情。这不仅在于感觉自身是不可思议和不可言说的，而且在于它所产生的感性认识与理性认识相比是模糊的，甚至是错误的。因此，感觉长期以来是被轻视的，是没有被思考的，是要被否定的。对于感觉的重视只是现代的事情。

2. 人与动物的感觉

为了确定人的感觉最一般特性，这需要将它与动物的感觉进行比较。与人一样，动物也是有感觉的。不仅如此，动物在感觉的许多方面超过了人类。如雄鹰有非常敏锐的视觉、狗有十分发达的嗅觉。如此等等。尽管这样，但人与动物的感觉有着根本的不同。动物的感觉是片面的，人的感觉是全面的。动物的感觉是本能的，而人的感觉是培养的。因此，人的感觉完全区别于动物的感觉，即使是人的感觉的本能也与动物感觉的本能之间有着巨大的距离。将人的感觉的本能理解为动物性不过是一种比喻而已，否则就是一种误解。

如果说人的感觉根本不同于动物的感觉的话，那么人的感觉的本性究竟立于何处？感觉作为事物和人在人自身的直接显示是一种独特的现象：它既不是单纯身体的，也不是单纯心灵的；它既不是单纯自然的，也不是单纯文化的。相反，人的感觉自身表明，它既是身体的，也是心灵的；既是自然的，也是文化的。

虽然人自身一向被规定为身心合一，但人的活动却常常分离为以身体为主的活动和以心灵为主的活动，并且形成了体力劳动和脑力劳动的分工。与此不同，感觉是身体和心灵的共同活动。一方面，它是身体的。感觉自身直接就是感官的功能，而感官正是身体的感官。因此，感觉在根本上受规定于身体在时间和空间中的具体境遇。另一方面，它是心灵的。感觉不只是身体的反应，而且也是心灵的反应。感觉会转化成思想和语言，被思考并会言说出来。即使是不可思议的和不可言说的感觉也表明了它自身与思想和语言的不可避免的内在关联。

与感觉的身体和心灵特性同时显现的是它的自然和文化的特性。感觉的自然性是毋庸置疑的。人的感官和身体是天生的，因此是自然给予的。这种自然性不仅确定了人与动物的感觉的不同，而且确定了人与人之间的感觉的差异。但感觉的自然性与文化性是共同生成的。人的感官和身体的成长不仅在自然中，而且也在文化中。因此，感觉在发展它的自然性的同时，也产生了它的文化性。此文化性在于，感觉自身是培养的、塑造的。所谓的趣味、情调和时尚便是感觉的文化性的个体和社会的形态。

感觉的自然性和文化性是感觉最一般的特性。人们往往会对于这样的特性产生误解，以为感觉的历史就是从自然到文化的历史，因此是从自然到文化的转变。事实上，人的感觉的历史表明，自然性和文化性始终保持一种张力关系。这就是说，自然性和文化性在一种矛盾的关系中相互作用。它既不能走向片面的自然性，也不能走向片面的文化性，而是两者的共同生长。

3. 感觉的形成

这种人的感觉成长便是在生活世界的游戏之中人的感觉的形成。我们说过，生活世界的游戏是欲望、工具和智慧的游戏。这一存在的根本游戏不仅将人自身，而且将自然万物和精神领域各方都聚集在一起。人作为游戏者之一开展了自身的历史，这也包括了人的身心和感觉的历史。人的感觉首先是欲望性的感觉，主要是食欲和性欲。同时人的感觉也是工具性的感觉。不仅如此，人们还用工具特别是现代技术延伸、扩大和深化人的感觉。最后人的感觉也是被智慧规定的感觉，因此形成自由的感觉，也就是自由感。在欲望、工具和智慧的永恒游戏中，人的感觉在自然性和文化性两方面都得到发展，而形成了一种人的历史性的感觉。人的感觉作为人性的感觉，既不同于兽性，也不同于神性。人性的感觉既不是无感觉或者是感觉的丧失，如视而不见，听而不闻，也不是一种片面的感觉，被欲望控制的感觉和被工具控制的感觉等，而是一种自由感。人的感觉的历史行程就是感觉的不断解放的过程，亦即让感觉的自然性和文化性互不伤害，保持各自的本性。这样一种具有自由特性的感觉便是审美的感觉，亦即美感。

4. 感觉自身

在探讨了感觉的历史形成之后，我们要探讨感觉自身。人们一般将感觉主要限定于五官的感觉，也就是眼耳鼻舌身的视觉、听觉、嗅觉、味觉和触觉。在这些种种形态的感觉中，一方面事物向人显示出自身现象，即它的形象、声音、气味、味道和物体等；另一方面人的身体和心理由此呈现出相应的状态，如平和的或者激烈的、愉快的和痛苦的等。但在身心所呈现的这种感觉状态中，感觉自身已经揭示了与外在感觉不同的另外一面，即内在感觉。它是人对于自身身体和心灵的感觉。在人自身存在着内在的形象和声音，它不是五官所能感觉的。相反，人们往往需要中断用五官对于事物和人自身的感觉，才能看到自身之内的形象，听到自身之内的声音。这是感觉非常神秘的地方，它也是一些关于身心训练的思想所强调的关键点之一。

我们姑且不讨论内在的感觉，而只是集中于外在的感觉，即五官的感觉。就各种感觉自身而言，它们不仅是差异的，各有自身独特的领域，而且是分层的，有的是高级的，有的是低级的。传统的思想将感觉分为两种，一种是理论的，如视觉和听觉；另一种是实践的，如嗅觉、味觉和触觉。视觉和听觉之所以是理论的，是因为它们让形象和声音保持自身，而不占有它。嗅觉、味觉和触觉之所以是实践的，是因为它们需要感官直接占有气味、味道和物体，甚至使之消失。鉴于感觉的如此特性，人们认为理论的感觉是文化的，而实践的感觉是自然的。在理论的感觉里，也就是在视觉和听觉里，事物在形象和声音中显示出自身的全部本性，是可以被看到和被听到的。同时人的视觉发展成洞见，人的听觉发展成倾听。人由此可以看到事情那没有显现的真相，听到万物那无言的呼唤和命令。于是，理论的感觉被认为是真正的人的感觉，并因此是审美的感觉。人们从来都认为，不是嗅觉、味觉和触觉，而是视觉和听觉才是纯粹的审美的感觉。因此，一般的美的艺术就可以分为相关于视觉的艺术，如绘画等；相关于听觉的艺术，如音乐等，以及听觉和视觉的综合艺术，如表演艺术等。

尽管人们区分了理论的感觉和实践的感觉，并认为理论的感觉才能成为审美的感觉并具有纯粹的美感，但是一个实践性的感觉，亦即味觉却对于审美的感觉理解具有非同寻常的意义。味觉是这样一种感觉，它是对于食物进行品尝。在这样一个过程中，人们主要的不是考虑满足自身的饥饿感，也不是为了完成某种神圣的和世俗的礼仪，而只是品尝食物自身的味道。但在这里究竟发生了什么？除了品尝食物的味道之外，人们还品尝自身的味觉本身。因此作为品尝的味觉是对于感觉的感觉，也就是对于感觉进行再感觉。这种感觉就不是一般的感觉，而是特殊的感觉，它有区分、比较、选择和决定。这些复杂的程序却又是在短暂的时间完成的。因此，味觉成为了品尝或者鉴赏。人们由此扩大化。人们不仅品尝万物，而且也品尝人物。人们不仅品尝现实世界，而且品尝美和艺术。于是，人们常常称美感为鉴赏、欣赏和趣味等等。

不管感觉分为多少种类和层次，但感觉自身是如何感觉的呢？当我们说感觉的时候，总是说"我感到"和"我觉得"。因此，感觉甚至表现为一种情态或者状态。人有了感觉或者人处于感觉之中，这无非表明人从无感觉到了有感觉，或者从一种感觉转到另一种感觉。但"我感到"和"我觉得"同时又是"我感到什么"和"我觉得什么"。因此，作为情态性的感觉也是意向性的。感觉的意向性意味着，感觉总是朝向某物的。这就是说，感觉是源于某物同时又是为了某物的。但感觉的意向性不能理解为被动的反映和接受，而是主动的构造和揭示。正是在感觉的意向性活动中，感觉者和感觉物都共同显示出来。作为审美感觉的美感就是揭示了美与人共同存在的本性。

第二节　一般感觉与审美感觉

一、日常感觉

感觉有很多形态，但我们最基本的感觉是日常生活的感觉。它是我们每时每刻的感觉，是我们与人打交道和与物打交道时的感觉。但它首先和大多不是审美的，而是非审美的。审美感觉的本性一般遮蔽于日常生活感觉的非审美本性之中。为了确定审美感觉的基本特性，我们有必要描述一般日常生活感觉的特性，并比较它们之间的不同。

1. 混乱

当说到日常生活的感觉时，人们都会认为其主要的现象是混乱。它是混淆的和杂乱的。人感到很多东西在一起且呈无序状态，如人们说"脑子很乱"和"心绪很乱"等。这种感觉如同许多线条纠缠在一起，剪不断，理还乱。它是一种无法说清和说不清楚的感觉。

在混乱的感觉中，所呈现的感觉的相关物不是单一的，而是众多的。它既可能是一些疏远和亲近的人，也可能是一些不大不小的事。它们不是让人高兴，就是令人沮丧，或者是既高兴又沮丧。混乱的感觉的相关物不仅很多，而且很杂。人与人、事与事、人与事之间的关系重复、断裂、交叉、环绕等。它们形成了一个无头无尾且无法解开的结。

由于这样，人的感觉不能支配感觉的相关物。人们把感觉的相关物既不能通过排除使之由多变一，也不能借助整理使之由无序变为有序。相反，人只能被这些感觉的相关物所缠绕，而没有任何自由。混乱的感觉使人自身的情态表现也是糟糕的。感觉丧失了分辨力，甚至会丧失感觉力本身。

2. 无聊

日常生活的感觉除了混乱的感觉之外，还有无聊的感觉。无聊可能也是无话可聊，无话可说。但最根本的是没有什么是有什么的，也就是有意义的。人在经历无聊这种什么也没有的感觉的时候，感到好像无事可做，即使有什么事，也感到无事值得去做。

当然在无聊的感觉中，感觉的相关物也凸显出来且发生作用。这就是说，无聊并不是什么也没有，仿佛空荡荡，白茫茫。相反事物依然存在，而且就在这里。问题只是在于，这些事物是没有意义的，是空洞的，是虚无的。它们可多可少，甚至可有可无，因为它们本来就是空无的。

人在无聊的感觉中体验到了虚无的来临，但人既没有寻找也没有赋予事物自身以特定的意义，而使事物充实起来。相反，在无聊中升起的虚无似乎包围了人，使人感到，不仅万物而且人自身，一切皆无。人自身无根据，犹如漂浮在深渊之上。

为了克服无聊的感觉，人们产生了好奇。它是对于新奇的喜好和追求。我们发现，在好奇中的感觉的相关物不是一般的事物，而是新的东西。它们是闻所未闻和见所未见的。因此，它们往往是新闻、传奇、神秘等。但新的也会变成旧的，于是，新奇必须是新而又新的。

对于新奇的事物，人们乐于追求，且乐此不疲。追求看起来是人的主动行为，但实际上是被动的。这是因为人被感觉的相关物所牵引，且无限制地牵引下去。但人在好奇的感觉中获得了刺激，从而惊醒了麻痹的日常感觉，特别是无聊的感觉。它使感觉的平淡变得浪漫，使感觉的无意义变得有意义。

3. 焦虑

如果说无聊是日常生活感觉的一个极端的话，那么焦虑则是它的另一个极端。焦虑是焦急、焦躁、思虑和忧虑等。作为一种感觉，它表现出一种非常的紧迫感。人有事做，而且有很多事情去做，但是事情却是无法做成的。

在焦虑这种现象中，感觉的相关物始终是以烦心的形态出现的。它要么在人的前面，但它太遥远，人无法追及；要么在人的后面，但它太紧迫，人无法拒绝。因此，所焦虑之物是不可琢磨和无法左右的。相反它自身具有一种强大的力量。

人在为事物焦虑时，他除了忧心和烦躁之外，似乎无所作为。这是因为焦虑既不能改变感觉相关物的状态，也不能改变感觉自身。这里的事物在追赶人，且压迫人。人不仅感到感觉相关物的压力，而且感到感觉自身的压力。

为了克服焦虑，人们产生了休闲。它是休息和悠闲。休闲中的感觉的相关物是一些清闲的东西。它没有那么沉重，也没有那么紧张。它是闲情野趣，优哉游哉。因此，悠闲既不焦虑，也不无聊。相反它还有些趣味，有些意义。

人们当然喜爱沉浸于悠闲之中。这样的感觉呈现了人和感觉的相关物一种不紧不松的和谐关系。前者并不试图去控制后者，后者也不设法限制前者。于是作为感觉者自身的人清闲自在，不亦乐乎。

混杂、无聊和好奇、焦虑和休闲构成了人们的日常生活感觉的基本情态，它们以不同的方式遮蔽了审美感觉的本性。

二、认识的感觉和道德的感觉

审美感觉既不同于日常生活的非审美感觉，也不同于一般所说的认识的感觉和道德的感觉。

一般而论，日常生活的感觉是感觉的集合，它包含了各种感觉的要素。这就是说，它包括了认识的感觉和道德的感觉，甚至也包括了审美的感觉。但这些感觉是不纯粹的，是尚未专门化的。作为纯粹的认识的感觉和道德的感觉当然不能再掺杂于日常生活的感觉之间。它们必须从日常生活的感觉中分离，并且专门化为某种特殊的感觉。

1. 知意情

但审美的感觉和认识的感觉、道德的感觉究竟有什么样的关系？长久以来，人们注意到了知意情的不同并进行了相关的探讨。但在鲍姆嘉通之前，人们只是发展了关于认识的理论和关于意志的理论，形成了逻辑学和伦理学，而人的感觉或者情感理论遭到了忽视。即使在鲍姆嘉通建立了关于感觉研究的美学之后，人的感觉和情感长期也是在理性哲学的视野中被把握的。这是因为人被规定为理性的动物，同时，理性主要地理解为理论理性和实践理性，而感觉和情感是非理性的。在理性之后的存在哲学当然关注了人的情绪理论，这在根本上揭示了情绪与存在的内在关联，由此，感觉和情感成为了思想经验存在的本原性的通道。在后现代那里，不是一般的人的感觉和情感而是人的欲望形成了主题。特别是深层心理学对于压抑欲望的分析激励了一般的文化批判和语言解构。

在对于知意情作了一般性的分析之后，我们进一步探讨在感觉范围的认识和道德，也就是解析认识的感觉和道德的感觉。

2. 认识的感觉

一般的感觉本身就具有一定的认识功能。我们说感觉到了，就是觉察到了，知道了，因此是朦胧地认识到了。当然认识的感觉是对于感觉的认识功能的专门化。感觉在此将自身限定为认识。

认识感的感觉相关物是事物本身所是的样子。对于感觉而言，它所面对的是事物的现象。当然有的现象显示了事物的本性，但有的现象却遮蔽了事物的本性。认识的感觉的关键问题在于去感觉显示了事物本性的现象。如果事物在感觉中呈现了自身的话，那么它就露出了自身的真相。真相往往表述为事物的本质、本性和规律等。

在认识论的感觉中，人的感觉是以事情为主。因此，感觉的人要消除自身的各种先见和偏见，不要让它们限制和破坏了自身的感觉。让感觉去感觉事物，就是让事物自身在感觉中如其所是地显现出来。于是，人要使感觉自身保持一种无立场或者中立化的观察。观察在此不是意见，也就是一般所说的我以为，而是洞见，是看到了事物自身，并让事物自身被看见。观察由此成为了一种理论的态度，亦即认识的态度。

3. 道德的感觉

正如一般的感觉包括了认识的感觉一样，它也包括了道德的感觉。好的感觉和坏的感觉以及感觉应该和不应该都是感觉的种种道德的样式。当然作为道德的感觉不过是将道德性在感觉中主题化了。

道德感的感觉相关物是事物应该所是的样子。事物应该所是不同于事物如其所是，而且前者不能从后者中推导出来。因此，事物的应该所是并不是一个自然的事实，而是人类的设定。正因为如此，广义的道德的问题是一个文化的问题和风俗的问题。它不仅相关于个人的良心，而且相关于社会的伦理。于是，道德就不是规律，而是规则，也就是人类生活的规则。作为规则自身，其根本问题就是规则本身设定的正义和规则执行的正义。由此产生了道德和不道德。

在道德的感觉中，人的感觉不是以事情为主，而是以自身的感觉为主。当然这里的感觉就是所谓的道德感。人们从道德的规则或者从良心出发，去感觉事物，并发现它是合乎道德或者是不合乎道德的。因此，事物必须从它是其所是的样子转向它应该所是的样子，也就是由事实的存在转向道德的存在。同时，作为感觉自身，它不仅要感觉事物的事实，而且要评价事物的价值。于是，感觉成为了评价。

不管是认识的感觉，还是道德的感觉，它们都还不是真正达到自由的感觉。这是因为认识的感觉限制于事物的规律，而道德的感觉限制于事物的规则。感觉还需要解放自己。这正是审美感觉的使命。

三、审美的感觉

我们说审美的感觉既不同于日常生活的感觉如混沌、无聊和焦虑，也不同于那种专门化的感觉，如认识的感觉和道德的感觉。但什么是审美感觉自身呢？

让我们看看一些具体的审美经验吧。

当我们阅读屈原的诗篇时，我们不仅感觉到了他的深情和哀伤，而且也体验到了他人格的伟大和美；当我们阅读《红楼梦》时，我们为男女主人公的生死爱恨所打动，所叹息；此外，当我们登上万里长城时，当我们来到敦煌石窟时，我们不得不惊叹那里自然与历史的双重画卷的瑰丽多姿。但在这些典型的审美经验中，美感是如何作为自身发生的？

毫无疑问的是，这里美感的相关物是屈赋、《红楼梦》、万里长城和敦煌石窟。但它们既不是作为科学认识的对象，也不是作为道德评价的对象，而只是作为美的存在者。这就是说，它们显示的不是真和善的特性，而是美的特性。因此，审美感觉的相关物不是真和善，而是美。但这绝对不意味着美可以是假的和恶的，假的和恶的绝对不是美的。这也不意味美与真和善没有关联，而是意味着真和善是已完成的并由此是已消失的环节。于是在审美感觉中，作为感觉物的美的存在切断了和真和善的联系。

作为对于美的感觉，美感当然是朝向美并为了美的。但美和美感显示出了一种特别的关系。一方面，美既不是如同一个僵死的对象立在那里，等待人的反映；也不是一个空白，让人随意地涂抹。另一方面，人的审美经验既不是一种被动的接受，也不是一种过于主动的强暴。在审美感觉对于美的经验的时候，美和美感是相互构成和共同生成的。这就是说，美在何种程度上显现为美，美感就在何种程度上显现为美感。在这样的意义上，美感和美是同一的。但这种同一不是僵硬的同一，而是活的生成。

基于美感和美的这种物我一体和水乳交融的关系，美感的情态在根本上就是一种自由感。人们一般将它称为审美的无利害、无功利的特性，因此超出了日常生活的感觉以及认识和道德的感觉。日常生活的感觉大多是功利性的，而且相关于它的得失。正是如此，人们才产生了混沌、无聊和焦虑的感觉。认识和道德也是相关于利害的。它们或者从物的方面或者从人的方面限制了人的感觉。因此，这种种利害的感觉都不是自由的感觉。美感作为自由的感觉在于它是对于自由存在的感觉。这就是说，美的自由的存在的特性在美感中转变成自由的感觉特性。同时，自由的感觉也形成了感觉的自由。这无非表明，一方面感觉去解放，消除自身的束缚和限制；另一方面感觉让存在，让感觉作为自身去感觉。这种审美感觉的自由是真正的逍遥和泰然任之。

从一般感觉，包括日常生活的感觉以及认识和道德的感觉，到审美的感觉的转变是革命性的。它使人的片面的感觉成为全面的感觉，贫乏的感觉成为丰富的感觉。人一般的感觉由于其功利性而变得片面和贫乏，它所关注的只是感觉物的有用性和感觉自身的占有感。只有当物被感觉到是有用的时候，它才是物；只有当人感觉占有的时候，人才是人。在这样一种感觉的限制内，不仅物失去了物自身，而且人也失去了人自身。但审美的感觉所带来的革命却改变了这样的图景。人的感觉是全面的，这就是说，人不仅调动他的全部感觉机能，如视觉、听觉、嗅觉、味觉和触觉等，而且展开它的感觉意向的一切维度，占有或者忍让、热爱或者仇恨、痛苦或者欢乐等。在这样一种感觉中，感觉的相关物就会无限度地敞开自身的本性，金子不只是财富，而也是金光灿烂的矿物；雪松不再是可制作的木材，而是风姿优美的树木。与感觉中物的本性显露的同时，是人的本性的发现。人不只是万物的生产者和占有者，而也是一个欣赏者、看护者。

审美感觉在完成了感觉的片面到丰富的转变的同时，充分揭示了感觉自身的自然与文化两重特性。一方面，审美的感觉发展了其自然性。在经验美的时候，人的眼睛就是去看物的色彩和线条，耳朵就是去听物的节奏和音调。这些都是感觉的自然性和自然性的感觉。另一方面，审美的感觉又展开了其文化性。一个能看懂后期印象派绘画的眼睛就必须看出有意味的形式；一个能听懂贝多芬的《第九交响乐》的耳朵就不仅有完全健全的听力，而且要能理解音乐这一人类最神秘的语言。这种在审美中看的和听的能力就不是自然性的，而是文化性的。审美感觉的奇妙之处在于，它不以感觉的自然性破坏感觉的文化性，这样只会出现粗鄙的自然；同时也不以感觉的文化性压抑感觉的自然性，这样只会产生病态的文化。与此相反，审美感觉是感觉的自然性和文化性的和谐共存，也是它们的同步生成。

这种生成正是感觉的历史性的生成，亦即人们所说的从动物性的感觉到人类性的感觉，从非人性的感觉到人性的感觉。但感觉在历史性的当代虽然克服了许多旧的问题，但又出现了许多新的问题。在当代技术社会中，感觉最根本性的问题是感觉的压抑。这既表现为技术和道德对于人的感觉的限制之中，也表现在它们对于人的感觉的无限制的释放之中。因此，当代的人的任务仍然是感觉的解放。它既不是片面的自然性，也不是片面的文化性，而是自然与文化合一的审美性。

第三节 审美经验分析

一、中断和注意

审美经验是一个特殊和复杂的现象。这在于，第一，在人类的一般经验中，首先和大多并非审美的经验。作为一种独立和纯粹的审美经验一般只是存在于对自然美和艺术美的经验中。第二，如果仅仅把审美经验放在心理学的范围内来考虑的话，那么它也不是一般的心理现象，而是一种特殊的心理现象。第三，审美经验不只是一种心理现象，而也是一种存在的现象，它是人对于美的存在的经验，是非心理和超心理的。因此，我们必须从审美经验的心理现象入手，探讨它的非心理学的特性，也就是它的存在的特性。

为了清晰地揭示审美现象的本性，我们不能把这一现象看成一个静态的物品，而是要看成一个显现的过程。作为同一的事物，它包括了两个方面。从否定方面而言，审美经验与非审美经验分离，通过自身的纯化和净化而回到自身。从肯定方面而言，审美经验作为自身显现自己，并成为自己。对这一个事物的两个方面，我们称为中断和注意。中断的环节是对于非审美态度的悬置，注意的环节是对于审美态度的确立。让我们深入细致地分析这样两个环节。

1. 中断

在日常世界中，人往往是以自然的人的形态出现的。这就是说，人自然地和朴素地表现自己。人甚至也很少专门化地成为一个认识的人和一个道德的人，更不可能成为一个审美的人。这样一种自然形态出现的人没有明确的身份，因此是无名的。

在这样的意义上，我们不能断言人首先和大多是一个独立的审美的人。审美的人作为一种可能性的存在只能在自然的人、认识的人和道德的人之后才会发生。既然如此，一种预先给予的审美的主体便是值得怀疑的。人们设定了审美主体，同时还设定了它的对立面——审美客体，最后还设定了主客体的审美关系。这是现代美学的一种模式。但因为一个预先给予的审美的人是不存在的，所以一个预先给予的审美主体也是缺少充分根据的。于是，所谓的审美主客体关系便是一种虚构。

这里首先值得思考的是从非审美到审美的转变。惟有如此，我们才可能去讨论审美的人、审美的主客体和审美的感觉。但问题的关键在于：这种转变是如何发生的。

我们称从非审美到审美感觉的转变为中断。中断不仅意味着事物自身连续性的断裂，而且意味着事物自身本性的否定。意识或者感觉的中断就是意识或者感觉通过否定而实行的自身的根本性变更。关于意识中断的论述依然能激起我们思考的，一个是中国古代的庄子，另一个是现代西方的胡塞尔。

庄子强调心灵为了体悟道的虚无性，必须实行心灵的否定，它被称为心斋、坐忘等。所谓心斋就是让心灵排除杂质，而达到纯净。不是凭借感官，甚至也不是凭借身体的心灵，而是凭借虚无化的气才能体悟大道，因为大道就是虚无化的气。所谓的坐忘就是遗忘、忘记。但它不是对于已发生的事物的无意的忘却，而是对于它的有意的否定，从而使心灵自身达到虚无。于是，坐忘不仅是人对于外在事物的否定，而且是人对于自身的否定。它既是对于身体的否定，也是对于心灵的否定。庄子还描述了闻道的过程就是一个不断深化中断的过程。首先是外天下，否定一般的世界整体；其次是外物，否定那些与人相关的事物；最后是外生，否定人自身。这样一个中断的过程是一个由远到近、由物到己的过程。惟有如此，人才能达到心灵的虚静而同于大道。

胡塞尔的现象学将意识的中断形成了主题。现象学的中断并不否定事物的存在，而是否定人们对于事物从事存在判断的自然态度。中断一方面意味着对于事物的存在加括号、悬置、存而不论和终止判断。关于事物的存在判断就是对于事物存在性的断定，但这种判断超出了自身被给予性的限度，因此必须被终止。中断另一方面是对于各种自然态度的取消和抛弃。它们表现为一般日常的态度和理论的态度，而典型的就是当时流行的心理主义、历史主义和世界观哲学。这些态度是关于事物存在判断的种种形态。由此，现象学的中断实际上既包括了存在的悬置，也包括了思想的悬置。通过这些悬置的否定，意识才可能建立现象学的态度，去关注那些在纯粹意识当中事物的显现，也就是现象。这些现象是在直观中原初地按照自身所是的样子自身所被给予的，它们才是认识的合法源泉。这就是现象学的"一切原则的原则"。

但不管是庄子的心灵的遗忘，还是胡塞尔意识的悬置，它们都是关于心灵和意识一般中断的思想。它们虽然有助于我们对于审美经验的分析，但它还不是审美经验的分析自身。因此，我们有必要看看在审美经验中感觉是如何中断的。

曾经流行一时的心理距离说似乎触及审美经验中感觉的中断问题。它认为，在日常生活中人对于事物的态度是功利的，而这在于人与事物没有距离，是切身的，因此导致了切身的利益。为了摆脱这种态度，人们必须与事物产生距离，于是，人是超然的，没有利害感，并可能产生审美感。当然距离本身必须是适中的，这就是说它既不能过于亲近，也不能过于遥远。只有适宜的距离才能产生美和美感。显然心理距离说对于美和美感的现象的描述切合某种心理事实，但它并没有揭示审美经验的本性。这在于审美经验的建立并不是一个单纯的心理学的问题，更不只是一个心理距离的调整问题，而是人与美的存在的一种直接的经验。当然，心理距离说以一种朴素的方式提出了审美经验中的感觉的中断问题。

在审美经验中的感觉中断首先是与日常感觉的分离。日常生活的感觉是人的最自然的感觉，也是人与事物最自然的关系。但这种关系是建立在功利等的基础上的，由此，它产生了混乱、无聊和焦虑等感觉形态。它们都是感觉的自然的但非自由的形态，是感觉的束缚和束缚的感觉，因此是非审美的感觉。对于日常感觉的中断要求人们放弃这些感觉，将它们置于一边。

其次是与认识和道德感觉的分离。这些感觉已经和日常感觉相分离，是专门化的感觉，但它们仍然不是审美的感觉。人们都充分地意识到了审美的感觉和认识的感觉与道德的感觉的不同，但是人们却容易将它们之间混淆在一起。人们将审美的感觉一方面等同于认识的感觉，将美的问题误认为是真的问题；另一方面等同于道德的感觉，将美的问题误认为是善的问题。这两种误解使人们很难确立真正的审美态度。

最后是与各种已有的审美的感觉的分离。经过感觉的中断，也就是对于日常生活的感觉和一般认识的感觉与道德的感觉的分离，感觉似乎纯粹化了，为审美感觉提供了可能。但在这种种中断之后，感觉的领域仍然存在一些剩余物。它们就是各种关于审美感觉的先见、偏见和成见。它们会以明显的或者隐蔽的方式阻碍审美感觉作为自身去感觉，而让它成为先见、偏见和成见的牺牲品。

因此在审美感觉当中所完成的感觉的中断必须是彻底的和绝对的。它要达到一种特别的感觉，也就是无的感觉。这种感觉不是没有感觉，仿佛视而不见、听而不闻那样，而是一种虚无的感觉。感觉自身除了自身而一无所有。这种无的感觉在根本上是一种无原则的感觉。一方面感觉是无立场的。感觉不从任何既定的立场出发去感觉它的相关物，而是感觉它的相关物是如何在感觉中直接显示自身的。另一方面，感觉物也是无根据的。它没有任何被预先设定的根据、基础、本原等，它只是那在感觉过程中直接显示的自身。因此，这样一种无的感觉或者是无原则的感觉正好是有的感觉，感觉不是被剥夺了或者被片面化了，而是有了感觉，有了作为感觉的感觉。通过感觉的中断所达到的无原则的感觉正是作为纯粹感觉去感觉，而它为审美的感觉创造了条件。这在于它是感觉的纯化和净化。

2. 注意

事实上，感觉的中断已经为感觉的注意准备了条件。它们是一个事物的两个方面。如果说感觉的中断是否定性的话，那么感觉的注意则是肯定性的。前者是否定一切非审美的态度，后者则是确立一种真正的审美态度。这在于审美经验中的注意就是注意审美经验自身。

注意并不是一个独立的心理活动，而是一切心理活动成为自身的一个基本特性。这就是说，当我们说注意的时候，就是说注意去看、去听、去感知，等等。因此，注意总是人的某个心理活动的注意。同时，人的任何一个心理活动也离不开注意，相反它们都必须注意才是作为这样的心理活动。当注意发生的时候，人的心理才真正的发生；当审美注意开始的时候，审美经验才真正的开始。

作为心理活动的这样一种根本性的特质，注意的情态表现为集中性。我们一般将它描述为聚精会神、专心致志和一心一意等。心理活动之所以需要集中，是因为它首先和大多是分散的。一般所说一个人"没有心思"，是指他的心理没有任何的注意，这是心理注意力的完全丧失。但心理分散主要表现为三心二意、心猿意马等。它指人们没有集中注意力或者是注意力的快速转移。注意力的集中正要求排除一切与心灵无关的事情而回到人的心灵自身。这样的心理过程是心理从杂多还原为单一的过程。由此，心理没有任何杂念和奇想，而只有纯粹的心灵。但纯粹的心灵的单一并不是一个物体的单一，而是心灵自身朝自身聚集的统一。因此，心灵呈现为透彻和澄明，一片虚静。在这样的意义上，注意力的集中不仅是心灵由多到一，而且也是从有到无。

但注意其实不仅只是一种心理行为，还是一种身体行为。最显著的是人们终止了一切外在的动作，而不要让它们破坏了自身的感觉。同时需要保持一种特定的身体的姿势，而顺应自身感觉的要求。此外，身体自身的呼吸和心跳都会发生变化，变得急促或者缓慢。这种种身体的现象是消除身体和心理的分离，而达到身心合一。它表明身体所在的地方，就是心灵所在的地方。对于这种身心关系的思考，中国传统思想有极为丰富的理论。它们强调，通过特定的身心训练，而实现精气神的合一甚至虚无化，如所谓的练精还气、练气还神和练神还虚就是对于注意不断深化的描述。

注意一方面是情态上的集中性，另一方面是意向上的指定性。注意当它将心理活动聚集于自身的时候，就始终朝向某物。因此，注意的集中于一绝对不是空洞的心理活动，而是对于某物的感知。当然，某物可以是现实世界的现象，如一棵树、一个动物和一个人等。对它的感知是所谓的外部注意；但也可以是心灵自身的现象，心灵自身的感知、思维、情感和意志等。对它的感知是所谓的内部注意。但这种区分是相对的。这在于人在注意过程中所谓的外部和内部都是相互影响的。但不管是何种注意，注意和所注意的是合一的。这就是说，人和物是合为一体的。如果它们是分裂的话，那么注意本身就分散了，而不复成为注意自身。只有当它们统一的时候，注意才能是集中的。

作为注意基本特性的集中性和指向性必须要立于人的一般心理活动的整体性来思考。在心理活动的整体中，人、人的心理和心理的相关物虽然是有分别的，但它们在心理活动中成为了一体。在这里，人必须理解为心理的人，而人的心理和心理的相关物则是共同生成的。这就是说，心理的相关物只是心理的感知物和构成物，同时心理也是在其对于心理相关物感知和构成的时候才成为其自身。基于心理活动整体的这一根本特性，它自身必须保持对于自身的注意，也就是坚持集中和指向。

无论是集中还是指向，注意作为注意在空间和时间上都有其规定性。从空间上说，注意的范围必须是专一的。专一在此主要不是量的意义，而是质的意义。它意味着注意是关于物自身的注意，而不是物自身之外的某种东西。从时间上说，注意必须是持久的。持久就是不要间断，而要保持稳定。但持久绝对不是静止，而是与物一起运动。

注意作为一种心理活动的特性似乎是一种很平常的经验，但它其实充满了神秘和奥妙，而成为一种不可言说的奇特经验。虽然理性和逻辑往往轻视了注意，但一切伟大的智慧的学说非同寻常地重视了它。注意不仅被认为是一种心理行为，而且也被认为是通往伟大智慧的唯一路途。最典型的如中国与道同在的经验和西方与神合一的经验。

中国与道同在的经验主要是通过冥想获得的。它认为道作为道既不是一个特别的存在者，也不是存在者的整体。因此，道在根本上就是虚无。为了经验虚无，人必须完成心灵自身的否定，使自身也达到虚无。在心灵的虚无中，也就是在不可言说的冥想之中，人专注于道，固守于道。由此，人为道的到来敞开了一个地方，并让它在此显现自身。同时，人经验到了道的奥秘并与道合为一体。

与中国不同，西方与神合一的经验是在祈祷中实现的。但是祈祷作为独白不是自言自语。自身有声或者无声的言说是人有意识或者无意识与自身说话，它只是将人分裂成说者和听者。祈祷是人的独白，然而却是人与神的对话。一方面，人向神说。但是并非一切都可说，而是要区分神的话语和人的话语。在人向神的言说过程中，神垂听人的话语。另一方面，神向人说。于是，我们祈祷神，神却为我们祈祷。神的话语在人祈祷的时候借助人的话语说了出来。因此，人的祈祷不在于人自身的言说，而在于倾听神的言说，并且将这种听到的话说出来。正是在祈祷之中，神显现自身。

中国的冥想和西方的祷告当然是不同的经验。前者是非语言性的，后者是语言性的；前者所经验的是虚无性的道，后者是人格化的上帝；前者是心灵的寂静之情，后者是灵魂的无限之爱。尽管如此，但它们有一点是同一的，也就是注意。显然注意已经不再是一种心理的活动，而是对于存在经验的一种特别的境界。正是对于道或者神的一心一意的专注中，人的心灵放弃了自身，而委身于道和神。由此，人让神和道去显现，让存在去存在。

在对于注意这一神秘经验的分析中，我们发现它不仅让人感觉到了物，而且让人经验到了道和神的存在。虽然这些经验并不是纯粹的审美经验，但它无疑对于审美经验中的注意的意义分析提供了启示。

我们知道，通过感觉的中断，感觉告别了日常生活的感觉以及认识的感觉和道德的感觉等，而回到了纯粹感觉自身。因此，感觉在回到自身的过程中也就是开始对于自身的注意。但纯粹感觉无论是就它自身的那方面而言，还是就它感觉的相关物那方面而言都是虚无和空洞的。这意味着，感觉虽然存在，但并没有真正现实的感觉活动，也没有实际存在的感觉的相关物。

因此，在审美经验中的注意就不是对于纯粹感觉的注意，而是对于审美感觉自身的注意。这种审美的注意具体表现为审美态度的确立，也就是从审美的角度去感知。由此感觉将自己限定为审美的感觉，而不是其他的什么感觉。例如，人到了卢浮宫去参观美术作品，他（她）就是审美地去看，而要放弃他（她）一般现实的和功利的眼光；人到北京音乐厅去欣赏中国古典的音乐或者是西洋音乐，他（她）就是审美地去听，而不要让耳朵充满了日常生活中的杂音。

审美经验中的注意一方面是关于感觉的注意，确定感觉自身是审美的，另一方面是关于感觉相关物的注意，确定感觉的相关物也是审美的。对于感觉而言，感觉的相关物在其意义的显示过程中会同时或者连续地显现它的多重意义，如功利的、认识的和道德的等。但审美经验的注意只是关注感觉相关物的审美意义，去看或者去听事物的美。因为美的特性是无功利的和非利害的，所以它一般似乎不是事物的存在，而是事物的外观；不是事物的内容，而是事物的形式。由此，审美经验中对于感觉相关物的注意一般是对于其外观和形式的注意。

虽然审美经验中的注意表现为审美态度的确定和审美价值的关注，但它在根本上是关于整个审美感觉活动自身的注意。这种注意表现为人就是他的审美感觉活动，因此，人与感觉活动是合为一体的。正是在审美感觉的现实活动中，感觉自身的审美态度和感觉相关物的审美意义才真正的显示出来。一方面，审美感觉通过感知在构造感觉的相关物；另一方面，审美的感觉相关物也在充实感觉自身。这也就是一般所说的美感和美的交互运动。审美经验的注意在此会出现两种典型的极端现象：入迷和出窍。入迷是人沉浸于审美活动之中，人被它迷住了，而完全丧失了自我。出窍则是人的心灵脱离了自身，走向审美活动，仿佛由现实世界而进入到虚幻世界。

二、结构与要素

审美经验通过中断和注意而成为了自身，也就是开始作为审美经验去经验美自身。

我们说过，审美经验是一个复杂的多维的现象。由于它区别于理性活动，人们一般将它理解为感性的心理活动，是感知和情感等。毋庸置疑，审美经验表现为心理活动，但它不能等同于心理活动。这就是说，心理的经验只是审美经验的一个方面。在作为心理经验的同时，审美经验还作为身体的经验，它是身心一体的活动。此外，审美经验还是存在的经验，它聚集了人与世界丰富而深刻的关系。当然在这种种的经验中，心理的经验是最直接的，因此，它成为了人们关注的重点。但我们一定要注意心理的经验和身体、存在的经验的内在关联。

经验这一现象的完整表达应该是"我经验某物"。就审美经验而言，它就是"我经验美"或者"我感觉美"。经验的现象表现为一整体的结构，但它可以区分为三个方面：感觉者、感觉活动和感觉物。感觉者就是那个正在感觉的我，而且是建立了审美态度的我。感觉物是作为审美的事物，它显现其审美意义。感觉活动正是人与物共同生成的过程。

审美经验作为审美的心理过程当然具有一般心理的特性，它有感觉、知觉、想象、回忆、思维、情感和意志等，并且是这些要素的综合统一运动。但如果将一般心理结构分为知、意、情的话，那么审美经验显然不是以认知和意志为主导而是以情感为主体的心理活动。但情感不是孤立的，而是借助了感知、想象等。因此对于审美经验而言，感性直观是其表现形态，联想和想象是其活动方式，情感则是其主导力量。

我们将详细考察审美经验作为心理经验的几个主要要素。

1. 直观

审美经验中最突出的心理活动就是感性直观，或者直觉。我们经验美时，总是看到了色彩和听到了声音。反过来，我们对于色彩和声音的感知就是对于美的感知。我们既不借助理性思考，也不采用逻辑推理，而是用感性直观去直接把握美的现象自身。

但审美经验的感性直观之所以可能，并不只是因为人自己具有身体及其感觉官能而与物相遇，而是因为人首先和物在一起，然后才去感知它。人与物的这种存在关系是本原性的。一个物如何作为感觉物在感觉中表明自身，在根本上决定于人在生活世界中如何与它打交道。在欲望、工具和智慧的游戏活动中，一个作为欲望的物和一个作为工具的物就会成为不同的感觉的物。当一个物被智慧所守护的时候，它才可能回到它自身，并且在感觉中作为自身而被感觉。因此，生活世界的游戏为审美经验的感觉提供了一个基础。

作为美的感觉物并不是一些超感性的存在者，如一些幽灵和抽象的符号，而是一些感性的存在者，是一些自然、人类和心灵的现象。它们表现出一些感性特征，如形象、声音、气味、味道、硬度和热度等。这些感性特征并不是假象而掩盖了事物的本质，相反它们就是事物的本质所显现的现象。事实上，一切现实的存在者都是感性存在的，一切美的事物都是感性显现的。感性是美的现象的基本特性，没有感性的事物就不是美的。正如大地的美就是大地的黄色，天空的美就是天空的蓝色。同样，大海的美就是大海的波涛，森林的美就森林是静谧。试想如果这些美的现象失去了这些感性特征的话，那么它们也就失去了美。不仅如此，它们还失去了自身。

当然，美的现象的感性特征是在人的感官的感知活动显现出来的。一般认为感知可以分为感觉和知觉。感觉是感官对于事物感性特征的个别把握，而知觉则是感官对于事物感性特征的整体把握。但事实上这种区分是相对的、不是绝对的。感觉和知觉是合为一体的心理活动，因此在整体中有个别，在个别中有整体。人只有首先整体感知，然后才能抽象感知。如我们总是已经感知到了一朵玫瑰花的存在，才去感知它的形态、色泽、气味等。在所有感知活动中，空间感和时间感具有特别的意义。空间感是对于事物的形状、大小、深度和方位的知觉，时间感是对于事物的存在的连续性和秩序性的知觉。借助于它，人们确定感觉物的时空。因此，感觉者自身所处的立场、视角规定了自身的时空感，并影响了对于事物自身时空的描述。如东南西北的方位是从感觉者自身的位置出发来加以判断的，又如过去、现在和未来也是基于感觉者自身所处的时刻来区分的。通过空间感和时间感，人们感觉到了事物存在的空间和时间，也就是事物发生的处所和时刻。于是，事物能够和他物相区分而获得自身的规定。

但审美经验中，人对于美的事物的感觉并不是如同一般所说的是一种刺激和反应，而是一种互动的过程。一方面，感觉物在感觉的过程中向感觉显现自身，让感觉能感觉到感觉物，使感觉成为了某种具体的感觉物的感觉。另一方面，感觉自身去选择、投射和构造感觉物，让感觉物成为感觉到了的感觉物。正如某种特别的感性特征才能为某种相应的感觉官能所感觉那样，也只有某种相应的感觉官能才能感觉到某种特别的感性特征。同理，事物的审美意义只向具有审美感觉能力的人开放，相应的，只有审美感觉的人才能去感觉事物的审美意义。一个具有绘画眼光的人才能去看宋元山水画，一个具有音乐耳朵的人才能去听《春江花月夜》。

审美感觉当然具有一般感觉的特性，但审美感觉又具有许多一般感觉不具有的特性。

第一，审美感觉是对于感觉自身的感觉。我们说一般的感觉总是对于某物的感觉。虽然在这种感觉中人们可以区分感觉物和感觉自身，但人们更注重对于感觉物的感觉，而不是对于感觉自身的感觉。但审美的感觉不同，感觉不是始终指向感觉物，而是指向感觉自身。这就是说，不是感觉物的色彩，而是感觉的视力，不是感觉物的声音，而是感觉的听力才是审美感觉的关键。这在于正是感觉在构造感觉物，赋予它以意义。因此，我们关注审美的感觉主要是看它是痛苦的、还是欢乐的；是激动的，还是平静的。

第二，审美感觉是构造性的感觉。任何感觉都是感觉自身对于感觉物的一种把握。但有的感觉偏重于客观性，尽量要求不是感觉而是感觉物自身来显现；有的感觉偏重于主观性，主要是感觉自身对于感觉物的投射和移情。审美经验就是一种主观性的感觉。因此，它的感觉物不是自然自在之物，而是心理构成之物；不是一种物理的时空，而是心理的时空。这种主观性的感觉往往表现为错觉，但它不是无意的，而是有意的。此外，主观性的感觉还表现为幻觉，这种感觉完全是不真实的感觉，而是虚幻的感觉。它不是客观事物的反映，而是主观感觉的构造。

第三，审美感觉是整体性的感觉。在日常生活感觉中，人用五官感觉事物的感性特征。人不仅有外感觉，而且有内感觉去感觉人自身内部的感性特征。在审美经验中，人们一般强调不是一切的感觉，而是惟有视觉和听觉才是真正的审美感官。不可否认，在视觉艺术和听觉艺术中的确如此，人们主要是借助视觉和听觉去感知的。尽管这样，但人们在看和听的同时，还激起了身体内部的感觉，如心跳和呼吸，还有体温等。除了对于艺术美的经验之外，人们还有对于社会和自然美的经验。在这些美的经验中，人的全部的感觉都会发生整体活动。如人们在蓝天碧海之间嬉戏的时候，看到了蔚蓝色，听到了海浪声，嗅到气味的潮湿，尝到了水的苦涩，触到水的轻软与温和等。人感到不仅融化在海里，而且也融化到那天空的蔚蓝之中。在此，人的整个感觉都参与了审美的感觉。在感觉的整体中，还有一个奇特的现象，就是所谓的通感和联觉。一种感觉物不仅引起其相应的感觉，而且引起其不相应的感觉。如所谓的"金色的旋律"就是视觉和听觉中的通感。

我们不仅描述了审美感知的一般结构，而且还揭示了它的主要特性。但这里存在一个问题，正如感知是否能感知事物自身一样，审美感知能感知美本身吗？惯常的理论认为，感知属于经验，它只能把握事物的现象，而不能把握事物的本质。对于本质的揭示不是经验而是理性的任务。尽管如此，人们也相信直观或者直觉的存在，它不借助理性而直接把握事物自身。但这种直觉大都被理解为智性直观，而不是感性直观。它在很大程度上是神性的，而不是人性的。审美感知无疑是感性直观，而不是智性直观，是人性的，而不是神性的。但它能把握美本身和事物本身。审美经验在很大程度上其本质也被看成是直观或者直觉。

审美感知作为直觉或者感性直观在审美经验过程中是一个事实，也就是人直接地看到了美本身。我们看到，一方面，直观不是理性活动，而是感性活动。它就是人的看和听。另一方面，直观不是限于外观和假象，而是看到了美自身和物自身。这似乎是矛盾的，直觉不是理性但具有理性的功能。但这在于直觉本身超出了感性和理性的对立。惟有如此，我们才能把握直觉自身的独特本性。

固然直觉是人的感知的特性，是看和听的行为。但它却不是一般的看和听。看当然不是盲目，但绝对不是意见。所谓的盲目看不见任何东西，所谓的意见虽然看到了很多，但却很杂。真正的看是洞见，它不仅看得深，而且看到了一。听当然不是失聪，但也不是旁听，而是倾听。失聪已经丧失了任何听的能力，而旁听却很难听清楚和听明白，只有倾听对于所听的东西才能听进去和听出来。在这样的意义上，直观的感觉如同马克思所说的成为了理论家，它看到看不见的，听到听不见的。显然具有这样直觉能力的眼睛和耳朵不是天生的，而是培养的。

我们说，直观是瞬间的、偶然的、神秘的和不可捉摸的，是不可思议地发生的。尽管如此，我们仍然必须弄清直观是如何去看和去听的。直观既不是演绎，也不是归纳，而是直接去感知。直观作为感知的最伟大之处在于，它创造了它所直观的。如果没有感觉和直观的话，那么事物自身是遮蔽的。但如果只有一般的感觉而没有直观的话，那么事物不过是半显半隐，似是而非。惟有直观自身仿佛黑夜的闪电一样，撕开了黑色的幕帐，而直显事物自身惊人的美。因此，所谓创造性的直观或者直观的创造性就是发现、揭示，去看或者去听事物自身。它不是看到了一般的非本质的现象，也不是透过现象看本质，而是在现象中看本质，也就是看事物是如何显示自身的本性的。

直观的过程一方面是直观感知事物的过程，另一方面也是事物本身生成自身和成为自身的过程。一个没有感觉到的事物是存在的，但它没有向人显示出它自身的意义。只有在直观过程中，事物才开始自己发生，事物的意义才开始形成，而且在瞬间之中将自身大白于天下。这就是说，它敞开了自身的奥妙。

2. 想象

如果说审美感知或者直觉是审美经验区别于一般经验的直接的特征的话，那么审美想象则是审美经验生命的动力。虽然感知和想象在审美经验中常常是交织在一起的，也就是说感知当中有想象，想象当中有感知，但它们之间仍有十分重大的差别。如果说审美感知主要依赖于其所感知的相关物的话，那么想象则回到了心理活动的构造自身。感知是去感知感觉的相关物，具有原初性、现时性、有限性等特点；想象则以感知为前提，具有非现时性、无限性等特点。因此，想象让审美经验展开了自身的羽翼，飞行在美的王国里。

想象是人心灵自由的能力。所谓的想象就是构想出来的形象或者意象，而不是对于现实的感知所产生的反映或者摹写。想象固然作为一种人的心理行为，但它却充分表现了人的自由的本性。可以说，想象就是自由。一方面，它是人现实性的超出，而冲破了其有限性的束缚；另一方面，它是人在心灵的世界里凭借自身的创造，将无变成有，将假变成真。想象力不能看成一种虚妄或者幻想，相反，它作为人心灵自由的能力是人的人性的证明，也是人的审美能力的证明。古代的中国人和希腊人的想象力创造了一个神话世界，现代的人们也通过自己的想象力构建技术时代的艺术生活。

作为心灵自由的创造，想象在从事存在和虚无的游戏的冒险。想象的过程在根本上是虚无化的过程，它将现实世界设定为不存在的，化为子虚乌有。同时，它也是存在化的过程，它可以开天辟地，让自然化成人类，让人类化为自然，同时它也召唤神灵和鬼怪在场和现身，由此构建了一个世界。想象不仅使存在虚无化和虚无存在化，而且让真变成假，假变成真。想象的一般方式为综合、夸张和典型化等。因此，想象的过程既不是现实的过程，也不是逻辑的过程。如果这样的话，那么想象究竟是为了什么？想象超出了存在与虚无的对立，超出了真实和虚假的界限，在根本上是一个赋予意义的过程。这也就是说，它是让道显现的过程，也就是让美显现的过程。道或者美的显现就是想象的形成。

想象所构建的想象相关物就是各种形象、意象、典型和意境等。它既是屈原的人神对话的天问的世界，也是《红楼梦》的生死爱恨的梦幻；它既是唐诗宋词的语言情感，也是宋元山水的图画韵味。总之，它们都是一个与现实相关但又不同于现实的意象。想象来源于现实，但不是对于现实的简单的反映，而是对于现实的改造，因此往往是超现实的，是幻觉和幻想。它们不是现实已经给予的第一自然，而是人的心灵创造的第二自然。在这样的意义上，想象既是存在的，又是非存在的。同时也可以说，它既不是存在的，又不是非存在的。这的确是想象的悖论，但它却是想象的本性。想象是存在的，意味着它在，它是，它显现于此；想象是不存在的，意味着它不是一个现实的存在物。但想象在根本上又不是其中任何片面的一种，而是两者矛盾的集合。因此，想象就能够成为真实的想象和想象的真实，也就是真实的虚幻和虚幻的真实。它的极端情形是，想象者成为想象物。正如庄周梦蝶，不知是周化为蝶，还是蝶化为周。这在于它作为想象介于真实和虚幻之间。

想象作为一种心理活动有许多类型，但它最一般形态的是联想，或者是联想性的想象。联想是将一感知的心理物和另一尚未感知的心理物建立各种可能的联系，也就是将感知物构造成想象物。它也包含了一些种类。

首先是相似联想。感知物之所以被构造成想象物，是因为它们之间具有相似的关系。因此，心理对于感知物和想象物进行类比，设定某物如同某物。其中最典型的是拟人和拟物。前者将物比成人，后者相反将人比成物。如人们将高山比成壮士，将河流说成美女；或者把人喻为梅兰竹菊等。在事物的相似关系中，一方面是它们的同一性，事物不是在外在方面就是在内在方面是一致的。另一方面是它们的差异性，事物在质或者量的层面上是不同的。联想将一感知物比成想象物，不仅建立了它们之间的相似性，而且也寻找到了它们之间的差异性。但正是联想的构造，使感知物获得了想象物所具有的差异性。这个差异性正是感知物的意义之源，是它富有生气的动力。显然，意义在此不是感知物的自然属性，而是其心理特性。

其次是相近和相关联想。这种联想不是因为感知物和想象物的相似，而是因为在发生过程的接近和相关。接近有空间的接近和时间的接近。前者是感知物引起对于它所处位置的相邻的事物的想象，后者则是感知物导致对于它所在的时刻的过去和未来的事物的想象。因此，这种心理想象不是由于事物自身的联系，而是由于事物之间的时空关系的联系而产生的。但因为感知物不是一个自然物，而是心理物，所以其时空关系的接近也不是自然的，而是心理的。与相近联想的时空联系不同，相关联想则依赖于事物在其发生过程中与其他事物所产生的各种密切的关联。它使感知物不是成为一个孤独的单元，而是成为相关事物的聚集。由此感知物就生成为人与物共在的世界，并形成历史，构成故事，为叙事所述说。

最后是对比或者对立联想。相近和相关联想始终是对于感知物自身肯定性的联想，而对比或者对立联想则是对于它的否定性的联想。这种联想的根本特点为：感知物在想象过程中遇到了自己的对立面。它们是存在与虚无、真实与虚幻、生命与死亡、战争与和平、热爱与仇恨等。联想之所以不仅联想到感知物自身的相似性和相关性，而且也联想到其对立面，是因为对立面不仅是感知物最遥远的边界，而且也是其自身包含着的内在矛盾。因此，对比或者对立联想就强化了感觉物自身的独特的意义，同时也揭示了它自身的矛盾，显露了它的开端和终结以及死而复活的可能性。

从联想的相似性到相近性再到对比性，我们看到了由亲近到遥远的变化。在自然世界中，事物与事物之间会由于其时空关系而产生距离，要么亲近，要么疏远，但也可能由于距离的丧失而没有距离，如同某物和它的复制品的关系，它们既不亲近，也不疏远。联想中的距离是心理的距离，而不是物理的距离，甚至不是物理距离的反映。这就是说，心理的亲近和疏远不等同于自然的亲近和疏远。事实也许相反，那些在自然中亲近的，在心理中却是疏远的；反之，在自然中疏远的，在心理中却是亲近的。联想中的亲近和疏远的距离感表现感知物和想象物之间关系的差异和变化，但它又基于生活世界的游戏中万物自身与他物的关系。在游戏之中，事物与事物要么是游戏的伙伴，要么是游戏的敌手。由此确定了它们是否走向亲近或者走向遥远。

如果说联想是对于已有的心理相关物的构造的话，那么作为创造性或者再造性的想象则是对于未有的心理相关物的构造。如果说前者还依赖于感知物并去联系相关的想象物的话，那么后者则完全摆脱了感知物而去建构一个独立的世界。

创造性想象不依据任何既定的感知物而形成新的想象物。人类一切伟大的创造性活动都是创造性的想象活动，一切伟大的艺术活动也都是创造性的想象活动。从远古的神话到后现代的各种艺术活动都是如此。创造性想象是一个无中生有的心理过程，因此它如同上帝般的创世。它同时也是由旧到新的心理过程，因此它是革命般的创新。这种创造性是人类心灵的最大的可能性，使一切不可能变成了可能。创造性想象不仅是首创的、新颖的，而且是独创的、不可模仿和不可复制的。这充分地显现了创造性想象自身不可替代和不可重复的唯一性。正是如此，创造性想象发生的时刻成为了人类历史上划时代的命运般的关键时刻。

与创造性想象不同，再造性想象是对于一个已给予的想象物进行再创造而形成新的想象物的过程。这最典型地表现在一切审美经验特别是艺术接受之中。我们阅读诗歌等文学作品、倾听钢琴曲等音乐和观看水墨等绘画时，审美经验在根本性上就表现为再造性想象。在这种心理活动中，心理已有的想象物只是为想象活动提供了条件，人们只有依靠自身的想象力对它进行再创造，才能形成新的想象物。人的想象可以看成对于已有想象的完成，使它由文字、形象和声音变成人的心理活动中的各种意象。同时，人也由此形成新的想象物，赋予既有的想象物前所未有的意义。因此，再造性想象要求一方面承认想象的真实，另一方面要力图真实地想象。

除了联想和一般创造性或再造性的想象之外，还有一种极端形态的想象：幻想。如果说联想和一般的想象与现实有着千丝万缕的联系的话，那么幻想似乎和现实没有任何关联。幻想就是不真实的想象，如梦如露，如风如影。它看起来既是非现实的，也是无意义的，但事实上幻想的本性并非如此。幻想一般是心理在现实的阻碍下的无法实现后的自身的变形，因此，它是在心理领域中自身的实现。幻想也许是空想，但也许是理想，这关键在于幻想是否自身生发出意义。作为审美经验中的幻想不是空想，而是理想。这是因为它是对于心理压抑的批判和对于心理解放的向往。

3. 情感

在审美经验中，如果说感性直观是其表现形态和想象是其活动方式的话，那么情感则是其主导动力。其实，在日常生活的感觉经验以及认识与道德的经验中，感性直观和想象也发挥作用。但这与它们审美经验中所扮演的作用相比几乎是微不足道的。更重要的是，审美经验中的感知和想象不是被思维和意志所支配，而是为情感所导引。于是，它们成为了情感的感知和情感的想象。这也充分表明，审美经验在根本上是一种情绪或者情感的经验。

如果将审美经验描述为情感的经验的话，那么我们肯定会遇到一个问题：认识和意志是否是审美经验的一部分？其答案假如是否定的话，那么它们是如何在审美经验中自身消失的？其答案假如是肯定的话，那么它们又是如何在审美经验中表现自身的？

审美经验当然与认识或者思维有关，这是因为它有关于美的理解和解释的问题。但是认识本身却需要再认识。我们一般将认识等同于理性行为，认为它是运用概念的判断和推理行为。它要么是归纳推理，要么是演绎推理。一般的思想的过程通过分析和综合、比较和区分、抽象和概括而达到真实的判断。但这是对于思想的狭隘化的误解。思想在根本上不能等同于理性，不是概念和判断和逻辑的运算。思想必须理解为关于存在自身的本原性的经验，是对于事物的直接把握。因此，本原性的思想和认识既不是归纳推理，也不是演绎推理，而是一种直观，而感性直观就是其形态之一。它在对于存在的经验中解释存在的真理。

这种对于思想和认识的理解的转变也要促使人们对于它在审美经验中意义理解的转变。审美经验中的思想和认识不是狭义的理性，因此不是概念、判断和推理，而是非概念性的理解和解释。同时它在整个审美经验中既不是孤立的，也不是根本的，而是与感知、想象和情感的共同作用，并且融化于它们之中。审美的理解一方面是对于感觉自身的理解，另一方面是对于感觉物的理解，由此产生感觉和感觉物的对话。

审美经验不仅和认识相关，而且和意志相关。就审美经验是情感经验而不是认识和意志的经验而言，它在根本上中断了和目的的关联，因为美不是欲求的目的。但审美经验作为心理过程却包含了审美自身的意志问题。人既有创造美的意志，也有欣赏美的意志。它既表现为感觉自身的动机、目的和决心等，也表现为对于感觉物的评价和价值判断等。尽管如此，审美的意志却不是独立和主导的，而是为感知、联想和情感所规定。更为重要的是，审美的意志在审美经验中逐渐地消失。当我要经验美的时候，意志似乎是强烈的。但当人的感觉和感觉物共同生成的时候，意志便委身于审美经验而融入美自身了。因此，所谓的审美意志在审美经验中经历了一个过程：首先是我要，其次是我不要，最后是我不要"不要"。在这样的时刻，唯一存在的只有纯粹的审美情感。

我们已经揭示出审美经验是非逻辑和无意志的情感经验。但什么是审美情感自身，这依然是晦暗不明的。情感一般和情绪相关，并有许多共同点。它们既不是对于事物的认识，也不是关于人的意志，而是人对于事物的态度。如果情绪和情感的本性是如此的话，那么它就相关于人在生活世界中的根本以及人和万物的基本关系。人对于万物的认识和道德关系都会表现为一种情绪和情感关系。在这样的意义上，人的存在是情绪性的和情感性的。这意味着，一方面万物是交感的，相互关联的；另一方面，人在此关联中既被它所限制，也对它确立态度。

这种态度要么是肯定的、积极的，如爱，要么是否定的、消极的，如恨。前者是人要接近事物，后者是人要远离事物。当然情绪和情感之间也有很大的差别。一般认为，动物虽有情绪，但无情感；人则既有情绪，也有情感。同时，人的情绪大多是生理性的，情感却主要是社会性的。尽管这些差异是存在的，但它们绝对不能极端化。即使情绪和情感互不相同，但它们也很难分离。这在于情绪中有情感，情感中有情绪。不如说，人的情绪是一种尚未敞开的情感，而情感是一种已经袒露的情绪。因此，情绪和情感往往是合为一体的。它们虽然是心灵的，但也是身体的和语言的。当我们说人的情绪的时候，就是在说人的情感；反之，当我们说人的情感的时候，就是在说人的情绪。

审美的情感作为人的情感领域的一部分，当然具有一般情感的本性，并且它也无法和人日常生活的情感断然分离。甚至审美情感是人的日常情感的转移，因此它们之间可以是相互转换的。正如人们所说的，世界大舞台，舞台小世界；又如人生如戏，戏如人生。但审美情感和日常情感仍然具有根本性的差异，其关键点在于：日常生活的情感是人基于各种现实关系特别是功利关系所建立的态度，而审美情感与之相反是非功利的，它是一种自由的情感。正因为如此，所以我们一般称审美的情感是虚幻的，是有距离的，是纯粹的。

在审美经验中，情感和欲望常常发生复杂的关联，这在汉语语词里集中为"情欲"。情欲既不是单纯的欲望，也不是单纯的情感，也不是欲望和情感的混合物，而是情感化的欲望。欲望，特别是人的基本的欲望是身体性并因此是感官性的，其中尤其是性欲。但在审美经验中的欲望不仅是自然性的，而且是文化性的。因此，性欲就成为了爱情，它不仅是异性之间的自然或者是身体的关系，而且也是社会的和精神的关系的聚集。如果在人的一般经验中出现了赤裸裸的欲望特别是性欲的展露的话，那么它往往是丑陋的、不美好的。只有当欲望得到了升华并成为了具有丰富意味的情感的时候，它才是美好的。

与"情欲"相似，现代汉语中的另外一词"情理"则表明了审美经验中的情感和理性的关联。情理既不是单纯的理性，也不是单纯的情感，也不是理性和情感的混合物，而是情感化的理性。理一方面是物理，亦即自然规律，另一方面是人理，亦即伦理道德。审美情感并不试图去反对一般的物理和人理，而成为反道理和无道理的。但审美情感和理性的关联不是因为理性成为了审美经验的主体，而是因为理性导致了人的情感。这就是所谓的情理渗透和情理交融的现象。但它不是情感的理性化，而是理性的情感化。一种情感化的理甚至既超出自然之理，也超出人类之理。因此，情可以使人生，也可以使人死。

在分辨了情欲和情理之后，让我们回到情感现象自身。

我们说，情感是人对于事物的一种态度。因此情感自身就意味着它既不是人或者人的心理自身，也不是物自身，而是人与物的关系和交感。在审美经验中出现的物是所谓的景物。但景物不能狭隘地理解为风景，而是要把握为万物。这就是说它不仅包括了自然，而且包括了人和心灵自身。但景物不是作为一个现实物，而是作为一个心理物。因为景物是情感化的，所以一切景语皆情语。也正因为景物被情感化，所以无情物皆成有情物。因此，在审美经验中所呈现的物往往是情景交融，情景一体。

万物之所以被情感化，是因为情感本身具有意向性。情感的意向性表明，它始终是朝向某物的，为某物而欢乐，为某物而痛苦。基于情感的意向性本性，情感应该理解为情意。当然作为意向性意义的"情意"必须看成是"有意于某物"和"中意于某物"。情感的意向性表明，情感不仅是事物的反映，而且也是对于事物的构造。一方面，人对于某种事物具有某种情感。事物在与人的关系中具有某种作用，因此，不同的事物会激起人的不同的情感。另一方面，情感"感动"事物，情感"移情"事物。登山则情满于山，观海则意溢于海。人会将同一情感投射到不同的事物身上去，也会将不同的情感投射到同一事物上去。

情感不仅是意向性的，而且也是状态性的。状态性的情感，我们称之为情态。在为某物而痛苦和欢乐的同时，人也表现为痛苦和欢乐的状态。这是情感直接呈现的现象。情态固然是心灵化的一种经验，但也具体化为表情。表情就是表现出来或者表象化的情感。它们不仅为处于情感之中的人自身所体验，而且也为他人所察觉。一般的表情是身体性的。它既可能是面部的，所谓喜怒形于色就是如此。如高兴时笑逐颜开，悲哀是愁眉苦脸；也可能是四肢的动作，如欢乐时手舞足蹈，仇恨时摩拳擦掌等。表情除了身体性的，还是语言性或者是言语性的。语音的高低、语速的快慢都是一定的情态的表露。各种关于人，特别是关于人的身体的艺术都是对于人的情态的直接或者间接的刻画。如绘画描写人的身体，音乐表现人的声音，表演艺术则综合展示了人的身体和语言的情态。

人的一般的情感具有多元形态。但就审美情感而言，有两种状态是突出的：一是心境，二是激情。

心境是指感情或者心情处于某种特别的境地。它不是对于某一个别事物，而是对于万事万物所产生的情感。正如一种世界观一样，它是一种世界感或者世界情。如我们所说的对于世界具有热爱或者具有仇恨的态度。心境不仅具有开阔的空间，而且具有弥久的时间。它能持续很久，成为人生活在世界中的一种基本心态，形成乐观主义或者悲观主义的人生态度。对于审美经验来说，一种审美的心境的构成不仅对于艺术家的审美创造是重要的，而且对于大众的审美欣赏也是必不可少的。所谓的超越态度、浪漫情怀和诗意人生不过是以种种语言的方式描述了一种人的审美的心境。

与心境不同，激情是某种被激动之情。它一般是被某一特别的事物所刺激而强烈地感动。如暴风雨般狂热的爱情的喜悦，撕裂般的生离死别的痛苦，都是典型的激情状态。激情会改变人的心理功能，此时理智和意志都会丧失，同时它还会引起人身体的变化，使内部和外部处于非常状态。虽然激情其情感爆发的强度很大，指向的事物非常集中，但持续时间很短。它很快就会消失，可能转化为某种心境。激情在审美经验中是常常出现的现象。对于生命的渴望、对于死亡的恐惧、对于爱的追求等激情一般都成为了古今中外文学艺术的主题。当人们去欣赏艺术也就是去经验这些激情现象的时候，人们的感情也会被激动，而形成审美的激情。

三、基本关系

我们对于审美经验活动中的感知、想象和情感等进行了一般性的分析。作为审美的心理活动，它们不仅敞开了人的心理活动的奥妙，而且也揭示了人类存在的经验的秘密。这在于它们以各自不同的方式凸显了生活世界的矛盾，聚集了生活世界的多重关系。首先，就时间性而言，它们是瞬间与永恒的关系；其次，就空间性而言，它们是超越与回归的关系；最后，这种时间和空间的关系还表现为个体与普遍的关系。

1. 瞬间与永恒

与日常生活经验相比，审美经验是一个特别的时刻。从日常经验的中断到审美经验的注意的转变就出现了一种时间的发生。在审美经验中，时间还会出现那惊人的一刻，如直观时的顿悟、想象的飞跃和情感的激动等。在这样的时刻，美如同闪电般现身。同时，人也惊奇地瞥见了它。这是什么样的时间？它就是我们一般所说的时间吗？如果它是的话，那么它意味着什么？如果它不是的话，那么它又意味着什么？

时间是一个谜。无论是日常的思考还是哲学的沉思都一直在追问它。当我们不问时间是什么的时候，我们似乎还知道它、理解它；但当我们问时间是什么的时候，我们却茫然不知了。时间仿佛是一个虽被人感觉其存在但又无法被把握其本性的精灵。

一般来说，时间都表现为物理的时间，是万物运动的距离。人们以地球、月亮和太阳之间不同的旋转周期为尺度表明时间，如日、月、年。因此，时间的现象成为了太阳的升起又落下，白昼和黑夜的来临和交替；月亮的圆了又缺，缺了又圆；四季的变化，草木的荣生和枯衰，等等。在这样的自然过程中，时间自身的本性就是绵延和间断。就绵延而言，它如同一条看不见摸不着的线；就间断而言，它是一条可以分割的线，从年月日到小时和分秒。这种绵延和间断的时间是一个从过去到现在并到将来的线。作为如此，时间重复自身，周而复始，因此就出现了一日复一日，一年又一年。但在自身重复中，时间呈现出同一和差异。时间的同一性意味着它在每年、每月和每日的轮回中向自身回归，是一样的年月日。但时间的差异性意味着它在每年、每月和每日的轮回中向自身偏离，是他样的年月日。于是，人们说，一方面太阳每天都照样升起，但另一方面太阳每天都是新的。

日月所形成的距离成为了时间的自然尺度。现代的钟表则将这种时间空间化。人们只要看看表盘上的刻度便知道到了何时。但自然的时间无生无死，无始无终。谁也说不清时间是从哪里开端的，又去哪里终止的。时间总是不以人的意志为转移走着它自己的路。时间就是消失，不断地过去，并且不可逆转，永不复回，就像那一去不复返的流水。孔夫子感叹着："逝者如斯夫"。时间的轮回也只是这个消失的轮回。

但时间除了表现为物理的时间，也表现为心理的时间。其实，心理时间并不否认物理时间的存在。但它在采用物理衡量尺度的同时，还引入与之不同的另外的尺度。这个尺度就是心理的时间意识，也就是人们心里觉得时间如何。因此，时间的长短不是依据物理时间的刻度，而是依据心理时间的感觉。如果时间是这样的话，那么它就改变了自身的绵延和间断。这就是说，自然时间的漫长可以变为心理时间的短暂；同理，自然时间的短暂可以变成心理时间的漫长。日常语言中有很多关于时间的心理感觉的表达。如"光阴似箭，日月如梭"，或者"度日如年"、"一日三秋"等。不仅如此，心理时间在对于时间的当前化体验中，还产生了对于过去的追忆和对于未来的期待。于是，心理时间打破了物理时间的线形特征，而使时间变成了多维度、多方向的聚集。

因为时间表现为物理时间和心理时间，所以人们根据这一现象，认为时间的本性或者是客观的、或者是主观的。时间的客观论者认为时间是事物的一种客观属性。和空间一样，时间是事物的存在形式。因此，时间是不以人的主观意志为转移的。与此相反，时间的主观论者认为时间是人的心理感觉的直观能力。与空间感一起，时间感使人的感觉能够把握感知的事物的现象，确定其先后顺序。必须承认，这两种理论在理解一般的物理时间和心理时间是有效的。

但是它们却无法解释人的存在的时间本性，即解释时间自身是如何发生的。

作为人的存在的时间，它既不是客观物理时间，也不是主观的心理时间，而是生活世界的游戏所发生的时间。这种时间不是消失的，而是生成的；不是构想的，而是真实的。它就是生活世界形成的历史，就是人与万物游戏的线路。在此游戏中，时间展开了自身的绵延和间断，并因此有它自身的快慢和缓急。这种时间才是人生存于世界中的时间。

存在历史的时间固然和物理的时间和心理的时间不同，但它却和它们保持了复杂的关系，并将它们引入到生活世界的游戏之中。于是，物理的时间具有了历史的意义。一方面，当人们叙述编年史的时候，不是说很久很久以前，而是说基督诞生元年前后，或者是某个朝代皇帝多少年。另一方面，人的心理时间和物理时间之所以产生错位，完全是因为人在生活世界中和万物的关系产生了自身的时间。它使物理时间失效而萌生心理时间。作为一种特别的时间经验，审美经验的时间不是物理时间，但也不能等同于心理时间。虽然它是以心理时间的形态出现的，但它在根本上是对于存在历史发生的时间的经验。作为如此，审美经验的时间敞开了瞬间与永恒的奥秘。这就是说，它那惊人的一瞬成为了永恒。

瞬间作为一形象的语词，描述了一特别的时间，它如同眨眼的时刻。对于瞬间，语言还有其他的描述，如一刹那、弹指一挥间、闪电般的速度等。人们在审美经验中常常经历这样的时刻。特别是在所谓高峰体验的时候就是瞬间来临的时刻。在此，美自身向人现身，人幸运地瞥见了美。瞬间虽然意味着极其短暂的时间，但它并不是消失的，而是长存的。我们说时间的本性就是绵延和间断，一般时间也可以分割为极小的时刻，但它并不是瞬间。这在于它不过是时间绵延中无数消失的环节之一。与此不同，瞬间在失去自身的时候，却依然保持了自身。这使它成为了永恒。但永恒不是没有时间，或者是没有开端和终结，仿佛永远保持自身同一的山峦和岩石。相反它是发生的、创立的，是历史时间的构造。因此，永恒就是在时间的间断中却持续着绵延。这意味着永恒不是死的永恒，而是活的永恒。

但瞬间如何成为永恒？人始终处在时间之中。人生下来，他的时间才开始；人死了，他的时间便终结了。婚礼之夜是人生的最高时间。但在现实生活中，人的时间经历却有着远为复杂的情形。

时间的混沌形态是最原初和最大众的。它表现为自然时间占据支配地位，人生的时间尚未与这种自然时间相区分。因此，人与他的时间没有什么差别。于是，混时间、混日子便成为了人的基本心态。无所期待，无所追求，一切都得过且过。人生就如同这时间一样消失得无影无踪。

空虚的时间则打碎了这种时间的混沌状态。时间和人不再处于那种浑浑噩噩、不清不楚的关系。相反，时间和人之间出现了一段距离。但这个时间却仿佛是一个巨大的空白和黑洞，人们必须设法将它填满。不过人却感到了自身的无能为力。因此，时间便呈现为空虚。人在无聊中度过这种空虚。人有种种无聊行为：眼睛追求好奇，耳朵喜欢听一些似是而非、模棱两可的东西，嘴巴闲聊，用一些无意义的话题来消磨时间。

如果说空虚的时间是人有时间的话，那么紧张的时间则是人没有时间。空虚的时间在前面等待着人，紧张的时间则在后面推着人。人虽然远离了自然时间，进入了人生时间，但人生在世，就是一个烦字。与物打交道，使人烦劳；与人打交道，使人烦心。人追求一个又一个目标，精疲力竭，劳形伤性。因此，紧张的时间使人焦虑，以至惶惶不可终日。

混沌、空虚、紧张，这三种时间形式统治着日常生活的每一角度，谁不混沌？谁不空虚？谁不紧张？但这种混沌、空虚、紧张的时间形态都是非自由的时间形态，它把人变成了时间的奴隶。因此，谁又不渴求自由的时间状态呢？但这里设立了一个矛盾。自由往往是无时间的。印度人追求的涅槃和中国人追求的成仙得道都是对时间的超越，即达到永恒。唯有如此，人们才能达到终极自由。于是，正如时间与永恒是对立面一样，时间与自由也是对立面。但这种涅槃和成仙得道并不是对时间问题的解决，而是对它的回避。

我们所追问的是时间的永恒和自由，但永恒和自由的时间如何可能？这里关键在于：时间不再是消逝性的，而是生成性的。唯有生成性，才有永恒性，因而才有自由。这种生成性的时间是时间之轮的中断，是在时间的黑暗中升起的光辉。于是，时间便成为了时光。这时光就是那惊人的瞬间。这一瞬间是无向有的转化。在此转化中，一个事件生成了。它是婴儿的诞生、爱的交欢和英雄的死亡，是一切美与崇高的现象。这一瞬间虽然只是一刹那，然而它却构成了永恒。

在审美经验中，美的瞬间作为永恒在于它成为了时间的追忆、期待和当前化。

这一瞬间成为了追忆。瞬间看起来和其他日常生活时间一样是稍纵即逝的，但它却没有消亡。它是已发生的，因此，成为已有的，成为了历史，如同收藏的珍宝。它虽然是过去，但这过去却延伸到现在和将来。美好时光不是让使人遗忘，而是让人怀恋，由此，它是人思忆的活的源泉。思忆或追忆不仅是对于历史经验的复述，而且也是对于它的守护，同时也是让它自身复活。这在于思念始终把这过去的美好时光思索出新而又新的意义。

于是，瞬间也化为了期待。美的瞬间不仅是已发生的，而且是要发生的。它成为了将来的理想。但将来并不是那遥远的未来，不断地将自身向后推移。相反，它总是从将来走向现在，把现在设置于它的筹划之中。因此，将来是朝我们走来的，是正在到来的时间。故对于将来的期待不是虚妄的幻想，而是真实的希望。所谓的期待不是僵硬地守候在那里，仿佛守株待兔那样，而是准备，向前欢迎。正是在欢迎般的期待中，美的瞬间才会突然降临。

因此，瞬间也成为了当前化的经验。瞬间的当前化意味着它既不是一般意义上过去的，也不是一般意义上将来的，而是现在进行的。它自身的再度来临，并且就是在此时此地发生的。对于它的经验是当下的和直接的活生生的经验。

美作为永恒的时间最典型地表现为节日及其庆祝。节日是一特别的时间。在这一时间里，生活世界的游戏发生了其具有重大意义的事件。因此，节日作为这个时间和那些时间也就是一般的日常生活的时间区别开来。所谓的节日之"节"是对于一般时间的节制和中断。但节日不仅是特别的时间，而且也是轮回的时间。它是同一的永恒轮回，是在时间的绵延和间断中对于自身的回复。不过，节日作为特别的轮回的时间是在它的庆祝时才显现自身的。庆祝就是人进入到此时此刻去，与这特别的时间合为一体。此时，它成为了生活世界游戏的狂欢，是人与万物、人与众神的共舞。但节日的庆祝在根本上是时间的聚集，也就是对于过去的纪念和未来的期待以及当下的呈现。

2. 超越与回归

审美经验不仅包括了瞬间与永恒的矛盾关系，而且也包括了超越与回归的矛盾关系。

但审美现象的超越与回归的特性本身是有疑问的。一般的理论都认为，审美是感性的，并因此是现实的。作为现实并处于现实之中的审美现象是没有什么超越可言的，甚至它自身就是一个被超越的领域。既然审美现象不是超越，它自身与自身保持同一，那么它也就无须回归。回归只能是超越的回归，它曾经离开了自身并再度返回于自身。但必须注意，审美虽然是感性的活动，但它并不等同于现实本身。在本性上，审美现象是自由的、超功利的。它不仅是非现实的，而且是超现实的。因此，一些理论认为审美是超越的，审美的超越和宗教的超越具有一样的特性。正因为如此，所以审美的超越自身也包括了回归的问题。

如果认可审美的超越本性的话，那么我们必须理解超越的一般本性。超越的本意就是超过、越过，也就是离此而去，到达彼处，仿佛跳跃和升腾等现象。因此，超越这一现象自身是一个包括了多重要素的结构和关系。首先，谁在超越？超越者要显示自身作为一个超越者的可能性。这无非意味着，并非一切存在者、也并非一切人能够成为超越者。其次，从哪里超越出去？这个地方是被超越之处，它具有自身的有限性和边界。再次，向哪里超越？它是另外一个地方，那里是理想和目的。最后，如何超越？它不只是一个方法，而是超越活动本身。凭借它，超越者才能完成飞跃，从此处到达彼处。

超越也许是一个普遍的现象，但一般所说的超越是宗教的超越，特别是基督教的超越。基督教设定了上帝存在、灵魂不死和意志自由等，这为超越提供了可能性。不过基督教的超越分两种，一个是上帝自身的超越，另一个是人自身的超越。就上帝而言，他既内在又超越。所谓内在的，是指上帝内在于人的心灵；所谓超越的，是指上帝超出人的心灵之外。因此，基督教认为上帝的精神远远大于人的心灵。就人而言，人生存于尘世，但要超越到天国。

　　基督教意义上的人的超越结构可表述如下：所谓的超越者是灵魂不死的人或人的不死的灵魂。超越之地是此岸世界，它虽然是上帝的创造物，但充满了背叛和罪恶，并有不幸、痛苦和死亡。超越到达之地是彼岸天国，它是天堂，是拯救。人们能够死而复活，并获得永生。作为超越的活动是人对于上帝的信仰、热爱和希望。因此不是依靠人的理性的思考，而是凭借对于神的启示的信仰，人完成了其超越。但人们认为西方基督教的超越是一种外在超越，即在人的存在之外去寻求一种超越性存在者，也就是上帝本身。

　　与西方的基督教相似，中国的儒学也追求超越。但它不在人的存在之外去寻求这种超越性存在者，故而是一种与外在超越相对的内在超越。这在于西方思想设定了两个世界，而中国的思想只承认一个世界，也就是一个无神的人的世界。于是，中国的超越者是一个人世间的人，他虽然是万物之灵，却是一个死亡的生灵。超越之地是现实世界，但它是人的世界，一般是非道德化的。超越到达之地也是现实世界，但它是天的世界，根本上是道德化的。作为超越活动自身，人既不是依靠理性，也不是依靠信仰，而是凭借体悟和修养，而达到天人合一，进入天地境界。故中国儒学的超越不是建立在两个世界分离的基础上的一个世界对于另外一个世界的超越，而是一个世界自身的超越。当然作为内在化的超越，它是道德化的超越，也就是心性化的超越。

　　但是在宗教化的外在超越和道德化的内在超越之外还有其他超越吗？其实人的存在自身就是超越的。所谓的存在就是生活世界的游戏。不仅人，而且万物，甚至包括了神灵，都参与这样的游戏。去存在就是去游戏，而最大的游戏就是有与无的游戏。存在由此形成了有无之变。当人由存在进入虚无的时候，它就在超越自身。因此，存在的超越的人是一个游戏者，他敢于去冒险，去逾越边境。其超越之地是日常的生活世界，是他与人与物打交道的地方。其超越达到之地是生活世界的游戏领域，是存在自身的生成的自由境界。其超越的活动是游戏，也就是去存在并且让存在。这种超越既不是外在的，也不是内在的。但它为一切外在和内在的超越形态提供了可能性，并且使之可能。

　　存在的超越最典型的形态就是我们所谓的审美的超越。它与宗教的外在超越和道德的内在超越的根本不同是，它不仅是存在的超越，而且是感性的超越。这是审美超越的独特所在，也是它的奥妙之所在。审美的超越者是一审美的人，他不仅是自由的，而且具有自由感。其超越之地是非审美的现实世界。它虽然是感性的，但不是审美的。其超越的到达之地是审美的现实世界，它既不是神性的，也不是理性的，而是感性的。其超越活动是审美经验，是关于美自身的感觉和构造。审美经验作为感性的超越具有非凡的意义。因此，人们倡导以美育代宗教，以审美促道德。宗教性的外在超越会忘却人的现实生命，道德化的内在超越会压抑人的感性冲动，而只有审美的超越才进入到存在自身。在这样的意义上，审美的超越才是最真实的超越和最高的超越。

如果审美的超越作为存在的超越是感性的超越的话，那么它自身就隐藏了回归的可能性。回归虽然意味着事物回到一个地方，但这却预设了它曾经远离这个地方。于是，事物现在的所在之地和它原来的所在之地存在距离。这正好吻合于人们一般所认为的审美和现实的关系。现实是非审美的，而审美是非现实的。审美经验与日常经验不同而且与之分离。当然这被后现代美学看做是"美学的霸权主义"，是要被否定的具有特权的审美王国。它们所强调的不是某种纯粹的审美经验，而是一种与日常经验一致的审美经验。故不仅审美的超越是虚构的，而且审美的回归也是多余的。

显然，完全消除审美和现实的界限是一种幻想。如果说现实就是审美或者审美就是现实的话，那么不是审美变得没有意义，就是现实变得没有意义。因此必须承认现实和审美的界限，也就是日常生活经验和审美经验的界限。当然，这不意味着审美和现实绝对地分离而不可逾越，仿佛象牙之塔和喧嚣的市场的对立一样。这无非是说，审美和现实虽然是不同的，但是相互转化的。其关键在于，转化如何可能。这就必须深入思考审美的超越和回归的本性。

审美超越的同时就是回归。因为审美的超越既不是外在的超越，走向另外一个世界，也不是内在的超越，进入心性的范围，而是存在的超越，置于存在的领域。于是，它超越了存在之后既不是不回归，也不是再回归，而是在超越的同时就是回归。走出和走入走的是同一条道路。这是审美超越即回归的奥妙。

回归最容易使人想起还乡。还乡是离家者对于家乡的回归。但是作为超越的回归的审美不是一般意义上的还乡，甚至也不是渴望家乡的乡愁。乡愁和还乡大多被理解为离开异乡而回到家乡，因此是对于差异性的抛弃和对于同一性的重复。作为审美的回归却是让同一性和差异性聚集在一起，也就是统一在一起。一方面，它回到了本源之地，因此回复到同一性；另一方面，它带回了异乡风情，因此引入了差异性。于是，回归在根本上不是僵硬的重复，而是对于本源之地的解构和建构。它不仅是破坏性的，而且也是建设性的。

由此，我们对于审美的回归就获得了完全他样的理解，它敞开了审美和现实的崭新的关系，也就是审美的现实化和现实的审美化，或者审美生存化和生存审美化。它既不设定现实和审美的绝对距离，也不认可它们之间的完全一致，而是让它们在差异之中走向对方而相互转化。这就构成了审美化的生活世界的游戏。

3. 个体与普遍

作为瞬间的永恒、超越即回归的审美经验也聚集了个体和普遍的矛盾。

与一般理性的认识和道德活动不同，审美经验是一种个体性的经验。认识中的规律和道德中的规则是公共的，它与个人在认识和道德活动中的心理行为无关。这就是一般所说的判断的内容不等同于判断的心理过程。但审美经验却是它样的。美在何种程度上是美的，就在于人是在何种程度上去经验它的。但人的经验作为个体性的活动完全是趣味性的。如果说审美经验就是趣味的话，那么人们都能认可趣味无争辩。这也就是说，没有作为单数的趣味，而只有作为复数的趣味。任何一种不同的趣味都是可能的，而且也是合理的。对于审美经验的个体性，语言还有其他的说法，如仁者见人，智者见智；诗无达诂等。

但审美经验作为趣味为什么具有个别性呢？这在于它与人的存在，包括人的身体、感官和感觉相关。作为个体的人是不可替代和不可重复的。所谓不可替代，指的是每一个个体与其他个体相较是具有差异性的，因此是他样的，正如每片绿叶都是不同的；所谓不可重复，指的是个体存在的每一时刻都是具有差异性的，因此也是它样的，正如人不可两次踏进同一条河流。于是，每一个个体不仅不同于其他个体，而且在时间中也会不同于自身。这种个体存在和感觉的差异性导致了审美经验的差异性。

虽然审美经验具有个体的差异性，但它又表现出一定的共同性。它会以多种形态出现。最一般的就是共同的审美时尚，某种审美现象在某一特别的时间和特定的区域流行起来。审美经验的共同性不仅会是审美时尚，而且会是审美理想。如果说前者是比较低级的和流俗的话，那么后者则是比较高级和雅致的。审美理想作为一种关于美的观念和理念，指引和规范了人的审美经验活动。在审美时尚和审美理想等共同的审美经验的形态中，我们不仅看到了共同美，也看到了共同美感。

审美经验的共同性的原因当然是多种多样的，既有自然的，也有文化的，如身体、心理、语言和社会制度等。但人们一般将共同美和共同美感归结为共同人性。每个人固然是不同的，但都具有人的一般本性，也就是所谓的人性。因此，共同人性构成了共同的审美经验的基础。虽然用共同人性说明共同美的现象具有其一定的合理性，但它过于抽象和空洞，而且容易陷入所谓的本质主义的境地。人的审美经验的共同性不是源于人的某种先验的普遍的和绝对的本质，而是源于生活世界游戏形成的人的共同性。在生活世界的游戏中，每个人虽然扮演自身的角色，但他必须和他人共同游戏，这样，他才能生活在这个世界之中。在共同游戏之中，人们就形成了共同的存在性，并因此形成了共同的审美经验，并表现为一定的审美时尚和审美理想。

于是，任何一种审美经验事实上都既是个体的，又是普遍的。但依据不同的范围和历史，我们对于审美经验的个体性和普遍性可以作不同层面的描述。

首先是类型。鉴于人的性格、气质和个性等的差异性和同一性，人可以划分为许多类型。在审美经验上，人的类型绝对不是一元的，而是多元的。一般而论，审美经验的类型往往也是人的性格类型的体现，于是，人有多少性格的类型也就有多少审美经验的类型。按心理机能的优势分类，人可以分为理智型、意志型和情绪型。理智型的人以理智规定自己的感觉和感觉的相关物，表现得较为冷静，采取纯粹的欣赏态度，专注于体验审美经验自身的痛苦和欢乐。意志型的人具有明确的动机和目的，感觉主动、积极、果断，并依据感觉自身的尺度对于感觉相关物进行判断美丑。情绪型的人则容易为情绪所支配，更多地注意个体自身在审美经验时的感受。此外，按照心理活动的倾向分类，人可以分为外向型和内向型；按照个体的独立性分类，人又可以分为独立型和顺从型等。这些类型在审美经验中也能找到相应的例证。对于一些具体的审美经验的分析，人则可以划分为更多的类型。

其次是阶级。如果说类型主要是鉴于人的性格的同一和差异的话，那么阶级则是基于人在社会共同体中角色的同一和差异。阶级是由一些个体所组成的群体，它不仅是政治的，而且也是经济的和文化的。阶级就它们自身而言是同一的，但就与其他阶级的关系而言则是差异的。差异在此不仅意味着是不同的，而且意味着是分层的，也就是有高低贵贱之分的。因此，阶级的关系就表现出十分复杂的情形。一方面，它们共同存在于社会结构之中，相互关联，相互依赖；另一方面它们也相互对立，相互冲突。由此产生了阶级斗争，并导致阶级在整个社会结构中的关系的转化，乃至一个阶级的消亡和一个阶级的新生。不同的阶级具有自身独特的审美经验，形成了阶级性的审美时尚和审美理想。因此，奴隶主和奴隶、地主和雇农、资本家和工人就有不同的美和不同的美感，正如中国历史上所说的阳春白雪和下里巴人的对立，庙堂艺术和民间艺术的分离。当代社会似乎逐渐在消除阶级之间的剥削和压迫的关系，由此阶层正在取代阶级。同时，一个机械复制的时代也在消除所谓精英文化和通俗文化的差异，而产生了所谓的大众文化。尽管如此，各种阶层的审美经验仍然是存在的，而且往往是不可逾越的。蓝领阶层和白领阶层肯定具有不同的审美趣味，而且它们之间往往不可通约。不管是阶级也好，还是阶层也好，一个占统治或者领导地位的阶级和阶层在社会关系的支配上具有话语权，因此在审美经验领域也同样享有话语权。正是他们倡导了一个社会的审美时尚和审美理想。

再次是民族。民族是一个历史性的民众概念。因此民族不能狭隘地理解为自然性的，如同人们所说的被"大地"和"血液"所规定。民族必须宽广地理解为文化性的，这就是说一个民族在根本上是被思想和精神所铸造的。正是在这样的意义上，我们才能讨论民族的同一和差异，也才能讨论中华民族和西方民族自身的民族性。一般而言，每个民族都有自身独特的审美经验。它不仅体现在文学艺术等专门的审美领域，而且也体现在关于身体和日常生活的审美风格上。虽然每个民族是一个独特的生命共同体，但民族之间的交往却形成了所谓的民族间性，也就是一般的国际性。在这样的关联中，民族性之间会发生矛盾。但在一个强大的民族和弱小的民族的矛盾之间，前者将支配后者并成为其主导。这就形成了帝国主义和殖民主义，并具体地表现为白人中心主义和欧洲中心主义。在当代的全球化的浪潮中，一方面欧洲帝国主义仍然以种种形态出现，另一方面民族之间的融合也成为不可阻挡的趋势。于是，世界不是一元的，即由少数帝国主义的民族垄断和主宰，而是多元的，每个民族都主张自己的合法性。故在文化和审美领域也出现了五彩缤纷的现象。人们既能够欣赏德国的古典音乐，也可以观看美国好莱坞的爱情片。同时，人们不仅钟情于中国江南的山水园林，而且也陶醉于非洲土著的狂热舞蹈。

最后是时代。所谓的时代是时间的中断，由此，时间自持于自身并区分于其他的时间。于是，时代在根本上要理解为划时代。一个时代总有自己的审美特征，并和其他的时代构成断裂和对比。基于这样的原因，我们说某种审美现象是合于时代的，并因此是时尚；而某种审美现象是不合时宜的，并因此是过时的和落伍的；当然还有某种审美现象是超出时代的，并因此是前卫的、先锋的。这也无非表明，每个时代的审美现象具有自身的时代性。就西方的时代而言，古希腊是诸神的美，中世纪是上帝的美，近代是人性的美，现代是人的存在、生活和生命的美。后现代则是欲望的美。如果就女性形象而言，那么她们分别依次是维纳斯、圣母玛利亚、蒙娜丽莎、玛莉莲·梦露和麦当娜。与西方的时代的区分不同，中国历史上主要是朝代的交替，它表现为一个家族王朝的兴衰，也就是开端和终结。当然每个朝代的审美特征也是不同的。最典型的是所谓的魏晋风度和盛唐气象，当然还有宋元的意蕴和明清的情欲。随着晚清的没落，中国传统的历史彻底终结。一个时代结束了，另一个时代开始了。它就是中国现代的历史和当代的历史。对于当代中国与世界的关系而言，其主要的矛盾是中西文化和思想的相遇和冲突。它也表现为中西审美理想的矛盾。

四、审美经验的典型形态

我们已经分析了审美经验的过程、要素和一般关系，但这种揭示是不充分的。审美经验的本性还必须获得更具体的规定。因此，我们还要继续前行，思考审美经验的本性是如何具体化的。审美经验本性的具体化一般通过一些典型形态而表现自身。正如人们所说，审美经验是爱美和对于美的爱；是陶醉于美之中；是在美之中且由美而来的快感等。作为审美经验典型的形态，它们正揭示了审美的本性。于是，我们要分析：首先，什么是爱；其次，什么是陶醉；最后，什么是快乐。

1.爱

人们一般将审美经验活动称为欣赏、观赏和体验等。但这种种行为都可以描述为爱美或者对于美的热爱。如我们爱看唐诗宋词，爱听"梅花三弄"，爱好美丽大自然的阳光、蓝天、白云和风景等。因此，审美经验不是一般的经验，而是爱美的经验。

审美经验作为爱美的经验在根本上在于它是一种对于存在的情感经验。正如已经指出的，审美经验既不是关于美的认识活动，只是对于美的现象作客观的判断，也不是关于美的意志活动，只是针对美的现象表现主观的意愿，而是关于美的情感活动，也就是人对于美的现象的一种态度。当然，这种态度是一种特定的态度，它不是人对于美的现象的怨恨，而是对于它的热爱。因此，审美经验就其本性而言就是爱美的经验。

其实，审美经验作为爱美的经验是一个人们熟知的经验。人们不仅将美感理解为对于美的爱，而且对于爱自身进行了区分，认为它不是自私的爱，而是无私的爱。此外，人们对于爱美经验自身的阶段和层次进行了划分和比较，如柏拉图所做的那样。尽管如此，审美经验作为爱美的经验在美学的历史上并没有真正形成主题。因此，我们还必须更深入地思考审美经验作为爱美的经验的本性。为了达到此目的，我们首先要阐明什么是爱自身，因为爱美只是爱的现象的一种特别形态，然后才能揭示什么是爱美的意义，并由此指出爱美在何种程度上是爱的本性自身的升华。

无论是在汉语中，还是在西语中，爱都是在语言的使用中一个非常普遍和重要的语词。由爱所构成的词语有喜爱、友爱、仁爱、慈爱、博爱等，它们都表达了爱的现象的不同维度。但爱在语言使用中主要是以动词形态出现的，人们使用爱的语词的最典型的表达式为"我爱你"。它主要运用于人与人之间的"我—你"关系之中，特别是在热恋中的男女情人之间。当然爱不仅表现了人与人之间的关系，还表现了人与万事万物之间的关系。例如，人们也说"我爱上帝"、"我爱大自然"等。这种爱的语词的广泛运用也显露出爱是生活世界的一个普遍现象，万事万物的关系其实可以描述为爱和爱的对立面，也就是恨的关系。正是如此，爱和恨的交织形成了生活世界游戏中不同游戏者的对立和统一，并导致了游戏自身的丰富性和多样性。于是，爱就其自身而言既是人的人性的根本，也是人类生活的普遍的现象，更是存在自身的意义。这就是说，存在就是爱，爱就是存在。

（1）爱的本性

我们已经指出了爱就是存在。但什么是爱？比起对于爱的现象的描述，对于爱的本性的思考是一个更为艰巨的任务。它需要对于爱的一般观念的批判，而由此揭示爱的本性自身。

人们一般将爱理解为喜欢，因此，爱某物就是喜欢某物。当人们喜欢某物时，在意象上总是渴望与它相遇，和它在一起，朝向它并走向它。与此同时，喜欢者还可产生对于被喜欢者的思念、期待和希望等。同时，人在情态上表现出高兴和愉快，有一种心满意足之感。由此可以看出，人对于某物的喜欢同时呈现为自身的喜悦。但是喜欢并不能等同于爱，它是一个尚未区分的人的经验形态。这是因为喜欢可能成为真正的爱，但也可能极端化为占有而成为爱的对立面——仇恨。

爱被误解为占有是一个时常出现的现象，特别是男女的爱情会在爱的外衣中掩盖占有的事实。人们在喜欢某人或者某物时显示了自身的欠缺和需要。于是，对于某人和某物的喜欢就成为了对于它们占有的欲望。由此，喜欢的感觉就成为了占有的感觉。人感到不仅拥有自己，而且也拥有自己所喜欢的人和物。此时被喜欢者都成为了喜欢者自身的一部分，或者是自己的另外一种形态。由于是占有，喜欢在它的经验之中便生长了一种变相的主奴意识，并因此会变异为许多情态。当喜欢者占有被喜欢者时，他会骄傲。反之，当喜欢者不能占有被喜欢者时，他会蒙羞。

但真正的爱或者爱的本性既不是一般意义上的喜欢，也不是喜欢的极端形态——占有。但爱自身究竟是什么呢？让我们看看熟知的父母的亲子之爱，也看看熟知的上帝之爱，由此理解爱是如何显现自身的。

父母真正的亲子之爱不是出于自私的动机，如希望得到回报等，而是力图让子女自身能够健康快乐地成长。因此，父母对于子女的爱既不是一种等值交换的商品，也不是一种试图回馈的礼物，而是一种无条件的恩情。它体现为无尽的关怀、呵护和照顾。正是因为如此，所以父母的恩情比山高，比水深。与此相似，上帝的爱也是无条件的。于是，人们也将上帝对于人的爱比喻成父母对于子女的爱。当然，神之爱和人之爱有所不同。上帝本身不是其他什么，他自身就是爱。上帝爱人类，但他的爱不是对于人类善良德行的报酬，而是对于人类命运的恩惠。这既表现为上帝对于世界的创造，也表现为他对于世界的拯救。

在这样的人之爱和神之爱中，我们发现了爱的何种奥秘？爱的本性敞开了自身：它是给予和奉献，因此去爱就是去给予和去奉献。给予不是什么难以理解的现象，它只是交付。但作为爱的给予却不是给予某个东西，如同给予一些钱或者某些人工制造的用品一样，甚至也不只是给予作为给予者的人自身的身体和灵魂，而是给予那个给予自身。但给予自身不仅是人的存在的意义，而且是存在自身的意义。因为给予作为一本原的活动是存在的本性，所以作为一存在者的给予者也是在爱的给予中获得了自身的存在。如果爱作为给予是给予自身的话，那么我们看到它同时是舍弃和牺牲自身。舍弃和牺牲既可能是对于物的放弃，也可能是对于人自身生命的抛舍。在个人主义的自私自利的观点看来，这些行为是否定个人存在的。与此相反，集体主义的利他的思想却认为这些行为能够杀身成仁，舍生取义。但这都只是对于舍弃和牺牲的道德化的理解。爱作为给予同时也是舍弃，这看起来似乎是一种矛盾。但正是在这种矛盾中，爱将自身显现为存在的发生。这也就是说，爱在给予和舍弃的冲突之中开始了自身的创造。

（2）爱的结构

爱的这种本性告诉我们，它自身不是一个孤独的存在，而是一个聚集了丰富关系的存在。人们一般将爱的关系理解为主爱和被爱的关系，它们形成一个爱的结构，并表现为多种多样的形态。所谓的主爱是在爱的关系中占主导地位的，一般积极、主动；所谓的被爱是在爱的关系中占次要地位的，一般消极、被动。但主爱和被爱自身没有肯定和否定的意义，同时，这种区分也是相对的，不是绝对的。在爱的关系中，其中的爱者可以互成主爱和被爱。因此，一个人可能既是主爱，又是被爱，具有双重角色。

虽然爱将主爱和被爱聚集在一起，并形成了亲密的关系，但这绝对不意味着它们是毫无二致地齐一，而是差异的、不同的和他样的。如果主爱和被爱是绝对同一的，或者是原本和复制的关系的话，那么它们就不能构成真正的关系，而是僵死地固守于自身。正是因为主爱和被爱是差异的，所以每一方面对于另一方面而言都是神秘的，并因此是好奇的。于是，爱不是同一之爱，而是差异之爱。爱是将差异性无条件地引入，并借此打破同一。同时，它也是将同一性予以克服，而走向差异。

当然，主爱和被爱之间的关系不仅是差异的，而且还会是高低不同的。一种爱的关系的形态为：主爱高于被爱。这种爱表现为一种从上到下的运动。例如中国所说的父母的亲子之爱和西方所说的上帝的拯救之爱就是如此。对于子女而言，父母是高于自身的。这不仅意味着在血缘关系上父母是前辈，子女是晚辈，而且意味着在生活的经历方面，父母是保护者，子女是被保护者。上帝与人类的关系高低更是明显。上帝存在于彼岸，人类则生活在此岸。不仅上帝是创造者，人类是创造物，而且上帝是拯救者，人类是被救者。父母之爱和上帝之爱虽然不同，但它们都是高处对于低处的给予。

与此不同，另一种爱的关系的形态却是被爱高于主爱。它可以看做是爱从下到上的运动。这种爱是一般的人类之爱的形态。例如，人对于父母的爱，人对于上帝的爱，还有人对于自然的爱，或者对于一切英雄的爱等就是如此。在这种种爱的关系的形态中，主爱在不同的层面上都低于被爱。因此在爱的过程中，主爱力图提升自己，趋向被爱，而和被爱处于同一水平。

长期以来，人们都是如此理解爱和被爱的高低差异的。但是否存在这样一种爱的关系，即主爱和被爱虽然是差异的但又是平等的？其实我们在现代的友爱和情爱中找到了这种爱的关系。每一个男人都是他样的，同时每一个女人都是他样的。但每一个人具有平等的人格，是自主、自觉和自由的。于是，现代意义的友爱和情爱既不是变相的主奴关系，一个去控制，另一个被控制；也不是主客体的关系，一方成为主体，另一方成为对象。它们在爱的关系中成为伴侣，是游戏的同伴。

由此我们可以看出，主爱和被爱形成了多元的爱的关系。于是，我们不能轻易地断言爱只有一种关系，更不能具有偏见地认为由上到下的爱是优越的，或者由下到上的爱是根本性的。在生活世界中，每一种爱的关系都有它自身所属的领域，但同时又和其他的爱的关系相互交叉。例如，一方面是父母对于子女的爱，另一方面是子女对于父母的爱；一方面是上帝对于人类的爱，另一方面是人类对于上帝的爱，如此等等。这都表明了它们同属一起，是一个事情的两个方面。于是，爱的关系就会出现更为丰富和复杂的现象。

（3）爱的过程

但我们尤为关注的不是对于这种种爱的关系的组合的描述，而是对于主爱和被爱在爱的过程中是如何去爱的。

爱当然表现为一种情态。它不仅会爆发为一定的激情，而且会持续为一定的心境。爱的情态是一种特别的情态，它使人从日常生活世界的种种情态中分离出来而显示出特别的面貌。例如，处于恋爱中的男女就不同于一般的男女，其情态也不同于其没有恋爱时的情态。它是一种美的感觉，不仅人自身美化了，而且整个世界都美化了。由此有幸福、快乐和满足等。正因为如此，所以当人去爱或者被爱时体验到欢乐，而当人的爱丧失和剥夺时则会痛苦。爱的欢乐和痛苦实际上是爱的情态的两极，但又是交错在一起的。于是，欢乐复痛苦，痛苦复欢乐。

爱不仅是一种情态，而且是一种意向。正是意向性揭示了爱作为去爱的本性。

但去爱作为爱的意向性是如何可能的呢？一般而言，各种具体的爱都是有根源的，正如世上没有无缘无故的恨，世上也没有无缘无故的爱。人总是因为什么或者是为了什么去爱其所爱的。但作为爱本身是没有根源的，它就是存在自身，它就是存在的给予。去存在就是去爱，去给予。它既不因为什么，也不为了什么。因此，人类之爱在最后都必须升华到这种存在之爱，从有根据到无根据，从有缘有故到无缘无故。这种没有根据的爱才是真正的大爱。

当主爱去爱的时候，人的爱表现为爱的意愿和意志。人要去爱一个人或者一个物，或者相反不要去爱它们。在此，虽然爱在本性上是一种情感和情绪，但却被意志所支配。意志决定了人们去爱或者不去爱。同时，意志也在这样的过程中经历自身的决断。但不管是有意志还是无意志，也不管意志是强大的或者是衰弱的，它自身都阻碍了爱作为去爱的意向性。这在于去爱的根本不是爱的意志，而是爱的能力。同时，也许爱的意志破坏了爱的能力，使主爱不能成为主爱。但爱的能力绝对不是人的身体或者心灵的某种才能或者技能，凭借于此，人就可以成为主爱，并且去爱。爱的能力是爱自身的可能性，也就是它自身的给予的能力。它是取之不尽、用之不竭的丰富的生命之泉。人要获得爱的能力，就是要听从爱自身的召唤，让爱使自己成为能够去爱的主爱。这也充分表明，爱不是源于个人自私的动机，而是出于爱本身的无私的丰富的馈赠。

但去爱一个人或者物究竟意味着什么呢？我们说过，爱并不是一般意义上的喜欢，更不是它的一种极端变异的形态——占有。但是去爱就是向被爱表达自己难以言说的爱慕之情吗？或者是喋喋不休地重复"我爱你"这样空洞的声音吗？全然不是。爱的意向性表明，爱是指向某物和朝向某物的。但爱的指向和朝向并不是一种心灵的定向，而是一种投射和建构。爱作为意向性行为就是创造和构造。这就是说，去爱不仅使主爱成为有爱心之人，而且使被爱成为可爱之人或物。因此，去爱作为构造是让主爱和被爱去存在，去生成，也就是进入生活世界的游戏之中，成为新的人和新的物。在这样的意义上，去爱作为创造就是开端，是让人和物的存在第一次开始发生。同时，去爱也是让其成长，让其生成。最后，去爱还是守护，让所爱之人物不要受到伤害。

正是因为去爱是创造的活动，所以被爱才能在爱之中将自身的独特的意义显现出来。被爱的存在并不是如一自然存在物那样站立在那里，而具有自身不变的特性，等待着主爱来激发情感，而是一个为爱的意向性所创造的构成物。这意味着，没有爱的构造，被爱是不存在的；被爱即使是存在的，也是不在场的，或者是遮蔽的。被爱只是在爱的意向性的构造中才成为所爱，也就是生成出并展现出它的可爱之处。正如一个被爱的人会充分地显露出自己独特的美一样，那些被爱的万物也会去掉自身的面纱，而展露出其未曾揭示的面容。这正是爱的神奇的地方。

但在爱的意向性结构和行为中，主爱和被爱的关系是互动的。这就是说，去爱或者爱的实现不是单恋，而是相爱，是相互之爱。一般所谓的单相思并不是真正的爱，而是爱的残缺形态，并因此是虚幻的，不真实的。真正的爱是主爱和被爱的相互构造。一方面主爱将自身的爱给予被爱，另一方面被爱也将自身的爱给予主爱。于是，去爱作为相爱就成为了爱的圆舞，是爱的相互传递的游戏。在这样爱的游戏中，我们看到主爱自身成为了被爱，同时，被爱也成为了主爱。每一个爱的游戏者不仅相互交换角色，而且同时拥有主爱和被爱两重角色。由此也使每一个爱者将自身保持为既是差异的，又是平等的。爱的游戏的相互构造的奇妙之处在于，主爱不仅让被爱存在和生长，而且也让自身存在和生长，因此是共同的存在和生长。于是，爱作为相爱的游戏的结果既不是两败俱伤，也不是你死我活，甚至也不是无意义的零和，而是无法计算的双赢。在这样的意义上，爱是生死相随的，是永恒的，因为它在相互之爱中克服了自身的有限性，而成为无穷尽的。

（4）爱的形态

在分析了爱的一般本性、结构及其构造活动之后，我们可以由此解读一些主要的爱的形态或者类型。

爱在人的生活世界中最自然的现象是亲情，也就是亲人之间的爱，如父母对于子女的爱，子女对于父母的爱，兄弟姐妹之间的爱，还有各种亲属成员之间的爱等。亲人之亲就是亲近，它与疏远相对。但这里的亲近并不是指时间和空间上的，而是指血缘上的距离，亦即根源于同一血缘的关系。对于它，人们一方面继承了，另一方面也改变了。当然血缘的亲近自身还可以进行划分。有最亲的，有较亲的，还有不亲的。所谓的血亲关系是身体性的，但这种身体性就其直接性而言不是文化的，而是自然的。所谓的血亲之爱实际上是自然之爱。不仅对于人类而言，而且对于动物而言，血亲之爱也是存在的。正如人们所言，人类有爱子之心，虎狼也有爱子之心。由此可以看出，人们之所以爱自己的亲人，是因为他与自身直接或者间接地具有共同的血缘关系。

这看起来似乎是自私的和偏狭的，但其实不然。血缘之爱不能等同于绝对自我中心主义的自恋。这是因为自恋是人自身向自身的回复，是无差别的同一性的固守；与此不同，血缘之爱的血缘关系一方面是同一的，另一方面是差异的。即使是父母和子女的关系也表现出了同一的差异。虽然子女是父母的子女，但子女却是不同于父母的个体自身。因此在血缘之爱中，人们已经能够走出自身的限制，而走向一个不同于自己的他者。只不过这个他者不是遥远的，而是亲近的。这就是所谓亲情的爱的本性。

由于亲情只是人对于自己在血缘上亲近之人的爱，而不是对于非亲近之人的爱，这样，它也包含了多种可能性。如果人只是把爱的本性理解为亲人之爱的话，那么他也许只是爱亲人，而不爱非亲人，这就成为了一种扩大化的自恋或者自私的爱。特别是当亲情变成狭隘化的时候，它就会破坏社会正义，也就是生活世界的游戏规则。如所谓的亲亲相隐就成为了一种变异的亲情。当父为子隐或者子为父隐的时候，人固然处于对于亲人的爱，但却会导致对于非亲人的恨，因此是非正义的。在此就需要主张大义灭亲。

当然亲情的狭隘化只是它的一种可能性，它的另一种可能性却是它自身的普遍化。所谓的四海一家就不仅认为具有血缘关系的人是亲人，而且认为那些不具有血缘关系的人也是亲人。由此对于亲人的爱扩展到对于那些非亲人的爱。中国儒家思想的仁爱就是这种血亲之爱的普遍化。于是便有这样的观念：老吾老及人之老，幼吾幼及人之幼，四海之内皆兄弟也。虽然西方的基督教的爱不是自然之爱，而是精神之爱，但它也用血亲之爱来说明爱的真谛。由此不难理解，上帝和人类是父子关系，而那些爱上帝的人们便成为了兄弟姐妹。惟有亲情的扩大化才能克服它自身的有限性。

不同于亲情，友情或者友谊不是基于血缘关系，而是基于精神关系。如果说亲情是爱亲人的话，那么友情则是爱友人。但友人不是亲人。

不过，友谊这个崇高的字眼在现代却遭到了不同程度的践踏。最令人注目的形态是狐朋狗友的关系。联系狐朋狗友的纽带只是个人的欲望。由于个人的欲望相同，人们聚集在一起相互刺激并且满足这一欲望。例如，酒肉朋友的关系就不是作为一个完整的具有丰富个性的人与人之间的关系，而只是作为酒囊饭袋的关系。正是因为这一纽带只是基于个人的欲望，所以它在根本上是不牢固的、不可靠的。当个人欲望所引起的冲突发生的时候，人们就会把这一纽带撕裂成碎片。

江湖义气似乎比狐朋狗友的关系高出一筹。这里不是个人的欲望，而是义气成为了联系的纽带。源于义气，人们有难同当，有福共享。不仅如此，而且人们为了义气，敢于两肋插刀，不惜牺牲性命。但是义气不是基于一个生活世界的普遍的原则，而是出于对同伴无条件的效忠。但同伴自身从来不是确定的，他可能行善，也可能作恶，这样就使义气成为了一种十分狭隘、庸俗的尺度。在义气的英雄行为中，我们往往看到那尚未生长的萎缩的个体。由于义气，个体不可能成长到自身可能到达的存在的高度。

不同于欲望和义气作为人的关系的原则，友谊的原则不是其他什么东西，而只是友谊本身。这看起来是无意义的同一反复，但它却具有非同寻常的意义，也就是守护友谊自身的纯粹性。人们说，友谊是友爱的关系，而朋友则是友爱之人。但人们为什么会相互友爱呢？这在于人们首先爱一个事物，然后出于共同之爱而产生相互之爱。在人的生活世界中，人们共同相爱的事物很多，但最值得爱的是智慧之道。也许智慧有许多种，但最高的智慧只是爱的智慧。由此，爱智慧便回到了爱自身。于是，友谊作为对于智慧之道的爱在根本上就是追求爱自身。因此，一方面，道不同不相与谋，各自走着自己的道路；另一方面，同窗为朋，同志为友，志同道合者便结成了友谊的伴侣。对于友谊来说，最为重要的不是关涉到这个友谊的个人，而是这个友谊自身，也就是它所建立的关系。在这样的意义上，友谊不是朋友的友谊，但朋友是友谊的朋友。这无非意味着，不是朋友规定友谊，而是友谊规定朋友。友谊有一种惊人的感召力量，将朋友聚集在一起，并使人服从这种关系。例如，是什么使伯牙和钟子期相知呢？正是那音乐所达到的高山流水的无上意境。

但友谊是在个人的友爱之中实现自身的。在个体尚未生长的地方是不可能发生友谊的。因为在这里人生活在一种无分别的社会关系中，所以人与人都是一致的。人既没有理解自身的独特性，也没有理解他者的他样性，因此既没有差异，也没有同一，由此没有对于友谊的渴望。人只有摆脱了这种社会的关系之后，才能成了独立的个体。作为如此，人同时又与作为他者的他人共同存在于生活世界中，这样一种对话和交流便使人与人之间的友爱成为了可能。

友谊只能是独立的个体之间的平等关系。一种不平等的友谊并不是真正的友谊。友谊不是单方面的施舍。同情和慈悲意味着一方是给予者，另一方是被给予者。他们之间形成了一种独特的主客体关系。友谊也不是互为手段。人们一般主张"我为人人，人人为我"，但这只是一种貌似利他而实是利我的自我中心主义。人以自己为出发点来建立和他人的关系，将自身作为目的，他人作为手段。与此相反，平等的个体在友谊中既把自己变成自由的，也把他人变成自由的。这里所谓的自由是指从自我本身解放出来，即人与他自身的生存及其欲望彻底分离。只有把自我的利益抛诸脑后，人才能投入一种纯粹的友谊之中，去给予和相互给予。

但友谊的聚集不是僵硬死板的一致，而是让个体的差异化为同一，又在这同一中显示出差异。由此，友谊就促进了个体精神的丰富发展。人向他的友人不断展示其个人的独特性，但一个独特性与另一个独特性相遇时便会显出自身的有限性。于是，友人的独特性就成为了自身独特性无限发展的丰富源泉。凭借如此，友谊在人类精神史上开放出许多奇异的花果。如歌德与席勒的关系使他们写出了歌颂人类尊严和崇高的诗篇。马克思和恩格斯伟大的感情融入了为人类解放而献身的辉煌事业。友谊作为关系是一金色的纽带，将自由的人们联系在一起，共同进入到生活世界的游戏中去。

但不论是亲情的血缘之爱，还是友情的非血缘之爱，它们所具有的人与人之间的关系不是基于性的差异和同一。但爱情却与之不同，它是性别之爱，是男女身心和存在的全部相互给予。但爱情作为性爱是一个复杂的现象，一方面它相关于繁殖和性欲，另一方面它又远离了它们。因此，我们必须考察性如何从繁殖和性欲到爱情的。

性从其自然性而言本原地表现为生殖。生殖似乎是一个自然过程，人的生殖和动物的生殖没有什么两样。它们都是种族赖以存在的方式并以一种本能的形态表现出来。但人的生殖过程不仅是自然的，而且也是社会的。马克思的历史唯物论认为，人自身的生产和物质生产是人类社会存在的主要动力。在以自然经济为主导的农业社会中，人自身的生产具有特别重要的意义。人是物质生产的劳动者，他的增多只有依赖于人自身的不断繁衍和增殖。同时，伴随家族观念的建立和牢固化，生殖又具有一种不言而喻的精神意义。人要把这作为自然过程和社会过程的生殖道德化，并使之成为一最高的道德律令。例如，中国古代便有"不孝有三，无后为大"。个体的神圣使命就是作为种族绵延的中介，每一个人都要为此天命去奋斗。在人的生殖过程中，虽然性欲始终是一个根本性的因素，但是它并没有独立的意义，相反它只是依附于生殖。因此，生殖往往成为性欲的目的和结果，性欲只是这样一个生殖过程中的环节，尽管它常常与生殖并无直接关联。

真正的性欲及其满足是与生殖分离的。人必须承认这是一个伟大的自然奇迹：动物只在特定的时令才能交配，但成年男女的交媾却不受时令的限制。同时，动物的交配与生殖完全成为一体，但人的交媾却不断地远离生殖。性的快乐是身体的自然极限最大和最高的快乐。随着人的身体在文化中的不断发展，这一快乐愈显出它的独特性和丰富性。但这种与生殖分离的性欲及其满足却隐藏着一种危险，即性脱离并掩盖了生死，因而表现为一种虚幻的自由。它一方面以性欲的满足为唯一目的，于是，人与人只扮演着性的角色相互吸引，并且相互交换肉体来实现性的欲望。正如性解放固然把性从生殖以及它所形成的家庭以及相关的道德中解放出来了，但它使人又成为了肉体和感官的奴隶。因此，性解放乃一诱惑的陷阱。这种虚幻的自由的另一方面只是把性作为一种手段来满足其他目的。例如，女人卖淫，正是以出卖自己的肉体来获得金钱。男人通过权力、金钱和名声等来猎色。他越是占有更多的女人，便越是觉得自己是个男人，或者觉得自己更有权力、更有金钱和更有名声。他们在性的快乐中忘掉了生死。这种与生死剥离的性的形态，仍是指向性之外的。

唯有爱情才是性的最高升华。性作为生殖仍走着自然本能的道路，不管它是否以社会的、精神的形态出现。性作为感官的快乐依然表现为自然本能的限制。它们的差异只是在于：人的生殖是实现种族繁殖这一遗传本能，人的性欲及其满足只是完成生物个体肉体欲望冲动的本能。但它们与一个自主、自觉和自由的个体毫不相干。爱的产生是一个自主、自觉和自由个体产生的标志。只是成为这样一个个体，人才有爱的能力和被爱的能力。因此，他才不再只是成为一个生殖工具和性欲对象，而是成为爱者或者被爱者，即爱的伴侣。当然，爱并不是对于生殖和性欲的抛弃，与之相反，生殖和性欲被爱所包含并成为爱的表现。故爱作为生命的表达和对于死亡的克服的意义并不只是在于男女相爱而生殖，从而繁衍后代，而是在于男女自身在此性爱中相互给予、相互生成，由此生生不息，成为丰富性的个体。

性爱是男女之间的一种关系，因此，性爱的开始就是人与人之间关系的建立。虽然这种关系是自由的，但它却是一种无形的规则。只不过与其他铁的规则相比，它是最温柔、最有情的规则。由此规则出发，不是由男人来规定女人，也不是由女人来规定男人，而是由爱情来规定这相爱的人之间的关系。遵守爱的规则和破坏爱的规则便导致男女的结合或者分离。

性爱作为人与人之间的关系同时又是人与自然之间的关系。这是爱情区别于友谊以及其他人际关系的一个标志。男女的友谊只是人与人之间的关系，不是人与自然之间的关系。但爱情则不然。为什么？因为爱情拥有男女的性行为，而性行为是生理的、生物的，因而是自然的。当然这种自然不是一般的自然，如同石头、植物一样，它是肉体，是男人如山的体魄和女人如水的胸怀。男女的交媾是自然最美妙的馈赠和最神奇的奥妙。

然而在性爱中建立的人与自然的关系同时又是人与精神的关系，这又使爱情根本不同于动物的性行为和男女之间的淫乱。它们都只是自然性的，但爱情在本性上却升华为精神性的。精神仿佛光，如同天上日月，它照亮了人的生活，显明了男女的关系，从而也呈现了性的美妙和神奇。如果没有精神的话，那么男女之间的性行为只是处于黑暗之中，它被本能所驱使并被本能所奴役。但精神给了人的自由，使人意识到了自己从生到死的存在，并在爱情中达到了无上的快乐。爱情精神性的结晶正是哲人的箴言和诗人的歌声。

于是，性爱所具有的男女关系便是人与人、人与自然、人与精神的聚集。它就是人、自然和精神神秘结合的完满的整体，它其中的任何一个要素都包括了其他要素的存在。

上述的亲情、友情和爱情都是对于不同人的爱，都有自身的有限性。与此不同，博爱则是对于有限性的克服。就其自身的语意而言，博爱是一种广博之爱，也就是大爱，因此，它自身是无限的爱。它不仅是爱无限，而且也是爱的无限。

但博爱往往会使人想到一种宗教情怀，如佛家的悲智双运，普度众生；道家的泛爱众物；甚至儒家的仁爱天下。当然与它最具密切关联的是西方基督教的爱。不同于一般的性爱和兄弟之爱，基督教的爱是神圣之爱。但这里必须注意，基督之爱并不只有单一的意义，而是具有多重的意义。一方面是上帝对于人类的爱，这是一个从上到下的爱的运动；另一方面是人类对于上帝的爱，这是一个从下到上的运动。但作为基督教的人类之爱也是复杂的。人不仅要全心全意爱自己的神，而且要爱自己的邻人，甚至要爱自己的仇人。这既是作为上帝给人的爱的命令，也是人作为基督徒与信仰和希望在一起所具有的美德。

但基督教的爱也具有其有限性。上帝的爱只是对于那些信仰它的人才是存在的，而对于那些不信仰它的人是不存在的。同时，人类对于上帝的爱在根本上不是给予，而是接受，因此不是主动的，而是被动的。当然人类的兄弟之爱也许不同，主要是给予，不是接受，正如基督教所主张的施比受有福。但它的兄弟之爱并非普世之爱，而是上帝之家的信徒之爱。因此，基督教的博爱只承认同一，而不承认差异。这种对于同一的爱而不是对于差异的爱并非真正的博爱。

真正的博爱与此不同，它不是对于某一特别存在者的爱，而是对于一切存在者的爱。一切存在者就是生活世界中的所有存在者，它们是石头、植物、人和神灵等。虽然它们同属这个生活世界，但它们并不一致。每一个存在者都是差异的，每一个存在者都是他样的。所谓的差异和他样具有两方面的含义：一方面，就和其他的存在者相比而言，每一个存在者是不同的，各具自身的本性；另一方面，就和存在者自身的比较而言，每一个存在者也是不同的，也就是不断发生变化的。在这样的意义上，每一个存在者都是独一无二的，且不可重复。因此，博爱作为一切存在者的爱在根本上既不是对于自身之爱，也不是对于同一之爱，而是对于差异之爱，也就是是对于一切他者的爱。

但人们为什么爱一切不同于自身的他者呢？这里没有任何与自身相关的原因。我们说亲情是基于血缘关系，友情是在于同道，而爱情也相关于男女共同的人生道路。这些爱的现象都有直接或者间接的原因。但博爱是没有任何相关于人的原因的，因此，它是没有根据的爱。博爱之所以爱世界万物，只是因为万物自身。但万物自身为什么可爱呢？这并不是因为它有一些与人相关的理由，而只是因为它的存在本身。万物是，万物存在，这也就是说，万物是其所是和如其所是。万物自身的存在既不因为什么，也不为了什么。正如日出日落，花开花谢，它们只是如此存在而已。于是不仅从人的爱的角度来说，而且从万物的角度来说，博爱也是没有根据的。由此可以看出，博爱最充分地显示出了爱自身的本性。如果要给博爱一个规定的话，那么它就是源于爱和为了爱的去爱自身。

博爱首先将自身敞开为对于人类的爱。虽然人类这个语词自身表明所有的人共属一个类，但人却又分成不同的群体，如种族、宗教和阶级等。人们习惯于用二元性来区分人类，于是便出现了文明和野蛮、白种人和有色人、基督徒和异教徒、主人和奴隶等的分别。在这样的二元分别中，前者是高贵的，后者是低贱的；前者是中心，后者是边缘。由此便产生了欧洲中心主义、白人中心主义等，这为帝国主义和殖民主义奠定了思想基础。由此出发，所谓的人类之爱只是对于同一的爱，而不是对于差异的爱，而且由同一之爱会导致对于差异之恨。博爱作为人类之爱才是真正的人类之爱。一方面它承认差异，尊重和宽容分别，因此，它的爱是对于他者的爱，是走向他者的爱；另一方面，它反对二元区分，取消高贵和卑贱的等级序列，因此，它是一种无贵贱的爱。

博爱不仅爱人类，而且也爱自然。但人与自然长期以来并没有建立一种真正爱的关系，人类对于自然也没有怀有一种爱的情怀。这源于人所特有的两种主义。一种主义是所谓的人类心主义。人将对于自身的"中心—边缘"的二元对立的划分扩大到人与自然的关系上，人是世界的中心，相应的自然成为了周边世界。由此，人可以征服自然、改造自然。自然只是成为了人类技术加工的材料。另一种主义是这种主义的翻转，即自然中心主义。它将自然看成伟大的，人看成是渺小的。由此，自然是规定性的，人则是被规定性的，因此，人要听命和服从自然。这两种主义都阻碍了人与自然爱的关系的真正的建立。作为人对于自然的爱，博爱是一切人类中心主义和自然中心主义的对立面，它将人与自然看成是生活世界中的共同存在者，故他们是存在的伴侣。不仅人类是有情的，而且万物都是有情的。人对于自然的爱就是看守万物的运转和生长。

在人类之爱和自然之爱的同时，博爱还是对于精神的爱。精神作为一独特的现象，不仅灌注了现实生活世界的一切生命，而且表现为一独特的领域。它是上帝、是诸神，是神灵，是一切哲学和艺术。但人们在历史上曾源于恐惧而崇拜和迷信神灵，也曾由于无知而去破坏它和消灭它。爱一切精神现象是对于上帝和诸神的尊敬。它不仅肯定其历史存在的合理性，而且也宽容其多样性。因此对于精神的博爱既尊重基督教，也维护佛教和道教，甚至也肯定那些没有上帝存在的精神。

因为博爱作为广博之爱是对于人类、自然和精神的爱，也就是对于一切存在者的爱，所以它不是爱有限，而是爱无限。但博爱不仅是爱无限，而且也是无限之爱。它是人对于自身的完全舍弃，而对于存在的绝对给予。因此在博爱之中敞开了中西大智慧所说的"天人合一"、"人神同在"的最后秘密。

（5）爱美

我们至今还没有阐明爱美自身，而只是分析了爱的一些形态，如亲情、友情、爱情和博爱等。但在其中，爱美作为人的审美经验的本性已经逐渐显示出来。爱美不是其他什么爱的形态，它就是博爱。由此，它就是爱的本性自身。

人们一般认为，爱美之心，人皆有之。这无非意味着，只要人还是人的话，或者只要人还具有人的本性的话，那么人就具有爱美这一美好而崇高的情感。但这绝对不是说，爱美是人的本能，如同食欲和性欲一样，也不是说，爱美不是一种个别的而是共同的天生的心灵的能力，而是说，爱美是人之作为人的基本的规定。人的人性是在人的生活世界中形成自身的，因此，人性从来不是人的自然性，而是世界性，并因此是历史性的。作为人的基本本性之一，爱美正是人的人性的根本显现。于是，爱美成为了一个尺度，人不仅区分于动物，而且区分于人自身。如果爱美这样一种经验是人的人性的话，那么人就不是"具有爱美的"，由此他可能有，也可能没有，而是"是爱美的"。因为人在本性上是爱美的，所以人们才会说，爱美之心，人皆有之。

在爱美这样一种审美经验中，爱与所爱之间表现出了一种奇异的关系。毫无疑问，爱美的所爱是美的现象。它们是自然的美、人类的美和精神的美等。但人不仅经验到美的现象，而且也经验到美自身。所谓的美自身正是作为生活世界的游戏的显现，是作为人存在的自由境界。但无论是生活世界的游戏，还是人的存在的自由境界的本性，都相关于爱的本性。所谓的游戏就是生活世界中的游戏者的给予和相互给予的活动，它们将自身传递给同戏者，同时也接受同戏者的传递。所谓的人的存在的自由境界也是人与世界给予和相互给予的维度，自由是让自己的存在和他者的存在共同生成。于是，所谓美的本性不是其他的本性，而是生命之爱和存在之爱。这也就是说美本身正是爱本身。如果这是没有疑问的话，那么爱美就是爱"爱自身"。于是，爱美的经验便是一种神奇的经验：爱是在差异中对于自身同一性的回归，同时是在同一中差异的生成。这是爱与美的合一和聚集。但爱美作为对于爱的爱不能误解为爱无法走出自身限制的圆圈，而是要理解为爱自身的不断生成。正是因为如此，所以我们可以说对于爱的爱就是爱美。于是，爱便显现为一个与自身不同的现象，它成为了美的花朵。

如果从人的视角出发的话，那么爱美就是人创造美和欣赏美。人们一般将创造看成是主动的，在没有美的地方生产出美来，将欣赏看成是被动的，在有美的地方接受美。但实际上创造和欣赏没有主动和受动之分，它们都是对于美的给予。当然这种给予并不是源于人自身的某种特别的才能和水平，而是来源于美自身的恩惠，是人对于它的领悟。因此，人对于美的给予必须理解为，首先是美对于人的给予，然后是人对于美的回馈。

但如果从美的视角出发的话，那么爱美就是美对人的提升和美化。爱美虽然是人作为人的本性，但人并不等于美本身。同时，人在生活世界的一般经验中不是审美的，而是非审美的。于是当人爱美时，人就进入到审美经验之中，与美相遇。爱美敞开了一种可能，美爱人。这就是说，美塑造了人自身，并让人生活在美丽的世界里。因此，一个爱美的人就会成为了美好的人。

爱美一方面是人对于美的给予，另一方面是美对于人的给予。由此，它表现出了人与美的相互给予性。作为给予，爱从否定方面而言，是不伤害，保护，守护；从肯定方面而言，是让其存在，让其是其所是和为其所是。在这样的意义上，爱美就是让美不要遭到破坏和毁灭，同时让美作为美去存在。

2. 陶醉

（1）陶醉的矛盾性

审美经验作为爱美的经验就是陶醉于美的经验。我们不仅陶醉于艺术美之中，而且也陶醉于山水美之中。但陶醉就其自身而言并不是一种审美经验，而是一种饮酒的经验。如果将审美经验比喻成陶醉的话，那么我们就必须阐明饮酒这一生活现象，看看它究竟意味着什么。

当人们说到陶醉的时候，首先和大多都会想到人饮酒而喝醉了。陶醉不仅描述了一种状态，如一个人是醉醺醺的，就是说人自身是醉的，而且也描述了一种活动，如一个人沉醉于某物之中。因此，陶醉这一生活现象在本源上是饮酒的活动所带来的。饮酒是一种身体行为，是将某种能喝的液体喝入身体之中。但饮酒不同于饮水。后者在很大程度上是为了满足人的生理本能的渴求，但前者则不然，它往往是与生理本能的渴求的满足没有直接关系的行为。这是因为酒固然也是一种水，但它不是一般的水，而是一种特别的水。正如人们所说的酒是一种流动的烈火一样，它是兴奋剂或者是它的对立面——麻醉品。故酒在根本上相关于人的身体和心灵的兴奋和麻醉。如果事情是这样的话，那么饮酒就不是源于人的身体的自然行为，而是源于人的生活世界的文化行为。

让我们想象人喝酒时的情形。在一天辛勤的劳作之后，人拖着疲乏的身体回到了家里，举起酒杯，让烈酒消除一天的疲劳。不仅如此，人还因为疾病的治疗而饮酒。酒被人视为万药之王，具有通经活血、强身健体的特别功能。但在这些饮酒的活动中，人并不试图达到陶醉。人们喝酒只是为了解除疲乏和恢复健康，一旦喝多了也就是喝醉了的话，其效果也许适得其反。因此，酒在此并不是以陶醉的本性显现自身的。不如说，它不过是一种工具而已。

但喝酒何时是以陶醉为目的的呢？让我们将目光移开喝酒的日常情形，而转向一些典型的陶醉现象。古希腊的酒神狄奥尼苏斯在黑夜中游荡，他专门赐给人陶醉。在基督教的狂欢节中，人们往往也喝得酩酊大醉。当然，中国的古人有自己的独特的陶醉方式，如月下独酌、山水醉卧等，充满了诗情画意。也许这些都只是陶醉的历史形态，而远离了我们的现实生活。在我们的日常生活世界中，除了个人为了欢乐和忧愁喝酒而陶醉之外，人们主要是在聚集的时候而举杯。也许是为了久别的重逢，也许是为了难舍的告别，也许是为了一件难忘的事情的庆祝，如各种历史性的节日。在这些特别的日子里，人们不仅饮酒了，而且还陶醉了。但陶醉在此究竟是如何敞开自身的本性的呢？

对此谜底的解开，必须将陶醉置于人的生活世界中来理解。人们将自身的日常生活一般区分为几种对立的状态。最根本的是生活和死亡的对立，生活就是没死，死亡就是没生。但人们自己并不能经历自身的死亡，因为经历就是生活。关于生活现象本身，人们还可以分成白昼的活动和黑夜的睡眠。人在白昼中是清醒的，在黑夜中是梦幻似的。因此，关于生命现象的基本对立就是生命和死亡、清醒和梦幻。但陶醉属于什么样的现象呢？人在喝酒时一般是清醒的，但喝酒之后却陶醉了，而陶醉之后又清醒了。由此可以看出，陶醉是清醒的对立面。但陶醉是一特殊的现象，一方面它是在人的生命的清醒时分发生的，不是死亡和梦幻；另一方面它又和死亡和梦幻具有相似的地方。可以说，陶醉是生命和死亡之间的临界点，是清醒和梦幻的边界处，是它们之间的相遇、撞击和转换。这正是陶醉现象矛盾的地方，也是它的秘密之所在。

陶醉现象展现出矛盾的情态。它既是亢奋的，也是宁静的。

亢奋的情态表现为许多方面。人在陶醉之中身体发生了变化，血液随着酒精的注入，仿佛被点火了而处于燃烧之中。身体无形的火焰不仅在灼烫人的肉体，而且也在烘烤人的骨髓。人的一切器官开始活动，而欲望也变得巨大。它是一种要创造和毁灭的欲望，是一种要发泄和表达的欲望。身体的冲动也导致了灵魂的冲动。人思维敏捷，情感激越，意志强烈。沉默寡言的人不仅多言多语，而且也出口成章。人仿佛着魔一样而富有灵感。正如人们所说的"斗酒诗百篇"一样，美酒所带来的陶醉让智慧和激情的语言自发地流淌出来了。

但陶醉在亢奋的同时是宁静。酒作为流动的烈火赐给人们的不仅是烈火，而且是冰水。陶醉本身意味着麻痹、安宁，自身存在的瓦解和消融。由于酒的麻醉作用，人的身体的肌肉和神经都变得麻痹，由此也显得毫无动静。人不仅不能意识到自身的身体性的存在，而且也不能意识到自身意识性的存在。伴随着意识之物的消失，意识自身也消失了。在这样的状况中，人的语言就成为了呓语，也就是胡言乱语。在极端的情况下，人的自言自语会完全变得无言无语。于是，人的陶醉就完全显现为死一样的寂静。

陶醉不仅其情态是矛盾的，而且其意向活动也是矛盾的。我们说过，陶醉既是人的一种状态，也是一种活动，而且是一种特别的意向活动。在陶醉之中，人建立了陶醉者自身和陶醉之物的奇特关系，也就是促使整个世界陶醉化。人们酒后的行为有醉卧、醉行，还有醉听和醉看等。它们都是陶醉的意向行为的不同形态。但就其根本而言，陶醉的意向行为表现为两个极端，即入乎其内和超乎其外。我们将前者称为入迷，将后者称为出窍。

人与物本身具有分别。人不是物，物不是人，人与物之间存在一定的距离。但陶醉则消灭了人与万物的距离，使人的灵魂着迷于事物之中。人不仅和事物处于无距离的亲密接触之中，而且直接化成了事物本身，也就是和事物成为了同一。如果说入迷是人着迷于事物之中的话，那么出窍则是人的灵魂飞逸于身体之外。人来到一个与日常生活世界不同的地方，它是由陶醉所构成的新天新地，在那里涌现出新人新事。它是理想、愿望，是如灵魂所想和如灵魂所愿的。

总之，陶醉这些矛盾现象在于它介于生命与死亡、清醒和梦幻之间，并介于有与无、真与假之间。一般关于陶醉的观点只是看到了它与死亡和梦幻相关的一面，而没有看到它与生命和清醒相关的一面。即使人们试图把握陶醉的矛盾性，但也往往只能把握其朦胧性和混沌性，而没有揭示其作为独特的现象正是生命与死亡、清醒和梦幻的冲突和转换。但陶醉作为生命与死亡、清醒和梦幻之间，能够从生命经验死亡，从清醒经验梦幻；反过来，它也能够从死亡经验生命，从梦幻经验清醒。于是，陶醉作为一种独特的经验，能够敞开人的生活世界游戏的真相和万事万物的秘密。

（2）中西陶醉观

但中国和西方的思想在历史上对于陶醉有不同的理解。

中国有着丰富的关于酒和饮酒的历史经验，但哲学性的对于饮酒和陶醉的思想并没有形成主题。以儒家为主体的传统思想对于酒的态度大致可以说成是饮而不醉。这甚至导致人们断定，和西方酒神文化对比，中国文化为非酒神型文化。但与儒家主导思想不同，中国的诗人们都在其创作中描写了饮酒的事情，如陶渊明、李白和苏东坡等人的饮酒诗篇就是如此，其中有些特别是关于陶醉的吟诵。有的写了因为欢乐和痛苦而饮酒并希望陶醉，有的写了陶醉自身的各种情形，有的则写了醉后苏醒的思索，等等。

但中国人在饮酒的陶醉过程中经历了什么呢？虽然其经验是多样和复杂的，但一个根本性的经验就是忘却，亦即记忆的对立面。作为灵魂的基本特性，记忆不仅让人和世界建立了关系，而且也和历史发生了关系。但忘却是记忆的中断，因此也是世界性和历史性经验的中断。对于饮酒的陶醉来说，这种忘却不是无意的，而是有意的。这里值得思考的是，人们为何要有意忘却自己的生活经验？

诗人们将陶醉的忘却一般称为物我两忘。一方面，人要忘却物。所忘却的物不是某一具体的个别的物，如某个自然物或者是人工物，而是物的整体，也就是一切物。另一方面，人要忘却我。人不仅要忘却自己的身体，而且要忘却自己的灵魂。这种物我两忘实际上不仅意味着我与物的关系的遗忘，而且还意味着我与人的关系的遗忘。人之所以要物我两忘，是因为物是令人烦恼的，而人正是那烦恼者。与烦恼相关的是不幸、死亡、痛苦和悲伤等，它们的沉重是灵魂所无法承受的。因此，灵魂在陶醉的有意忘却中实现了对于烦恼的中断而成为了一种生存的解脱。

这种对于陶醉的独特经验是一种否定性的经验。它意味着，去陶醉就是让世界虚无化，同时也让人自身虚无化。作为否定性的感觉，陶醉自身就显现为空无。正是在这样的意义上，陶醉使人想的最多的是黑夜的梦幻和坟墓的死亡。所谓的醉生梦死就表达了它们之间的内在关联。当然，对此不要在道德的意义上去理解，而是要在存在的意义上来把握。

和中国的历史相比，西方人关于饮酒和陶醉的经验具有不同时代的意义。古希腊的狄奥尼苏斯把美酒赐给人们，让他们经历陶醉；中世纪的基督教在纪念上帝死亡时所享用的"面包和酒"，使人与神能够共同存在。尽管这样，人们在西方的历史上却并没有发现酒神精神和思索陶醉的意义。将陶醉形成思想主题的是尼采。在他那里陶醉不仅是灵魂的经验，而且也是身体的经验。

尼采把陶醉、性欲和残酷当做三种相关的存在现象。陶醉是力量的提高和充溢之感，因此，其本性是创造力意志的最直接的表现。但尼采认为，出自这种感觉，人施惠于万物，强迫万物向已索取，强奸万物。于是，性欲和残酷在根本上都被陶醉的本性所规定。虽然性欲意味着快乐和再生自我的欲望，残酷伴随着痛苦和暴力，但性欲和残酷之间也是相互关联和转换的。由此，快乐中有痛苦，痛苦中有快乐。正如人们所谓的痛快就是痛苦并快乐着。

基于上述的理解，尼采描述了陶醉的种种形态。首先是性冲动的陶醉。它是陶醉的最古老最原始的形式。其次是由一切巨大欲望、一切强烈情绪所造成的陶醉。还有酷虐的陶醉、破坏的陶醉、某种天气影响所造成的陶醉（例如春天的陶醉）、或者因麻醉剂的作用而造成的陶醉。最后是意志的陶醉，一种积聚的、高涨的意志的陶醉。这就是创造力意志的显现本身。

因此，尼采所经历的陶醉经验是一种肯定性的经验。去陶醉就是去提高和充溢作为生命力本性的创造力，它不是相关于黑夜的梦幻和坟墓的死亡，而是相关于白昼的真实和摇篮的生命。在这样的意义上，陶醉本身是创造，是给予，是力量的勃发。故陶醉表达了存在最根本性的意义。

（3）审美的陶醉

审美经验就其自身而言就是一种陶醉的经验。中国人将关于自然美的感觉一般描述为陶醉于山水。如人们所熟悉的说法：醉翁之意不在酒，在乎山水之间也。人不是因为美酒，而是因为美丽的山水而陶醉了。美丽的山水之陶醉也正如美酒的陶醉的经验一样。西方诗学和美学从其开端处就寻找审美经验的独特的地方。柏拉图的所谓的美的迷狂和亚里士多德所说的悲剧的净化，都似乎触及陶醉的一般本性，但他们所经验的不是身体的，而是灵魂的。只是尼采才明确地指出，一切艺术和审美都是陶醉现象，并强调惟有陶醉，一切艺术和审美现象的产生才是可能的。

那么审美现象作为陶醉是如何发生的呢？

我们说，陶醉是处于生命和死亡、清醒和梦幻之间，而审美经验也是如此。它不是人的日常生活的经验，是非审美经验的中断，由此，它不等同于一般的生命活动和清醒状态。但审美经验也不是虚无，不是消灭了一切存在的空幻现象，而是感性活动，因此，它也不能等同于死亡和梦幻。作为生命和死亡、清醒和梦幻之间，审美经验却既具有生命活动和清醒状态的特色，又具有死亡和梦幻现象的特性。这就是说，它一方面是存在化的，它创造了一个世界；另一方面它是虚无化的，它也毁灭一个世界。于是，审美经验作为陶醉就是有与无、真与假之间的特别经验。

就审美经验作为陶醉现象而言，其情态一方面是亢奋的。一幅画的色彩和构图、一曲音乐的旋律和节奏，还有一首诗歌的语词和意义，都能强烈地激起人的审美情感，使人处于激动之中。这时人的生命力和创造力得到了前所未有的激发，身体的感觉变得灵敏，灵魂变得丰富。在这种状态中，人看到了一般没有看到的景观，听到了一般没有听到的声音，还理解了那些一直被遮蔽的存在者的意义。另一方面，作为陶醉的审美经验的情态又是宁静的。美的现象本身具有使人宁静的能力，它能满足了人的欲望的冲动、渴望和不安。在人的日常生活经验中，人的欲望的实现会遇到与现实的冲突，因此，欲望本身就伴随着焦虑和烦恼。但在审美经验中，人的欲望以多种形态出现。它或者是被消除了，或者是被满足了，或者是变形、转移和升华。于是，审美经验会表现出身心异常的宁静。

审美经验的陶醉本性不仅是情态性的，而且也是意向性的。审美的入迷是人的灵魂入迷于审美现象。入迷意味着美迷住人，吸引人。美自身的吸引力在于它是自由的现象，而自由就是物回到其自身和人回到其自身。因此，美对于人就有一种巨大无形的牵引力量，使人从日常生活世界走向审美世界，去经验自由的现象并获得自由感。作为一种特别的经验，人被美迷住的经验也是出窍的经验。但与审美的入迷相反，审美的出窍则是人的灵魂超出了身体。人仿佛失去了自身，完全被美所规定和支配。由此，人的自我彻底消解，而和美的现象融合在一起。

在审美经验的陶醉中，出现了世界和人的变形，也就是世界和人的美化。世界不是一个日常的生活的世界，而成为一个审美的世界。人也不再是一个日常生活世界的人，而成为了一个审美的人。

3. 快乐

（1）快乐与痛苦

审美经验不仅作为一种无私的爱的经验和作为一种特别的陶醉的经验，也是一种作为快乐的经验。美给人带来欢乐，而人在审美经验中体验到了欢乐。因此，美感一向被看做是一种快感，只不过它是一种特别的快感而已。

我们为了说明审美经验作为一种特别快感的特性，首先必须揭示快感的一般本性。快感或者快乐在汉语中有一个语词家族，如欢乐、乐趣、喜悦、高兴等。它们都是人的生活世界中的一种情绪，如同痛苦和无聊一样。但快感是一种什么样的特别情绪呢？对此问题的回答，又必须要求我们预先说明它与日常生活世界的经验的关系和差异。

对于人的生命和生活的经验可以的划分可以有多种视角。但如果从快感出发，那么我们可以将生活的感觉区分成三种：第一，快乐自身；第二，快乐的对立面——痛苦；第三，还有既非快乐，也非痛苦的感觉，也就是平淡。如人们常常说自己是快乐的或者是不快乐的。当然，生活世界的感觉并不是某种单一的感觉，而是这三种感觉的结合。同时，它们的比例也不是平等的，而是有多有少的。一般而论，快乐和痛苦都是日常生活世界比较极端的感觉，而平淡则是最普遍的感觉。正是在这样的意义上，人们才说平平淡淡才是真。

但什么是快乐、痛苦自身呢？让我们看一看快乐和痛苦在人的生活世界中所显现的领域。它们最直接的形态是生理学的，是身体自身的一种生理状态。如身体的肌肤在直接地抚摩和按摩时便会产生快感，它是温柔的、舒适的、全身通畅的；但在疾病和伤害的情况下它则有许多痛苦，如不适、压迫、眩晕、疼痛乃至巨痛等。当然身体的快乐和痛苦还相关于人身体基本本能的需要和满足。所谓吃和性的本能表现为对于特定物的需要和特定的人的需要。当这些需要得到满足时，人就感到快乐；反之，当这些需要没有得到满足时，人就感到痛苦。

快乐和痛苦还表现为心理学的。当然生理的感觉会导致心理的感觉，但有时心理的感觉与生理的感觉是分离的。这就是说，人在身体上没有快乐和痛苦的时候，心理上也会产生快乐和痛苦。这主要是人在生活世界的种种经验所导致的，既有由爱产生的欢乐，也有由恨产生的痛苦。心理学的快乐和痛苦主要是一种情感状态，也就是人与事物的关系中自身所表现的特别情形。快乐是心灵的满足，而痛苦则使心灵的伤害。正如人们一般是趋利避害一样，人们总是追求快乐而拒绝痛苦。这在于快乐的情绪是肯定性的，而痛苦的情绪是否定性的。

除了一般所谓的生理学和心理学的快乐和痛苦之外，还有存在论意义上的快乐和痛苦。快乐和痛苦不仅是生理和心理的现象，而且也是存在自身的本性，甚至人的生理和心理的快乐和痛苦相关于存在自身的快乐与痛苦。它指存在或者人的生活世界本身是快乐或者是痛苦的。就存在自身而言，它本身无所谓片面的快乐和片面的痛苦。这就是说，它既不是快乐的，也不是痛苦的，或者说它既是快乐的，也是痛苦的。但如果只是片面地从快乐和痛苦的角度出发来理解存在的情态的话，那么就会形成所谓的乐观主义和悲观主义。乐观主义不仅认为存在本身是快乐的，而且认为人应该快乐地存在。反之，悲观主义认为存在本身是痛苦的，同时人也必须忍受这样的痛苦。但无论是乐观主义，还是悲观主义，它们都没有理解存在的意义本身，也没有理解快乐和痛苦及其相互关系。

我们描述了生理学、心理学和存在论意义上的快乐和痛苦，但什么是快乐和痛苦自身呢？

快乐与痛苦虽然不同，但它们作为一种特别的状态，都包括了事物的关系。一方面，关系意味着事物自身与自身的关系。事物自身的关系之所以可能，是因为事物自身既是同一的，又是差异的。于是，事物自身的关系便是同一与差异的关系。另一方面，关系也意味着一个事物与其他的事物的关系。物与物的关系的建立在于每一个事物都是不同的，是差异的，但它们又是共同存在的，是同一的。这就是说每一个事物都作为他者而参与了生活世界的游戏。所谓的欢乐就是聚集。它既表现为事物对于自身存在的回复，也表现为一事物与它事物相遇而共属同一存在。作为聚集的欢乐就是还乡、是爱的拥抱、是久别的重逢。与快乐相对，痛苦是分离。它既可能是事物对于自身的分离，也可能是一个事物和另一个事物的分离。由于对于同一性和共同性的拒绝和中断，事物就会不再成为自身，同时也会破坏事物的共同存在性。这种分离的痛苦最典型地表现为所谓的撕心裂肺和生离死别。上述对于快乐和痛苦是一种存在论的规定，但也为快乐和痛苦的心理学和生理学的意义的说明提供了基础。

快乐作为聚集，痛苦作为分离，它们显然是两种对立的现象。但痛苦和快乐在根本上是同属一起的。所谓的"没有痛苦，哪有欢乐"说明了欢乐是以痛苦为代价，并由此强调了经历了痛苦的快乐是来之不易的。但快乐和痛苦的关系包括了比这更深的意义，它是说，痛苦孕育了快乐，而快乐也会转成痛苦。这在于痛苦和快乐都是基于事物自身或者是一个事物和其他事物的同一和差异的关系。一个事物不仅要与其他事物相区分而建立自身的同一性，而且也要与自身相区分而形成自身新的同一性。如果说区分就是分离，并因此就是痛苦的话，那么事物的存在和成长始终是痛苦的。但如果说同一性的建立和形成是快乐的话，那么事物自身始终又是快乐的。于是，快乐和痛苦的关系不仅是相互转换，而且是共生共在。

鉴于快乐和痛苦的多重意义，特别是其存在论上的意义，我们必须对于快乐和痛苦自身保持正确的态度，而反对享乐主义和苦行主义。享乐主义主张体验快乐，反之，苦行主义主张经历痛苦。这两种主张貌似对立，但实际一致。如同片面的乐观主义和片面的悲观主义一样，它们对于人的存在和生活世界的意义的把握是错误的，因此也都没有在存在论意义上理解快乐和痛苦的本性及其关系，而只是囿于生理学和心理学来把握快乐和痛苦本身。于是，他们所思考的只是欲望的快乐和痛苦。由此，享乐主义就是纵欲主义，如所谓纵欲是快乐的；苦行主义成为了禁欲主义，也就是克制自己的欲望，甚至消灭自己的欲望。但不管是欲望的放纵，还是欲望的禁止，它们都不能解决人的存在困境，也不能揭示人的生活世界的奥妙。

对于快乐和痛苦本性把握的关键点在于，我们不要把它们狭义地理解为生理学的或者是心理学的，也就是不要理解为只是身心欲望的，而是要理解为存在论的。同时我们还要看到快乐和痛苦的相互包容和转换的关系。更重要的是，人的存在的意义就在于苦中作乐。这不是意味着用一种虚幻的快乐掩盖真实的痛苦，而是意味着在痛苦中创造欢乐。

（2）快乐的本性

在思考了快乐和痛苦的意义之后，我们进一步地描述快乐自身的特性。

快乐作为一种肯定性的情绪，有其自身独特的情态。在生活世界的日常经验中，快乐会呈现出许多形态，但它最典型地表现在节庆的时候。例如中国人的春节、西方人的狂欢节就是最典型的节日。它们是快乐的节日和节日的快乐，因此，它们几乎成为了快乐的代名词。快乐的情态有多方面的表现，它呈现为身体的、心理的和语言的等方面。身体的快乐往往是笑逐颜开，手舞足蹈；心理的快乐一般是心满意足，是甜蜜的、温馨的；语言的快乐直接就是欢声笑语，是美妙的歌声，甚至是呻吟和吼叫。这种种快乐的情态还会集中表现为人的快乐的活动，如歌舞、游行、宴饮、性爱等。

快乐不仅表现为情态，而且表现为意向。快乐总是指向某物的，它源于一个事情并朝向这个事情。这个事情是一个特别的事情，即可快乐的事情。它不仅相关于一个人或者物，而且也相关于这些人和物所形成的活动，也就是聚集。人在这里与它所渴求和向往的人或者物相遇，由此产生了快乐。因此，快乐的意向本性是双向的。一方面，一个事情激起人的快乐；另一方面，人的快乐又向往这个事情。不仅如此，人还要和他所快乐的事情合二为一。快乐的这种意向本性最典型地体现在爱情的欢乐中。男人激起女人的快乐，同时女人也激起男人的快乐。故男欢女爱是一种共同的快乐，也就是交欢。

（3）审美的快感

审美经验在根本上也是一种快乐的感觉，但审美经验的快乐对于人的生活世界具有特别的意义。这在于，它不是对于已有的快乐的重复和复制，也不是在众多的快乐形态中增加一个可有可无的形态，而是在没有快乐的地方创造快乐的活动。一般而言，人生活世界的经验是所谓平淡的经验，它由无聊、焦虑和混沌等构成。在这些经验中，既没有特别的痛苦，也没有特别的快乐。但审美经验终止了这些日常经验，让平淡变得不平淡，也就是让生活世界快乐起来。一般的美学理论都注意到了审美的娱乐、认识和教化等本性。但毫无疑问，娱乐是审美的最直接和最根本的本性。但娱乐绝不如同逗乐来消磨无聊和休闲的时间，而是让时间自身成为欢乐时光，也就是让生活世界在根本上成为一个欢乐的世界。

在审美经验创造快乐的时候，它不可避免地遇到了自身的对立面，即生活世界的苦难，而与痛苦建立了关系。对于痛苦，作为快乐的审美经验既不可能逃避，也不可能掩盖，但它能有何作为呢？审美经验对于人的生活世界的突出意义在于：在痛苦中生出欢乐。由痛苦变成欢乐绝不是一种点铁成金或者化腐朽为神奇的魔术，而是要去经验痛苦，由此去揭示痛苦的本性。这样一种被揭示的痛苦并不是沉浸于哀伤之中，而是萌发了对于治愈的渴求，如同人在乡愁之中所包含的对于家乡的思念一样。于是，生活的痛苦走向快乐，也就是在分离中回复到对生活世界的本性的聚集，正如人们的还乡一样。人类一切伟大的艺术品正是因为把握了审美经验的这个奥秘，所以能让人在经验痛苦的同时经验快乐。

但作为特殊的快乐形态，审美的快乐具有自身不同于其他快乐的本性。在日常生活世界的经验中，人们一般的快乐都是功利性的。它们或者是满足了人的基本欲望，如口腹之乐和性爱之乐；或者是实现了人的一些社会需求，如由财产、名声和权力等带来的快乐等。但审美的快乐在根本上是非功利性的，是一种无利害的快感。作为如此，审美的快感就是一种纯粹的快感，一种为了快感自身的快感。在这样的意义上，惟有审美经验的快感显现了快感自身的本性，并因此成为了最高的快感和欢乐。

那么审美经验的快感是如何显现自身的呢?

就情态而言,审美经验的快感是身心合一的欢乐。人们日常生活快乐的要么只是身体性的,要么只是心灵性的,而且这两种快乐之间并不兼容。但审美的快乐却既是身体性的,又是心灵性的,是两者的交融。让我们看一看具体的审美经验的快乐是如何发生的,例如当听到美妙的歌声和旋律时,当看到充满生机的色彩和线条时,我们是如何快乐的。一方面,这一审美经验导致了耳朵和眼睛的愉悦,甚至会导致整个身体的反应;另一方面,这一审美经验引发了人的心理结构中感觉、想象,特别是情感的激动。可以说,身体和心灵的快乐在此是同时发生的。由此,我们可以看出,审美经验一方面带来身体的和五官的享受,而悦耳悦目;另一方面带来灵魂的和精神的欣慰,而悦情悦意。除此之外,审美经验当它达到一种对于存在之美的经验的时候,它似乎没有任何快乐的表现。在这样一种特别的情形中,审美经验的快乐便成为了无乐之乐。

就意向而言,审美经验的快乐是与美的聚集。作为如此,审美经验的快乐是源于美并朝向美,并因此与日常生活的快乐形态的意向具有不同的特性。一般而论,如果日常生活的快乐是功利性的话,那么它的意向就是占有性的。这就是说,人的快感只是一种占有欲的满足。但当去占有事物时,事物也就被人剥夺了。当然除了日常生活经验的占有的快乐之外,还有其他的非占有的快乐,如西方人最高的欢乐是人神同在,而中国人的大乐则是与天地同和。这里显然不是人对于上帝和自然的占有,而是人委身于上帝和自然。虽然它们与审美的快乐相关,甚至被认为是审美的快乐,但依然不是纯粹的审美快乐自身。作为与美的聚集,审美经验的快乐是感性的,不是神性的,由此区分于西方的人神同在的快乐;同时它是生活世界的,不是自然世界的,由此不同于中国的天人合一的快乐。在与美聚集的时候,人不是去占有美,而是让美作为美去存在,同时让自己在美的境界里去存在。但美不是其他什么东西,它作为生活世界的游戏,是欢乐的游戏;作为自由的境界,是欢乐的境界,因此,美就是欢乐自身。在这样的意义上,审美经验的快乐是为了快乐而快乐,由此,它将自身表明为纯粹的快乐。

第一节　艺术的语义

　　艺术不仅是美学的最重要领域之一，而且也是其最复杂的现象之一。

　　首先，艺术与非艺术的界限是模糊的。一些被人声称为艺术的现象在另一些人看来是非艺术的，反之亦然。同时，艺术和非艺术的界限也是游移不定的。一些在历史上并非是艺术的现象但在当代却成为了艺术，也许现时代的一些艺术现象在未来也会变成非艺术。更为严重的是，一些传统的艺术在现代面临着死亡的命运，如水墨、戏曲等。不仅如此，甚至艺术本身都被人声称已经死亡了。

　　其次，在一些被惯例认为是艺术的领域内，艺术自身的现象是多元的。不仅纯粹艺术不同于应用艺术，而且纯粹艺术自身也是各不相同的。如在音乐艺术和造型艺术之间就存在较大距离。同样在语言艺术和各种现代媒体艺术之间，它们既有相似性，也有差异性。对于这些各色各样的艺术现象，我们很难给它下一个定义。当艺术现象之间不可通约的时候，它的同一性便面临自身的危机了。于是，艺术现象是否有一个共同的本质便成为一个问题。

　　最后，人们对于好的艺术和坏的艺术缺少一个确定性的标准。正如趣味无争辩一样，人们对于艺术各有所好，也各有所恶。在一种流行的时尚中，人们很难区分好的艺术和坏的艺术。

　　总之，艺术现象作为一个问题让人们去思考。当然，我们并不试图回答这一问题，而是努力将这一问题展示出来。但将艺术的问题提出来，首先必须确定艺术的语义。"艺术是什么"这一问题同时关涉到"艺术不是什么"这一问题。这要求艺术与自然、生活和审美相区分。

一、艺术与自然

艺术现象虽然是复杂的、多样的、不可确定的，但它至少不是一个虚无而是存在的现象。人们每天都直接或者间接地能够和各种艺术现象相遇，或者在家里观赏绘画、聆听音乐、阅读诺贝尔文学获得者的作品，或者在公共场所，如影剧院、音乐厅和美术馆，与人们一起欣赏艺术。这些艺术现象都是与艺术品相关或者是具有艺术性的事情。其实艺术现象自身已经有一个大致的边界，由此，它和各种非艺术相区分。但这个边界是谁确定的呢？不是其他的人或者物，而是艺术自身。艺术通过自身的语词的意义显示了自身的边界。

关于艺术，每种民族的语言都有各种不同的相应的语词。但我们在此不准备如同词典一样将它们如数列举出来，而只是注意汉语的艺术说出了什么。现代汉语的艺术直接使人想到绘画、音乐和文学等，但在古代汉语中的艺和术却并非如此。艺的原初意义是种植，这种意义仍然保留在现代汉语中的园艺一词中。种植不仅不同于植物的自然的生长，甚至也不同于人类对于自然植物的采集活动。因此，种植不是自然的，而是人类的、人为的和文化的。与艺相关，术是指人的活动，而且是一种手段性和工具性的活动。凭借它，人们实现自身的目的。通过上述对于由艺和术所构成的艺术一词的简明的语义分析，我们可以得出结论，它自身意味着不是自然的活动，而是人类的活动。

但人和自然究竟是一种什么样的关系？自然是自身所是的样子，是已给予的，已存在的。一切矿物、植物和动物都是如此，它们就是自然物，并构成自然界。人类就其作为动物而言是已给予的，因此也是自然物，并且从属于自然界。但人是一特别的动物，正如中国传统思想而言，人是万物之灵。由此，人和自然万物形成了根本的区别。自然万物因为不能理解自身，所以是遮蔽的。与此不同，人类能够理解自身的存在，于是自身是敞开的。人不仅理解自己，而且也理解自然，这样自然通过人类也敞开了自身。如果说自然世界是黑暗的话，那么人类则是光明，并通过自己照亮了自然。

如同宗教、哲学一样，艺术正是人类理解自身的方式之一，并因此是人类敞开自身的方式之一。作为如此，艺术走着和自然不同的道路。在这样的意义上，我们既不能把艺术等同于自然，也不能认为艺术只是自然的高级阶段，甚至也不能用从自然的视角来解释和说明艺术。这无非表明，我们要在人类生活世界而不是自然世界的领域内探讨艺术现象的本性。

虽然艺术不是自然，自然也不是艺术，但艺术和自然具有复杂的关联，以至于人们认为自然与艺术具有某种相似性。

一方面，人们认为自然如同艺术。我们常常说风景如画，亦即美丽的风景如同美丽的图画一样。这看起来是对于自然风景的赞美，但实际上表明风景是否美并不以自身为尺度，而要以它是否合乎图画为尺度。这在于图画就是美自身的显现，因此，它提供了一个关于美的现象的衡量的尺度。但图画不是自然天成的，而是人类描画的。如果事情是这样的话，那么人设立了美的尺度，并以此评价自然。

另一方面，人们也认为艺术如同自然。一个技艺高超的艺术品会被看成仿佛不是人类创造的，而是自然形成的，如巧夺天工、鬼斧神工等。在这类情形中，人的活动特性消失了，而只是成为了自然造化的工具。对于一个艺术品而言，它越是非人工的和自然的，它越是优秀的。这又表明了一个相反的尺度，即艺术作为人的活动要合乎自然的规定。

上述两种广泛流行的观点虽然相反，但它们都具有片面性，即只是把握了艺术和自然的单一关系，而没有理解它们之间的相互关联和共同生成的本性。于是，这些观点只是描述了艺术和自然之间似是而非的现象，而没有揭示它们之间最本原性的关系。

艺术虽然作为人类的活动，但始终与自然相关。

首先，艺术借助自然。无论是何种意义的艺术都呈现为艺术品，同时，无论何种形态的艺术品也都是一个存在者。不同于一般的存在者，艺术品的存在是对于自然质料的赋形。因此，人们在艺术中可以看到两个基本的要素，一是质料，二是形式。质料和形式一直就成为了理解一般艺术本性的基本原则。作为艺术的质料，它们有的直接就是自然物，如声音、色彩、雕塑和建筑的石头，还有园林中的山水、植物、动物，乃至天空和大地。在这样的意义上，艺术直接通过自然表现自身。当然，现代艺术的质料已经改变了自身，它们不在是直接给予的自然物，而是经过技术处理了的自然物，如多媒体艺术中的色彩和声音等。但自然依然是存在的，只不过它不是作为实际的自然，而是作为虚拟的自然。作为艺术的形式，它不仅指形态和外观，而且指构造和构形。它给予自然物以意义，如同人们在大理石上雕刻出人的形体一样。但质料和形式的关系所表达的自然和艺术的关系还必须更进一步地思考。事实上作为质料的自然不是作为手段，而是作为目的，也就是作为其自身的存在。它并不是如同在技术中所经历的那样被消灭，而是在艺术中作为自然，甚至作为物质性敞开自身，如花岗岩的沉重、金子的光芒等。

其次，艺术描写自然。艺术所表现的题材是多种多样的，可以说，生活世界的领域有多宽广，艺术现象的领域就有多宽广。尽管这样，自然始终是艺术的主题之一，正如它是生活世界的一个根本现象一样。不仅如此，自然还能专门化成为某种艺术门类的唯一主题，如中国的山水诗、山水画；西方的田园诗和风景画等。自然和艺术的这种关系一般被人们理解为原本和摹本的关系，它特别是在模仿论和反映论美学那里得到了强调。在这些理论看来，自然是呈现在这里的原本或者是蓝本，艺术只不过是对于它的模仿和反映而已。因此，对于艺术是否成功和好坏的评价的标准就是：它的描写在何种程度上真实地切中了自然。但艺术对于自然的描写不能狭义地理解为对于自然的模仿和反映，而要更深地理解为对于自然本性及其与人类关系的揭示。例如中国的山水诗和山水画并不是真实地模仿和反映了此处或者彼处的山水的现实性，而是创造了一个意境，也就是人和自然在生活世界中的生存情形。由此，我们可以看到，一方面，艺术将自然作为自身的主题，并表现一定的意义；另一方面，自然正是在成为艺术的主题的时候将自身的本性敞开出来。

最后，艺术师法自然。一般认为，如果人们只是说艺术利用自然的质料和艺术表达自然的内容的话，那么这种观点仍然是表象的。艺术和自然更深入的关系在于艺术服从自然的原则。虽然艺术不是自然并从自然分离，但艺术如何从自身出发呢？如果艺术不能为自身确立规则的话，那么唯一的可能就是师法自然。在这样一种新的关联中，自然和艺术的关系就是规定和被规定的关系。从自然的角度来说，它为艺术提供尺度，艺术必须服从；从艺术的角度来说，它就是体悟并运用自然的尺度。但对于师法自然作任何僵硬的理解将会使艺术自身的本性导致瓦解，艺术将不是自由的创造，而是必然的产物。这要求当我们说艺术师法自然的时候，首先必须思考并明确自然的本性。自然不仅指自然物和自然界，而且也指自然而然，因此，它就是事物的本性和天性。自然物和自然界之所以是自然的，是因为它们是合乎本性和天性的。在这样的意义上，作为本性和天性的自然才是根本的，它才是真正的自然之道。如果艺术要师法自然的话，那么它既不是效法自然物，也不是效法自然界，而是效法自然之道，也就是万物自然而然的本性。但什么是自然的本性自身？它就是生生之德，是生成，是生命。如果事情是这样的话，那么不仅艺术效法自然，而且自然也效法自然。于是，我们看到了艺术和自然一种新的关系。一方面，它们彼此不同，各自分离；另一方面它们同属广义的自然，也就是事物存在的本性。在这样一种关系中，艺术不仅让自身生成，创造一个艺术世界，而且让自然生成，看护万事万物的生生灭灭。由此，艺术和自然共同生成。这就是艺术和自然关系的真正意义。

二、艺术与生活

1. 从属和超出

我们已经探讨了艺术和自然的关系。一方面，艺术不是自然，自然不是艺术；另一方面，艺术和自然又交互生成。但这之所以可能，并不是因为它们原本是分离的，而是因为它们在根本上就同属人的生活世界。这就是说，自然并不是荒原，而是生活世界的自然，正如艺术不是幽灵，而是生活世界的艺术一样。因此，我们的思路必须由从艺术与自然的关系转到艺术与生活的关系。但它们究竟是一个什么样的关系呢？

人们直接看到的艺术现象是一些各种形态的艺术品，如绘画、音乐和文学作品等。但这些作品并不是如同一块石头那样摆在那里，而是一个动态的显现过程。它一方面是艺术家的创造，另一方面是接受者的欣赏。这一切都是人的活动。和人在从事生活世界的其他任何活动一样，艺术活动都是体力和智力的支出。一个人绘画和唱歌，正如另一个人在田野里耕耘和在车间的流水线上装配零件一样。

艺术和人的其他的活动都同属生活世界，但它们绝对不是完全相同的，而是不同的。作为一个存在的整体，所谓生活世界是由许多部分所组成。人的最基本的生活样式是改造自然的物质活动，借此人获得自己生存的可能。同时人的生活表现为人与人之间的交往，由此，人们构成了各种复杂的社会关系。当然，人们还在此之上构建了一个专门化的精神性领域，如宗教、哲学、文化等。按照一般的划分，艺术现象虽然属于人的生活世界，但它与生活世界的其他现象相区分，而只属于专门化的精神领域。

于是，艺术和生活便发生了复杂的关系。如果说生活世界是一个包括了一切的整体的话，那么艺术便是其中的一个区域。如果说生活世界等同于现实的区域的话，那么艺术便只是精神的区域。由此，艺术和生活建立了双重的关系。一方面，它属于生活；另一方面，它超出生活。

就艺术属于生活而言，艺术与生活是部分和整体的关系。一个整体虽然由部分构成，但它规定了部分。生活世界是一个整体，艺术构成了其中的必要部分。为什么在自然物质和人类社会的领域之外还要有艺术这样的精神领域？这是因为一个没有艺术和精神照亮的人类世界是黑暗的，而艺术和精神就是照亮人类世界的光芒。于是，艺术使生活世界构成了一个真正的整体。但艺术是被生活的整体所规定的，这就是说艺术如何在根本上在于生活自身如何。在整体中，艺术和其他的生活世界的要素构成了相互关系。一方面，艺术被物质生产和社会关系等所制约；另一方面，艺术也反作用于这些要素。

就艺术超出生活而言，艺术与生活是一个整体和另一个整体的关系。在这样的意义上，艺术便与生活分离，而具有自身的独立性。因此，艺术生产和物质生产不是同步的，而是具有不平衡的关系。一个物质生产落后的时代会产生伟大的艺术；但也许相反，一个物质生产发达的时代只会产生平庸的艺术。对于艺术的这种独特本性，人们一般称为艺术的自律，相对于艺术的他律。由此产生了为艺术而艺术的理论，并区分于为生活的艺术的理论。

但艺术和生活之间谜一样的关系在于：它既属于生活，又超出生活；它既内在于生活，又外在于生活。但这种复杂的关系是如何可能的？这在于艺术作为一种生活的特别现象是处于生活世界整体的边界上。当它在边界之内的时候，它只是生活世界中的一个存在者；当它在边界之外的时候，它便自身成为一个独立的存在者而与生活世界的整体发生关联。作为一个边界上的存在者，艺术既可能内在于整体，也可能外在于整体，并在边界上不断游移。鉴于这样的本性，艺术就能撞击生活的边界，让生活本身不断创造新的生活。

2. 模仿、表现和抽象

不管艺术是从属生活还是超出生活，它与生活是如何建立关系的呢？

最一般的观点认为，生活是艺术的原本，艺术是生活的摹本。艺术模仿生活，如同它模仿自然一样。这特别是在一些再现性艺术种类或者艺术的再现性叙事中得到了典型性的体现，如种种现实主义的艺术作品就是如此。当然，模仿不是历史的写实和照相的复制，这是因为艺术所注重的不是现实的事实，而是现实的真实，也就是真理和真相。于是，艺术在根本上超出了历史的写实和照相的复制。作为模仿论的现代形态，反映论更强调了艺术的描写不是被动的反映，而是主动的反映。这也就是说，一个被模仿的现实实际上是一个被艺术家创造性改造的现实，如艺术家的感知的选择、想象的变形和情感的态度等。不管如何，对于模仿论和反映论来说，艺术作为摹本在根本上是被作为蓝本的生活所规定的。但这种理论在此遇到了一个困难。如果说任何一个作为摹本的艺术品是在场的话，那么任何一个作为原本的生活现象却是不在场的。蒙娜丽莎的油画、贾宝玉和林黛玉的故事是呈现于人们的面前，但那在历史上的现实生活中被模仿的人物却是隐而不现的。于是，摹本是存在的，但原本是不存在的。不仅如此，而且原本作为原本不是存在于别处，只是存在于摹本之中。如果原本不事先存在的话，那么摹本也就无从模仿和反映了。在这样的意义上，模仿论和反映论所设定的原本和摹本的关系便是一种虚构。

关于艺术和生活的关系的观点除了模仿论和反映论之外，另外一种流行的观点便是表现论。它认为艺术主要不是模仿和反映生活，而是表现艺术家的情感、心灵和精神世界等。这在表现性艺术种类和艺术表现性的表达中可以寻找到种种例证，如所谓的浪漫主义艺术将情感表现看成是自己的基本使命之一。人的情感当然不能简单地等同于现实世界的情状，它有自身的独特本性，并有种种形态。但情感不是绝对孤立的，而是和现实生活发生各种关联。于是，艺术的表现虽然不是对于生活现象的描写，但却是对于生活的情感的表达。如果说模仿论直接地模仿生活的话，那么表现论则是间接地模仿生活。由此可以说，表现论是一种特别的样式的模仿论。但它具有两种可能性。如果说情感与生活无关的话，那么艺术只是单一的模仿，即模仿人的情感自身；如果情感也是生活的摹仿和反映的话，那么艺术则是模仿的模仿，也就是对于生活模仿的模仿。但正如作为原本的生活是不在场的一样，作为原本的情感也是不在场的。事实上，人们并不存在一种在心灵上预先就有的情感，然后才在艺术中抒发出来。心灵上的一般情感还不是真正的艺术情感。不如说，任何一种艺术的情感在根本上就产生于它的自身的表达之中。

基于再现性艺术的模仿论和基于表现性艺术的表现论已经不能解释现代的各种艺术现象。与再现性和表现性艺术所具有的具象性不同，现代艺术具有一种抽象性，并因此是抽象艺术。由此，人们也提出了艺术的抽象主义理论。它认为艺术并不是模仿什么和表现什么，因此也就与内容无关，而只有形式。于是，抽象主义也是形式主义。这样一种无内容的形式不是具象的，而是抽象的。抽象艺术的形式虽然无内容，却有意味，它是有意味的形式。在这样的意义上，艺术所关注的就是艺术自身，也就是自身的语言。故绘画要考虑色彩和线条的本性，音乐要注重音调的特征，语言艺术要说出语词自身的意义，如此等等。如果说模仿说和反映说始终强调了艺术和生活的直接关联的话，那么表现说则强调了艺术和生活的间接关系。与它们不同，抽象说则彻底地否定了艺术和生活的任何关系的可能性。但这只是一种假象。抽象艺术不可能中断和生活世界的关联，而只是表明：人们不能把艺术理解为模仿、反映或者表现。抽象艺术和形式艺术所具有的符号性在根本上是一种指示。但这种艺术不是指示其他什么，而是指示生活世界的存在本身。

　　根据上述分析，将艺术和生活的关系理解为模仿和表现，甚至理解为与生活无关的抽象，都具有其理论上的合理性，并具有一定艺术现象的基础。但它们也具有自身无法克服的限度，即只是从各种不同的角度描述了艺术和生活关系的某一方面。同时它们将生活作为客体，艺术作为主体，构成了主客体的关系。所谓艺术的模仿说和反映说，甚至表现论和抽象论就是基于这种根本关系，并且是它的各种变式。为了真正揭示艺术与生活关系的本性，我们既要抛弃上述各种理论的先见，也要跳出对于某种特别的艺术现象的实证性的观察，而得出结论。事情的关键点在于，我们要回复到艺术和生活的根本关系上去，即艺术处在生活的边界上，一方面它属于生活，另一方面它超出生活。

　　我们说艺术属于生活，就是说艺术是生活的一部分。因此，我们既不能认为生活是一个方面，艺术是另一个方面，也不能认为生活是客体，艺术是主体。艺术作为人的活动，既不是纯粹的自然活动，也不是梦想和幻觉，它就在生活之中。但它作为生活的一部分绝对不是可有可无的，仿佛在物质现实的活动之后再附加艺术这种精神活动一样，而是必需的，是生活世界本身不可或缺的。艺术对于生活自身的构成之所以如此重要，是因为它使生活世界成为可能。这不仅意味着艺术让生活不是残缺的，即只有物质文明而没有精神文明，而且意味着让现实生活不再囿于自身的现实性，而走向可能性。艺术作为人的创造性的活动不是一种与现实不同的可能性，而是一种使现实走向可能和使可能走向现实的活动，是使可能成为可能的可能性。在这样的意义上，艺术不仅是生活的一部分，而且就是生活的本性。因此，艺术在根本上是生活自身的创造。

　　我们说艺术超出生活，就是说艺术自身作为一个整体与生活的整体相分离。但这种艺术的分离并不是一种与生活的绝对的隔离，让自身成为一个孤立的实体，而是处在生活世界的边界上，和它保持一种特别的张力，既亲近又远离。基于这样一种独特的位置，艺术获得了一个特别的视角。一方面，艺术能够回到生活世界，它洞察生活世界的整体，由此理解并揭示生活世界的真相；另一方面，艺术能够超出生活世界而去，创造一个与现实世界不同的可能世界，它也就是一个关于美自身的世界。正是基于这样的特性，人们认为艺术是完美的，生活是不完美的。因此，艺术是生活的蓝本，生活要模仿艺术。同时，艺术要改造生活和创造生活。于是，一个处于生活世界边界上的艺术就不只是自身超离生活世界而去，而是要引导生活世界超离自身而去。这就是说，生活世界要在艺术的指引下越过自身的现实边界，而创造出新的生活世界。只要艺术是对于生活世界的指引的话，那么艺术就不只是生活世界自身的创造，而且也是对于生活世界的创造。

3. 艺术与生活的转化

我们揭示了艺术和生活关系的一般特性。艺术和生活不是彼此分离的，而是相互生成，合为一体。但我们在现实生活世界中所遭遇到的历史情形完全是他样的。在这里，生活和艺术是分开的，生活不是艺术，艺术不是生活。

一方面生活不是艺术。人的现实世界的生活包括了许多方面，有以衣食住行为中心的日常的身体行为；有以物质生产等劳作为主的经济活动；还有以人与人交往为主导的语言行为。在这种种行为中，人们所经验的是单一、重复、平淡，无创造性可言，无艺术性可言。不仅如此，人们甚至会经验到更多非艺术和反艺术的事情，如日常生活的焦虑和无聊、物质生产劳动的异化和语言世界的禁锢等。

另一方面艺术不是生活。艺术不是大多数人的事情，而只是艺术家的事情。他们是诗人、画家、音乐家，甚至是一些娱乐界的各种明星等。这些人仿佛诸神一样，不是生存于现实世界中，而是在超现实世界中。艺术成为了一特别的分工化的职业。当然一般大众也有和艺术打交道的可能，但这往往发生在一特别的时间，也许在一些休闲的时刻，如晚上、周末和假日，也许在各种节日。它也发生在一特别的地点，一般是在美术馆、音乐厅和其他的艺术场所。

艺术不是生活和生活不是艺术是它们之间真正关系的本性的否定。但这种否定不是指艺术和生活没有任何关联，仿佛风马牛不相及一样，而是指一种固有本性的剥离和丧失。因此，它在其自身就包含了一种肯定的运动，即朝向它们本性的回复。于是，在艺术不是生活和生活不是艺术的历史现实的同时，发生了生活艺术化和艺术生活化。如果说这样一种运动在人类的历史上一直还只是作为一种审美的理念的话，那么在我们所处的后现代的历史时期里，它则开始趋向一种现实。

生活艺术化意味着生活本身成为艺术。因此，它绝对不能误解为当生活是贫乏的时候，让艺术来装饰和点缀生活，让生活自身变得更美，更有情调。这样一种对于艺术的美化只不过是粉饰太平，而掩盖了存在的真相。生活的艺术化也绝对不是当生活本身还远离艺术的本性的时候，让艺术下降而与之持平，相反它应该是生活自身的提升。于是，生活艺术化在根本上是生活本身成为艺术性的创造。

生活的艺术化的形态是多方面的。

首先是人自身的艺术化。一方面是身体的艺术化。身体及其感觉不再囿于简单直接的自然需要，而是展开了文化的丰富性。因此，人们不仅追求健康的身体，而且追求美丽的身体。作为身体的感觉，感觉自身既是生理性的，也是超生理性的，而成为艺术的感觉，如音乐的感觉和绘画的感觉。另一方面是心灵的艺术化。人的心灵不是狭隘化为认识的感觉和伦理的感觉，而是扩大为艺术或者审美的感觉。不仅如此，对于认识和伦理的感觉而言，审美的感觉甚至是规定性的。这就是说，审美成为认识和伦理的尺度。正如人们所说的，科学要具有艺术性，美学是未来的伦理学。当然，生活的艺术化既是身体和心灵的艺术化，更是生存本身的艺术化，也就是从基本的生存的满足转变到人存在的自由创造和享受。这表现为一系列自由的维度，如自由的时间、自由的空间、自由的言说和行动等。

其次是世界的艺术化。世界是各种物所构成的世界，其中最根本的和最突出的物就是人所生产的物，亦即产品。它会以种种形态表现出来，最常见的就是商品，或者是它的另一形态：礼物。这种当代社会的物自身发生了变化，它不仅是实体，而且也是符号。作为一种特别但普遍的符号，商品并非独立的存在，而是处于与其他商品的差异关系中的存在。但商品的符号特征主要从外观方面显示出来。外观是一个事物的显现形态，就是形象、影像，甚至只是一个名字，如名牌。此外，各种广告语言的宣传可以将虚拟的外观附加到物品上去。物的这种符号化，特别是形象化正是生活世界艺术化的表现。现代社会的人不仅生产外观，而且消费外观。因此，符号化与形象化的生产活动消解了生活与艺术之间界限。

与生活艺术化的同时是艺术的生活化。人们对此往往有许多误解。一种观点认为艺术的生活化要求艺术有生活性，也就是要有生活的气息。这具体化为，艺术要贴近生活，特别是大众的生活，要反映和表现大众喜闻乐见的事情。另一种观点认为艺术的生活化就是艺术的普及化。人们要破坏了艺术的神圣性，赋予其世俗性，将它由象牙之塔置于大众市场。于是，艺术可以出现在任何地方、任何事物上。这两种观点有密切关联，甚至它们表述的是一个事物的两个方面。因此，人们希望艺术不仅要描写大众的生活，而且要介入大众的生活，也就是让大众接受和消费。这在当代的所谓审美文化和大众文化中达到了极致。但艺术的生活化在根本上是让自身不在限定于心灵领域，而转变成现实生活。

当艺术生活化的时候，艺术自身便不再是艺术了，也就是面临艺术的终结。但它绝对不是在黑格尔的意义上被使用的，艺术就其最高规定性而言，已经不再是绝对理念的需要。它也不是如海德格尔所理解的那样，艺术在主客体的体验中消亡。与他们不同，马尔库塞关于艺术的扬弃的观点切中了艺术生活化的本性。他认为艺术必须被扬弃，但不是让位于宗教和哲学，而是让位于现实。因为艺术是通过其形式形成其虚幻性质并与现实妥协的，所以打破形式才能使艺术所表现的内容现实化。但艺术的内容需要消除它的意识形态因素，而保存它的真理性因素。通过现实化，艺术扬弃了自身。这实际上是艺术的生活化。

三、艺术与审美

虽然艺术是作为人类生活世界的现象，但它不是人的一般的现实的活动，而是精神活动。但这种对于艺术的规定仍然是外在的，尚未切近艺术现象的本性自身。人的精神活动是丰富和复杂的，除了艺术，还有很多非艺术的现象，如宗教、法律、政治、科学、道德和语言等。所有的精神现象各自不同，但又彼此交叉，相互联系，如同一张无形的网络一样。在这样一种关联中，艺术又是如何区分于其他精神现象的呢？一般来说，人们认为其他的非艺术的现象是非审美的，而惟有艺术是审美的。但我们还必须进一步思考，艺术在何种程度上是审美的，同时，审美在何种程度上是艺术的。

一般的观点认为，艺术就是审美。在人的精神活动领域内，科学相关于认识，道德相关于意志，艺术则相关于审美的创造和接受。因此，审美是艺术不同于非艺术的根本性标志。在这样的意义上，艺术没有认识和道德本性，而只有审美本性。即使艺术中包含其他的特性，审美的本性也是规定性的。但审美一向被认为不是他律而是自律的，而这无非表明审美独立于生活。如果艺术就是审美的话，那么也意味着审美是远离生活的。

因此，当人们说艺术就是审美的时候，也是说审美就是艺术。一些人认为，审美只发生在艺术领域，而不在非艺术领域，如自然和现实就没有什么审美可言。于是，美学就等于诗学，等于艺术哲学，甚至只是分化为文学艺术作品的文本分析。尽管人们也会经验到自然美、人体美和生活美等非艺术的审美现象，但它们往往会被认为不是纯粹的美，不是真正意义上的美。这样，审美只是剩下了唯一的领域：艺术。只有艺术美才是纯粹的，是美自身的创造和接受。

将艺术等同于审美或者将审美等同于艺术，这看起来固然会使艺术和审美自身变得纯洁，但它不仅没有切中艺术和审美的现实，而且也会导致艺术和审美自身本性狭隘化。因此，我们必须放弃这种对于艺术和审美关系的偏见，而回到艺术和审美自身的现实，由此来判断它们究竟是什么关系。

艺术的发展经历了一个历史过程。在艺术现象发生的开端，艺术自身并没有纯粹的审美特性，甚至还没有分化成为一种专门的精神活动，而是和人的生活世界的其他活动交织在一起的。中国古代历史的所谓的礼乐文化中的乐作为一种广义的艺术是和礼相辅相成的。作为乐本身，它不仅是人与人差异和等级的沟通，而且也是人和鬼神的对话，因此，它的本性是娱人娱神。同样，古希腊的盲人诗人荷马在吟诵史诗的时候，并不是作为一种审美的经验，而是叙述英雄的命运以及人与诸神的关系。与其说他是诗人，不如说他是古希腊人的教师。艺术作为独立的精神活动是历史在其发展过程中人类分工的产物。尽管如此，艺术始终和一个时代的宗教、政治、科学和道德相关，有时甚至就是它们直接或者间接的表达，如基督教艺术、儒家的艺术等。艺术的审美特性是在近代以来凸显出来的，这在于人们将审美理解为感觉和情感的体验，而艺术正是这种体验的方式。即使这样，任何一个艺术现象除了审美的本性，还有非审美的本性，如认识和道德等。这甚至表现在各种纯粹的艺术形态中，以至于人们会说一个艺术品是道德的或者是非道德的。

正如艺术不能等同于审美一样，审美也不能等同于艺术。我们所理解的审美不是一般意义的感性或者情感活动，而是人的生活世界的创造，也就是欲望、工具和智慧的游戏的显现，是人的存在的自由境界。因此，审美除了艺术之外，还有非艺术的，如在自然和人的社会领域的审美现象。当然作为审美现象，它们之间仍然是存在差异的。其区别在于，一般的自然和社会的美是现实的，而艺术的美是精神的。除此之外，艺术虽然不是绝对纯粹的审美现象，但它与自然和社会美相比却是更纯粹的。更重要的是，自然和社会的美往往不是在自身而是在艺术中呈现出来的。因此，艺术仿佛给人们提供了一个审美的视角，去发现使自然和社会本身的美。

通过上述的揭示，艺术和审美的关系已经变得非常明朗。它们既不是互不相干的，也不是彼此同一的，而是相互交叉的。艺术虽然具有其他的特性，但在根本上是审美的；同时，审美在自然和社会的领域之外，主要是拥有艺术的王国。因此，无论是对于艺术而言，还是对于审美而言，任何一方对于另一方都是至关重要的。

但艺术和审美是否可以克服这种交叉关系而达到完全一致呢？人们在生活的艺术化和艺术的生活化的渴求中实际上包括了这样一种渴望，即让艺术和审美同一。在艺术的生活化过程中出现了艺术自身的扬弃，因此，它通过自身的消失给审美现象带来了解放。美不再表现为艺术的幻象，而是作为现实本身。于是一方面是生活的审美化，另一方面是审美的生活化。这实际上意味着艺术和审美在它们共同的现实化过程中实现了同一。

第二节 艺术作为技、欲、道游戏的发生

艺术作为人的典型的审美活动，是欲、技和道三者游戏的发生，也就是让它们成为美的显现。虽然欲、技和道在艺术现象和生活世界中具有同样的本性，但仍然是有差异的。它们不仅各自的规定性不同，而且它们三者自身的关系也是不同的。因此，我们必须注意艺术中的欲、技和道是如何发生作用的。

一、作为技艺的艺术

在探讨生活世界的存在本性的时候，我们思考的路线是从欲望出发经过技术再到智慧或者大道。但在探讨艺术的本性的时候，我们却必须改变思想的路线，要从技艺到欲望再到智慧或者大道。为什么如此？这是因为生活世界的出发点是欲望，而艺术活动的出发点却是技艺。

1. 技艺释义

"艺术"这一语词本身就表明了它是一个技艺的活动，因此，技艺是作为艺术自身最直接的规定性。中国古代思想将人的活动分为道和术两个类型。道是对于天地之道的认识和实践，术则是与世界万物打交道的方式。艺或者艺术就其自身而言显然不是道的活动，而是术的活动。虽然道超过了术，但术要达到道。与中国思想不同，古希腊的思想在人类理性的领域内给文学艺术确定了一个特别的位置。艺术不是作为理论理性和实践理性，而是作为诗意理性，也就是生产和创造的理性。按照我们对于生活世界的分类，人的一般活动可以区分为欲望的、技术的和大道的三种类型。艺术当然相关于欲望和大道，但它自己直接表明的就是广义的技术的活动。在这样的意义上，一个艺术的活动和一个技术的或者技艺的活动是一样的，它们都建立于人与物的关系，是人对于物的改造或者创造。

艺术虽然属于广义的技术领域，但它和一般的技术仍然有重大的差别。所谓的技术，特别是在近代意义上的技术主要是指机器技术。人们通过机器实现对于物的控制，也就是开掘、采集、加工、改造等。在这种技术中，机器代替了人自身的活动，这不仅包括了人的身体的活动，而且也包括了人的心灵的活动。但艺术在根本上是人自身的身体和心灵的活动。这在于艺术作为人的活动是自由的活动，而不是机械的活动。因此，艺术是不可能机械化的，也是不可能转让给机器制造的。技术和艺术的差别还在于，技术所完成的是物的转化，而艺术所实现的是物的显现。作为自然的对立面，技术是物的消灭或者创造。在技术的处理过程中，没有作为物性的物，而只有作为材料的物。对于物的技术处理就是让物成为一个材料。与此不同，艺术虽然也是物的改造，但它却是物的本性的发现和揭示。正是因为艺术给物提供了一个敞开自身的地方，所以一个物作为它自身不再遮蔽自身，而是呈现自身，由此，人们能够看到或者听到物自身。此外，技术和艺术的不同在于，技术只是作为手段，而不是目的；而艺术既是作为手段，也是作为目的。鉴于这样的差别，技术在它的使用中消耗自身，但艺术在它的存在中却能永远地保持自己。

艺术不仅不同于一般的技术，也不同于一般的技艺。虽然技艺和艺术主要不是机器的活动，而是人的身心的活动，且都必须心灵手巧，但它们之间仍然有细微的差别。如果说技艺是偏重于手的活动的话，那么艺术则偏重于心的活动。因此，技艺需要更多的手工的训练，而艺术则要求更多的心灵的陶冶。技艺和艺术的差别除了表现在人的方面外，还表现在物的方面。它们作为人的活动都和物打交道，但技艺主要是对于实物的处理，而艺术主要是对于符号的处理。于是，前者往往要遵循实物的自然特性，而后者则是凭任符号的自由游戏。与此相关的是，技艺生产了器具，而艺术创造了作品。前者不过是应用的艺术，并因此是不纯粹的艺术，而后者则是自由的和美的艺术，并因此是纯粹的艺术。在这样的意义上，技艺的作品是可复制的，而艺术的作品是不可复制的。

作为不同于一般技术和技艺的艺术，它直接表现为人的技能，也就是一种能力和才能。但它既不是片面的心灵性的，如某种心理的能力，也不是片面的身体性的，如一些工匠的手艺，而是一种身心合一的能力，并集中体现为人的感觉的能力，也就是一般所说的审美的能力。如我们说音乐必须有对于节奏和旋律的听觉能力，美术要有对于色彩和线条的视觉能力，而文学艺术也应该有对于语言的运用能力等。这些能力一方面是自然的，也就是天赋的，另一方面是文化的，也就是教育培养的。正如音乐训练了人听懂节奏和旋律的耳朵一样，美术也给予了人感受色彩和线条的眼睛。与一般日常生活感觉的能力不同，艺术的感觉作为审美的感觉是一种自由的感觉，由此，它不仅能感觉到一般所感觉到的，而且也能感觉到一般不曾感觉到的。

但艺术的技艺作为人的身心的一种特别的能力并不只是囿于自身，而是建立了人与物的关系。它也是对于物的把握的样式。于是，所谓的技能就是把握物的能力，而所谓熟练的技能或者高超的技能也就是对于物的操作的熟练和高超。但那些与艺术相关的物并不是一般的物，如同在技术处理和技艺把握中的物一样，而是一些特别的物，人们称之为媒介、载体，甚至称之为艺术语言。虽然它们作为实体存在，但它们更主要的是作为符号存在。它们是色彩、音调、文字，还有人自身的形体和动作等。艺术技能运用的关键为，一方面是对于这些艺术语言的本性的把握，也就是与它相遇，了解它，熟悉它；另一方面是对于它们的运用，也就是关于它们的结构、顺序和整体的安排。

2. 赋予形式

在艺术作为技能把握它自身的媒介或者载体的时候，它就是对于质料的赋予形式的活动，于是，在此就不可避免地遇到了所谓形式和质料或者是内容的问题。长期以来，这对范畴不仅是人们理解一般物的存在的方式，而且是人们分析艺术现象的最主要的工具，以至于成为了一个概念机器。尽管人们可以用形式和质料来理解一切艺术现象，将它分成形式的方面和质料的方面，并探讨它们之间的辩证关系，但事实上形式和质料的意义从来都是矛盾的和歧义的。

一般而言，任何一个作为艺术媒介的物并不只是一个没有任何形式的质料，相反，它不仅具有自身的质料，而且也具有自身的形式。同时，它的质料与形式甚至是同一的。这在于任何一个事物的存在都有与自身相应的现象，也就是形态和外观。如水是液体的、透明的、流动的；石头是固体的、有颜色的、沉重的和不规则的等。水和石头的质料是不同的，同时其形式也是不同的。但这种与质料同一的形式只是质料自身的外观和形态，而不是真正艺术意义上的形式。

对于艺术而言，那些已经给予的艺术媒介虽然是质料和形式是同一的，但它们必须在艺术的创作过程中改变自身。一方面，艺术媒介自身的自然形式完全失去了意义，也就是说它并不能自然而然地成为艺术的语言。于是对于艺术媒介的自然形式的存在要进行中断处理，而使它变成无形式的。因为如此，所以它才能被赋予艺术的形式，而且可能被赋予多种可能的形式。另一方面，艺术媒介的质料也改变了自身的本性。它不仅作为实体存在，而且也作为符号存在，甚至符号的特性超出了实体的特性。于是不同形态的符号艺术便构成了不同的艺术门类，如所谓的时间艺术、空间艺术、综合艺术，还有当代由信息技术所支撑的多媒体艺术等。

由此我们可以断言，艺术作为技艺最直接的特性就是形式的特性。但形式不是质料的外观、外形和形态，而是赋形，也就是给质料赋予形式，并使其成为艺术的符号。但在这样的技艺的运用过程中，艺术自身的形式和质料又生发出新的意义。艺术的质料不仅指艺术自身的媒介，而且指艺术的媒介成为符号时所具有的意义，即一般所说的内容。因此，艺术的构形就不只是对于色彩、声音和文字等质料的处理，而也是对于意义也就是内容的表达。

3. 形式和内容

关于艺术的形式和内容的关系的争论由来已久。一种观点是内容主义。它认为内容是规定性的，而形式是被规定性的。因此，内容决定形式，而且随着内容的改变也发生了相应的形式的改变。另一种观点是形式主义。它主张对于艺术而言，形式比内容是更根本的元素。即使不是这样的话，艺术的形式也是独立于内容，是自律的。于是，人们要更注重对于形式自身的追求，对于技巧的运用。这两种观点虽然是对立的，但它们却具有一个共同点，就是割裂了形式和内容的内在统一关系，并且将它们自身相对的独立性变成了绝对的独立性，由此形成形式的极端化和内容的极端化。但作为艺术的形式和内容是统一的。这在于，艺术一方面是赋予形式的活动，另一方面是构成内容的活动。因此可以说，形式是内容的形式，而内容是形式的内容。当然艺术的形式和内容的关系呈现的形态是多种多样的，有的是直接的，有的是间接的。

所谓艺术的具象的形式就直接表明了形式和内容的关系。在这种形态中，艺术语言或者艺术符号是具象的。一些写实的艺术就是如此，如文学作品中的叙事和描写，绘画中的风景、实物和人物，音乐中关于某种情景的表现等。人们通过艺术符号的具体形象，仿佛看到了或者听到了生活世界的万事万物的存在情形，并由此将符号世界看成了真实世界的摹写。于是人们可以断言，生活作为内容，而艺术作为形式。艺术创作就是对于生活内容的形式加工。

但与此相反，艺术的抽象的形式却使人很难发现形式和内容的关系。艺术的语言或者符号将自身只是表现为抽象的形式，它不仅没有某种具体的内容，而且看起来没有任何内容。这典型地体现在一些抽象艺术中，如抽象派的绘画呈现的并不是关于某个存在者的色彩和线条，而是排除了与任何事物相关的色彩和线条自身。同样如抽象派音乐，它不试图使人联想起某种特别的情景和情感，而只是节奏和旋律的游戏。这些抽象派艺术可以说是无任何内容的纯粹形式。

具象的艺术表明艺术是有内容的形式，但抽象艺术却显示艺术是无内容的形式。这两种对立的艺术形式作为艺术现象都是存在的，都有自身的合理性。这样，它使我们陷入了思想的困境，不知道孰是孰非。对此问题的真正的解答不是选择具象艺术和抽象艺术中的一种作为正确的答案，而是要重新思考作为艺术的内容的意义。艺术的内容从来不只是作为生活世界中的存在者的形象的摹写和反映，而也是对于生活世界的意义的揭示。因此对于艺术而言，它的内容是那些符号所具有的意义。艺术的意义不是什么空洞或者神秘的东西，而是关于生活世界的理解，也就是欲望、技术和大道的游戏的意义。具象艺术不在于运用具体的符号描写了内容，而在于这些内容是具有意义的。同样，抽象艺术虽然看起来是无内容的形式，但却是有意味的形式。于是，它也是有意义的。当将意义理解为真正的内容的时候，我们便可以说，任何艺术的形式都是有内容的形式。这便证实了艺术作为赋予形式的活动就是赋予内容或者是意义的活动。

作为对于内容赋予形式的活动，艺术的技能自身有一个根本性的问题，即它如何去赋予形式？这具体化为艺术表达过程中象与意的关系。在这样的关联中，艺术的形式主要在于有与无、显与隐等矛盾的激发和解决。艺术的形式是有，但它表达的是无；同时它既自身显示，也自身遮蔽。因此，艺术的赋予形式就是要用有显无，既揭示意义，也保藏意义。于是，艺术作为赋予形式的活动在根本上要回复到它的本意，也就是园艺和种植。种植不同于现代技术将所有的物作为材料进行制造，而是让植物自身依其本性而成长。艺术作为园艺就是种植。这种意义的艺术是让显现，也就是让生活世界的意义呈现出来。由此，艺术的形式便是作为生活世界的形式。

二、欲望的生产

1. 艺术的欲望

作为人的技艺，艺术本身也是一种欲望的活动。但欲望在何种程度上规定了艺术并成为了艺术的本性？正如已经指出的，人的生活世界是欲望、工具和智慧的游戏。生活世界的其他活动虽然不是欲望，但都与欲望有着直接或者间接的关联。科学研究人的欲望，特别是精神分析学产生以来的心理学就一直关注欲望在人的心理结构中的地位及其压抑和解放等；道德则试图规范人的欲望，它要确定欲望的界限，让它不至于破坏了一般社会既定的伦理的规范；当代还产生了欲望的政治学，它揭示欲望是如何政治化的，同时政治又是如何欲望化的。这些人的活动的方式虽然在不同的层面关涉到人的欲望，但它们并不是作为欲望自身而活动。与此不同，艺术自身就是欲望的活动，或者是具有欲望性的。它是情欲、意愿和渴求等。

就欲望自身而言，艺术的欲望和一般生活世界的欲望具有相似性。人们从事艺术创作和欣赏的欲望与人宴饮、性爱的欲望在其渴求和满足的意义上看起来没有什么明显的差别。不仅如此，人们甚至可以在宴饮、性爱的身心陶醉中看到和艺术审美陶醉中的共性，而将艺术和宴饮、性爱的感觉的本性完全看成是同一的：它们是生命力的创造和享受。但艺术的欲望在根本上不同于一般的欲望。一个在现实生活世界中和在艺术现象中的吃喝和性行为绝对具有不同的意义。如果说人的生活世界的欲望是功利性的话，那么艺术的欲望则是非功利性的。正是因为如此，所以艺术的欲望超出了生活的欲望，而显现为无欲或者是没有欲望。这种无欲使欲望成为了自由的欲望和审美的欲望。

艺术作为自由的欲望活动是通过表达欲望而实现的。这就是说，艺术不仅是欲望自身的表达，而且是关于欲望的表达。因此，艺术是在揭示欲望的时候而显示自身是欲望性的。如果将艺术看成是关于欲望的表达的话，那么这将导致许多方面的误解，并使我们的思考遇到一定的困难。其中最主要的是将艺术作为欲望的表达看成是性欲的升华。艺术表达欲望的观点不是精神分析学美学，甚至也不是它的变形。欲望不能狭义地等同于性欲，同时欲望的本性也不是丑陋的和邪恶的，而是美好的，是生命力的创造。除此之外，艺术作为欲望的表达也会面临一些批评。首先是艺术表达情感论。人们认为艺术表达的不是欲望，而是情感。但艺术中的情感一方面和欲望建立关系，成为情欲，另一方面和理性建立关系，而成为情理。所谓的情感和理性都是以欲望为基础，于是，欲望是本原性的。其次是艺术描写生活论。人们认为艺术所描写的是整个生活世界，而欲望只是其中的一个要素。固然生活世界是由欲望、工具和智慧的游戏所构成的，但它首先将自身呈现为生活的欲望。同时，艺术虽然相关于工具和智慧，但它是以欲望表达为自己的主题的。

作为欲望的表达，艺术和人的生活世界的一切欲望都建立了联系。正如我们所揭示过的，人在生活世界中有各种各样的欲望：身体的、心灵的、社会的，甚至还有欲望的欲望。只要艺术表达欲望的话，那么它也表达这些形形色色的欲望。但艺术所表达的欲望有一个出发点，就是身体的欲望。艺术在根本上是以人的身体和感觉为中心的欲望的活动。它具体化为人的生死爱欲，也就是关于生命、死亡和性爱的欲望。因此，人们常说，生、死、爱是艺术永恒的主题。人的身体的存在是以生命的形态呈现出来的，而它的极端形态，也就是它的对立面就是死亡。人生在世正是人在生死间。性爱作为身体的关系，是男女之间的结合，也是生死游戏的中介。当然艺术在表达身体的欲望的同时，也表达心灵的、社会的等等欲望。但这些非身体的欲望都是以身体欲望的形态表现出来的。它们是身体的感觉、想象和情感等。总之，它们是感性的，并因此是审美的。

2. 欲望的边界

但在这里出现了一个不可回避的问题：一切欲望都是可以表达的吗？显然在生活世界里，欲望也有它的边界。它不是无限的，而是有限的。欲望的边界性就是它作为生命力的欲望并被生活世界的游戏所规定。于是，生活世界的欲望是在历史中生成，并具有它的历史性。这就表明，在生活世界本身，有的欲望是可以表达的，有的欲望是不可表达的。但这种生活世界中欲望的边界是否就是艺术现象中欲望的边界？由此导致艺术相应地表达某些欲望同时不表达某些欲望？实际上，一定的时代的生活世界的游戏也为艺术的表现欲望制定了规则，确定了可表现的和不可表现的界限。但作为欲望自身的活动，艺术就其本性超出生活世界的游戏规则。因此对于艺术而言，一切欲望都是可以表达的。这样，我们在艺术中可以看到人类的一切情欲：生与死、爱和恨、创造和毁灭。这些情欲或者是高尚的，或者是卑劣的。

如果事情是这样的话，那么艺术的欲望表现会受到人们的责难。艺术一向被视为是对于丑恶的批判和对于美好的歌颂，由此，它成为了人类生活世界中最美丽的花朵之一。但欲望即使不是全部是丑恶的，也绝对不是全部是美好的。当艺术要去表达一切欲望的时候，它就包含了多种可能性，它也许是美好欲望的艺术，但也许相反，它也许是丑陋欲望的艺术。但艺术表达欲望的真正问题并不在于它是否表达一切欲望，而在于它如何表达这一切欲望。艺术如何表达欲望在根本上决定了艺术自身是否成为美的艺术。

历史上艺术表达欲望的方式是多种多样的，但最主要的有两种形态。

一种方式是遮蔽的。欲望尤其是人的身体的欲望就其自身而言就生长在人的无意识领域，因此是黑暗的，隐蔽的。它往往是不可思议和不可言说的。同时，欲望在生活世界里受到了各个方面的压抑，故它并不能自由表达自身。当艺术去表达欲望的时候，无论是在艺术的那方面还是在欲望的那方面都是遮蔽性的。一方面欲望变形、转移和升华。欲望并不直接以自身的面貌显现自身，而是表现为种种非欲望的现象。另一方面，艺术采取了比喻、象征和反讽等形式，它所表达的正是它所没有表达的。

另一种方式是显明的。欲望在艺术中撕去了各种面具，而赤裸裸地表现自身。这样，艺术便成为了欲望的独白和宣言。这在文学艺术中有种种表现：不再是社会写作，而是私人写作；不再是灵魂写作，而是身体写作。因此，美术是欲望的身体的直接赋形，音乐是欲望的声音的呻吟和咆哮，文字则是欲望的话语的清晰和不清晰的叙事。在这种种艺术形态中，欲望毫不害羞地反复地诉说着自己，同时，艺术也不是间接地而是直接地表达欲望。

3. 欲望的生产

但艺术在表达欲望的时候究竟完成了什么？当人们看到艺术中的欲望的时候，最容易联想到与它相似的生活欲望。因此，人们会认为艺术中的欲望就是生活欲望的复述，是它的摹写和再现。在一些艺术形式特别是文学艺术中，人们可以看到种种在历史上发生过的欲望的叙述。于是，艺术作为欲望的表达就是将一个人关于欲望的经验传递给另外一个人，让人们共同体验这一欲望是如何发生的。不仅如此，人们甚至认为艺术作为欲望的表达还有一个特别的功能，它是欲望的虚幻满足。人们在生活世界中基于种种原因而无法实现欲望，便试图在艺术中得到安慰，仿佛是画饼充饥和望梅止渴一样。

但这只是看起来如此而已。艺术作为欲望的表达既不是生活欲望的摹写，也不是它的变相实现，而是对于欲望的意义揭示。欲望自身寄居在无意识的黑暗领域，但艺术却通过对于欲望的表达而让它敞开于光天化日之下。因此，不管艺术是遮蔽地还是显明地表达欲望，它都是对于欲望本性的透视。于是，艺术作为欲望的表达就是对于欲望的区分：什么是美好的欲望，什么是丑陋的欲望。在区分的同时是评价：艺术歌颂美好的欲望，批判丑陋的欲望。正是因为如此，所以艺术不仅能表现生活美，而且能表现生活丑。艺术在对于丑进行描写的时候对它完成了一个根本性的转变，即化丑为美。

通过对于欲望本性的揭示，艺术实现了欲望的解放。人的生活世界是欲望、工具和智慧的游戏，而游戏的历史往往表现为欲望的压抑和解放的历史。但对于艺术而言，现实在根本上是对于欲望的压抑。不仅如此，宗教和道德一般也以否定欲望作为自己的使命。现代技术似乎为人的欲望的实现提供了很多手段，但它对于欲望本身却进行了根本性的控制，欲望变成了技术化的欲望。因此，当艺术表达欲望的时候，其基本特性是解构性的，即对现实的批判与控诉。这表现为艺术中的欲望往往是那些现实中被压抑、被扭曲的东西。

但艺术作为解构不仅是对于各种压迫欲望的结构的消解，而且也是对于被社会所压抑的人的欲望自身的释放。这种被释放的欲望一旦失去了它的束缚，就如洪水猛兽一般在世界中横行。但艺术对于欲望的释放是在两个方面同时进行的。一方面，它让欲望回归自然。这就是说，那被压抑的欲望失去了其自身的本性，而解放的欲望要重新恢复自身。另一方面，它让欲望走向文化。欲望在解放自身时不是变得野蛮化和粗鄙化，而是审美化。于是，艺术让欲望在自然和文化的矛盾中真正解放自身。

在实现欲望的解放的同时，艺术也导致了欲望的生产。欲望当然首先和人的身体相关，但不仅人有一个有器官的身体，而且整个世界中也有一种无器官的身体。它与人一样充满了欲望，并从事欲望的生产。艺术其实就是这样一种无器官的身体，在作为欲望的表达的时候进行欲望的生产。艺术既不是禁欲主义，也不是纵欲主义，而是超出了禁欲主义和纵欲主义的矛盾对立。艺术作为欲望始终撞击着欲望的边界，让欲望不断生出来。在这样一个过程中，艺术仿佛一个欲望机器创造着欲望。因此，对于生活世界的人们而言，艺术不仅叙述了古老的欲望，而且也描述了崭新的欲望。艺术作为欲望的生产不仅生产欲望自身，而且也生产整个生活世界。这在于欲望自身是生产性的，它和人的其他任何一种生产方式一样创造人的存在的世界。

三、道的显现

1. 道与文

不论是作为技艺的活动，还是作为欲望的活动，艺术都和大道或者智慧相关。如果说艺术是智慧的艺术的话，那么艺术自身是如何显现智慧的呢？

道或者智慧是一种特别的知识，也就是关于人的规定的知识。它指出了什么是存在的，什么是虚无的；同时什么是真理，什么是谎言。作为如此，它已经将自身言说出来，并表现为各种历史的语言形态。虽然道或者智慧在本源上是语言性的，并且作为纯粹语言，但它并不是孤独地居住于自身，而是与人的生活世界发生各种关联，并与欲望和技术一起游戏。正是因为如此，所以道就不只是作为言说的道，而也是道路。于是，那些生活在世界中的人们可以在这条道路上行走。

然而，道自身包括了一个本原性的悖论。一方面道不是言，另一方面道不离言。这导致道自身被理解为非语言性的，甚至是超语言性的，并使道和言之间始终充满了激烈的争论。在中西的历史上，道自身一直被等同于自然之道和上帝之道。但自然是沉默的，天何言哉？同样上帝也不言说，而只是暗示。因此，作为自然和上帝的道是神秘的、不可思议和不可言说的。于是，道自身在历史的语言中有着不明晰、不确定的意义，并相应地变得十分复杂和歧义。

如果道自身是完全遮蔽而不显现的话，那么它就不是存在的而是虚无的。因此，虽然这种非语言性的道是自身遮蔽的，但它也将自身显示出来。道自身正是在它的显现之中表明自身同时也是遮蔽的。只要自身遮蔽的道去显现的话，那么它便与文建立了内在的联系。

文的本意指痕迹、纹理，迹象等。最广义的文是道的显现的迹象。对于中国的自然之道来说，最大的文就是天地之文。它们是天上的日月和地上的山川。由此便有天文、地文和人文之说。作为文的一种形态，文字具有突出的意义，这在于它是道自身最明确的显现。所谓的经文是圣人们的写下的文字。圣人不是一般的人，而是特别的人。他位于天地与人之间，努力地体悟天地之道并将它传达给人。经文就是圣人写下的天地之道，并成为了引导人前行的道路。与此不同，西方的上帝之道自古以来就一直存在，但却遮蔽着自身。它只是显现为天上的闪电和地上的烈火以及那些先知们的灵感。到基督降生的时候，上帝才实现了道成肉身。于是，上帝之道成了基督之道，也就是基督所言说的话语。它构成了《新约全书》的根本，并使之成为了神圣的书本，即圣经。由此也可以看出，一切超语言的道也必须将自身显明为语言形态的。

与这些广义的文不同，文学艺术的文具有特别的意义。作为文艺的文当然属于人文，但它只是一种技能。因此，它不是道，而是术、技和法。同时，它不仅表现道，而且表现欲。因为文学艺术毕竟与道相关，所以当与生活世界中的日常行为和一般活动相较时，它是"经国之大业，不朽之盛事"（曹丕）。但同时文学艺术又不是道自身，所以与对于道的认识（经学）和实践（经国济世）相比，它又只是"雕虫小技、壮夫不为"（扬雄）。至于文艺自身，它也不是同一的，而是差异的。语言的艺术是文学和文章，而非语言的艺术则往往只是匠人和艺人的活动。因此，语言的艺术在文艺中占有优越的地位。

除了上述两种主要的意义之外，文还有另外一种意义，即文采。它指艺术形式的华美，而区分于质朴。对于艺术现象而言，华美或者质朴的形式都有其合理性，但它们都不能极端化。正如过度的质朴是一种缺陷一样，过度的华美也是一种病态。当文成为文过饰非的时候，它就只是成为了伪装和假象了。

2. 道与文的理论和实践

但我们在此只是集中讨论作为文学艺术的文以及它和道的关系，看看艺术是否是和如何是道的显现。当我们面对这一问题时，却遇到了一些对立观点的争论。

西方的文与道的关系的争论具体为文艺与真理关系的矛盾。柏拉图著名的"诗与哲学之争"就认为诗歌表现情欲，而哲学思考真理。在这样的意义上，艺术不仅无关于大道和智慧，而且是对于它们的破坏。因此，当在理想国里哲学家成为国王的时候，诗人则要被从王国中驱逐出去。与柏拉图相反，亚里士多德认为艺术模仿真实，比历史更具哲学意味。如果艺术也揭示哲学意义的真理的话，那么它则可理解为大道的一种显现形态。中世纪随着哲学成为神学的神女，艺术也成为了宗教的工具。于是，艺术所表达的真理就是上帝启示的真理。与古希腊不同，西方的近代关于艺术与真理关系的讨论集中在艺术把握真理的独特性上，亦即它在人的精神领域中与认识和道德的差异。康德认为美和艺术作为判断力的领域是理论理性和实践理性的过渡，谢林强调艺术是哲学的最高官能，而黑格尔则断定艺术是绝对理念的感性显现。到了现代，艺术和真理的关系发生了根本的变化。真理被认为不是理性的，而是存在的。因此，真理是存在的真理，存在是真理的存在。艺术在把握存在的真理时具有优越的地位。如尼采认为艺术是创造力意志的直接表达，马克思认为艺术是人以形象把握世界的方式，海德格尔认为艺术是真理自行设入作品。随着后现代对于真理问题的瓦解，艺术和真理的关系也终结了。

和西方美学相比，中国美学对于道与文的关系有更直接的讨论。但在道与文的关联中，道虽然理解为一般的道，也就是关于天地人的真理，但最主要地解释为儒家的真理，也就是孔孟之道。这在于不同于道家和禅宗的真理，儒家的真理更成为了中国历史性的真理。

但道与文的关系的讨论经历了一个过程。文艺尤其是文学的本性在先秦被描述为言志和感物。"诗言志"指出了诗歌的抒情言志的性质，但它还是侧重于强调诗歌是人的情志的表现，而未明确地指出情志是从何而来的。因此，人们对于情志产生的根源进行了思考，认为它源于感物。当然物具有丰富的意义，它不仅是自然物，而且也是人间物。同时，人与物相遇，并去经验物和感悟物。

自两汉以后，特别是六朝的美学强调文学自身的特性，将它与非文学艺术如学术著作区分开来，认为文学抒情言志、吟咏情性，因而言志（缘情）说占据着主导地位。虽然各种美学都将自己的思想回溯到儒家的"诗言志"的开端，但对于情、志的意义却有完全不同甚至对立的解释。一种认为情志是由于人对于自然景物与社会现实的感发所引起的，因此，文学要以自身的方式来描写现实。另一种则把情、志归结为个人的心灵的活动。因此，文学主要是表达人的各种感觉和情感。

到了唐宋时期，载道派的美学理论强调了文与道的不可分割的关系。它反对把文艺作为表现个人情感的工具，力图恢复与建立儒家的道统与文统。尽管这样，但各种美学也表达了不同的文与道的关系。古文家主张"文以明道"、"重道充文"、"文道合一"。他们既强调道对于文艺的重要性，也注意文艺表达道的过程中的自身的本性。与此不同，理学家则把"载道"说片面化并极端化，认为文艺只是圣贤之道的附庸，从而根本否定了文艺自身的特性及其独立存在的价值。不仅如此，他们甚至加深文与道的对立，提出了所谓"作文害道"。但这种理论在明清之际遭到了彻底的拒绝，人们不再主张大道，而是主张情欲。

在论述了中国和西方美学对于文与道的关系的各种理论之后，让我们把目光投向艺术自身的历史，看一看文与道的关系是如何历史地发生的。

西方的道或者智慧在其不同的历史时期分别表现为：古希腊的诸神的指引、中世纪基督的宣道和近代人性的言谈等。于是，每个时代的艺术也相应地成为了这些智慧形态的显现。在古希腊，荷马史诗对于英雄经历的叙述主要集中于诸神对于人的命运安排。人与神的差别不仅在于人是那要死者，神是那不死者，而且在于人一无所知，而神一切都知。人的命运就是接受诸神的指引。中世纪的艺术，特别是以教堂建筑为主的雕刻、绘画和音乐等都是以上帝为根本主题的。艺术的题材基本上是以《旧约全书》和《新约全书》所叙述的历史。一方面是上帝的创造世界和拯救世界，另一方面是人的犯罪和皈依。近代的艺术主题则发生了根本的变化。它既不是古希腊的诸神，也不是中世纪的上帝，而是人自身的神性，也就是人的人性。一切艺术、特别是文学艺术中的主要样式——小说成为了近代艺术的典范形态，它们揭示了人性是如何在现实世界中完成自身的。

中国的道或者智慧虽然以儒家的学说为主，但前者却并不能狭隘地等同于后者。因此，当我们考查中国的智慧的时候，必须注意到与儒一起共同存在的其他智慧形态，如道家和禅宗。儒家是关于人生在世的思想，道家则是回归自然的道路，而禅宗则是明心见性的法门。它们既是分别的，也是互补的，甚至是同一的。因此必须看到中国传统的艺术与不同的道的关系。如果说先秦两汉的文艺主要是儒家的话，那么魏晋则是道家的，而禅宗在唐宋以后则有较大的影响。但在历史的某一个阶段，儒家、道家和禅宗则是同时发生作用的。如所谓的盛唐之音就不是某种单一的声音的独唱，而是多种声音的交响。于是，不仅有诗圣杜甫（儒）和诗仙李白（道），而且有诗佛王维（禅）。到了宋元以后，甚至儒道禅三家构成了艺术现象的同一世界的三个不同维度。因此，我们可以看到，那些伟大的艺术作品所具有的艺术境界既有儒者的风流温雅，也有道者的飘逸自然，还有释者的清寂空明。

3. 文以显道

通过对于中西文艺历史的描述表明，艺术是大道或者是智慧的显现。但这并没有完全解决文与道的问题，而是要求我们进一步思考，大道是如何显现于艺术的，同时艺术又是如何显现大道的。

大道就其自身而言是已经显现的大道，它作为语言将自己说了出来。在这样的意义上，道必须是成文之道。作为道的语言虽然是作为纯粹的语言，不是欲望和技术的语言，但它具有各种历史形态，如宗教的、伦理的、法律的、政治的和艺术的等。这就是说，道的显现可能是艺术的，也可能是非艺术的。事实上，道最初作为语言的发生并没有艺术和非艺术的绝对差异，如原始宗教的巫术礼仪始终伴随着诗、歌、舞等所谓的艺术活动；中国儒家之道的开端也是所谓的礼乐文化，圣人制礼作乐以化成天下。道的艺术和非艺术的发生形态只是历史分化的产物。

如果说道是成文之道的话，那么便没有在文之外的道。但这是否意味着在艺术之外没有道的存在呢？事实上，人们一直认为大道或者智慧比艺术是更为本原性的。大道自身的发生，是既敞开又遮蔽性地存在了，即作为纯粹语言已经言说。这种存在于语言中的道对于任何一种艺术而言都是预先给予的。不仅如此，大道还显现于各种非艺术的形态之中，如宗教的、伦理的、法律的、政治的等，它们与艺术共同存在并彼此相遇。中国美学中的文与道的争论之中的道一般指所谓的儒教之道，也就是属于这种非艺术的道的形态。在这样的意义上，道和文的关系是一种外在的关系。对于作为语言形态的道而言，艺术必须倾听、接受和体悟；对于那些作为非艺术形态的道而言，艺术也需要理解、借鉴和对话。但这具有一种危险性，即文沦落为道的工具。

上述所说的道与文的关系却并不是道与文的内在关系。艺术性的道和作为语言性和非艺术性的道是同一的，但又是差异的。虽然那些道的非艺术性显现的形态已经存在，但并不意味着它们就是艺术表达的道。艺术所表达的道具有自身的特殊性。一般认为，它不是抽象的，而是具体的；它不是明确的，而是朦胧的；它不是理性的，而是感性的，如此等等。这的确是艺术性的道的种种特殊性的体现。但艺术性的道的最根本的特性在于：道成文如同道成肉身。这也就是说，道在艺术中具有了身体性，同时，它还与欲望和工具一起共存。因此，对于艺术而言，在它自己表达这个道之前，这个道不是预先存在的，只是当艺术表达这个道的时候，这个道才开始了自身的生成。于是，艺术作为道之文的意义就是让道作为肉身存在。

但为什么在语言和一些非艺术性的形态之外，道自身还要必然显现为艺术的形态呢？这个问题不仅相关于道自身，而且也相关于文自身。道显现于文在于道要完成自身。这要求它既不能只是居住于语言的王国，也不能只是表现于种种的具体的语言形态及其制度化，而是要获得自身的身体，并进入到生活世界的游戏。而艺术正是关于生活世界游戏的一种显现方式。因此，道的显现必然成为艺术的显现就不是可有可无的，而是它自身一条必然的道路。同时，艺术对于道的显现既不同于哲学、宗教和政治的非艺术的显现，也不同于这些道的非艺术形态的艺术化，而是道成肉身并进入生活世界游戏的直接显现。这就使艺术成为了道的各种显现形态中最重要的方式之一。在此便完成了道与文的统一，道与象的统一。

四、技、欲、道的游戏

1. 艺术作为游戏

我们已经讨论了艺术现象的几个不同的方面。艺术不仅是作为一种特别的技能的活动，而且是作为欲望的生产和大道的显现。于是，我们不能从任何片面的角度来理解艺术现象的本性，而是要把它看成了技艺、欲望和大道的游戏。人们所说的一般的艺术现象，包括艺术的创造和欣赏在根本上就是游戏。因此，不仅一般作为游戏活动的表演艺术，而且美术，甚至文学，都是艺术游戏的不同种类。艺术在根本上就是让技艺、欲望和智慧共同游戏的活动，故它的本性正是让游戏。

如果艺术要让技艺、欲望和智慧去游戏的话，那么艺术就要提供一个游戏之地。但这个地方并不是在艺术之外，而是在艺术之内。这就是说，艺术自身充当了技艺、欲望和智慧的游戏之所。但这个地方不是现成的，如同已经摆在此处或者彼处的某个地盘一样，而是开辟出来的，是腾空出来的。因此，艺术提供游戏之地正如开辟一条道路，它在没有道路的原野里伸延。它这绝不意味着人能够随心所欲地修筑一条道路，而是意味着道路自身开辟道路。惟有如此，艺术才可能超出艺术家或者人的限制给予技艺、欲望和智慧的游戏以自由空间。但这种游戏之所的建立在根本上是一种转变，也就是从一般生活世界到艺术世界的转变，亦即达到审美世界。于是，艺术在游戏之所建立的时候表明自身是一种道路的转折。

作为让游戏，艺术召唤技艺、欲望和智慧三方聚集在一起，仿佛是让它们构成一个圆舞而起舞一样。如果技艺、欲望和智慧三方共同进入到了艺术的游戏的话，那么它们三方中的任何一者就不是作为孤独的存在，而是作为共同的存在。其游戏就不是一方的孤独的活动，而是三方的共同的活动。在这样的活动中，每一方都要将自己传递给另一方，同时也要接受另一方给予自身的传递。因此，它们的游戏就成为了传递和再传递的活动，并且是没有限制而成为无限的。在这样的意义上，艺术作为游戏的发生是一种关系或者是网络的编织。

当然，艺术让技艺、欲望和智慧去游戏的同时也意味着让它们遵守游戏规则。任何游戏都不是无规则的活动，而是有规则的活动。但游戏规则并不是在艺术之外设定的，而是在艺术自身设定的。这也就是人们所说的艺术不是他律，而是自律。同时，艺术的游戏规则也并不是各种成文或者不成文的金科玉律，而是一种没有规则的规则。但对于艺术而言，这种所谓的无法之法，乃为至法。艺术游戏规则的特别性在于，它承认技艺、欲望和智慧不仅是平等的，而且是差异的。因此，它既不允许技艺、欲望和智慧任何一方的缺席和逃离，也不允许任何一方消灭另一方。艺术只是让技艺、欲望和智慧共同存在并生成，而成为自身。这是艺术游戏的最根本的规则。于是，艺术的游戏规则不仅是最简单的，而且也是最公正的。在这样的意义上，任何艺术的游戏活动既没有胜负或输赢，也没有零和，而是在三方意义上的双赢。

2. 艺术的游戏过程

但艺术中的技艺、欲望和智慧是如何去游戏的呢？

艺术就其自身而言是一种技艺，因此具有工具的特性。但它不是一般的工具，而是特别的工具。根据其特性，人们将艺术比喻为镜子，这意指艺术反映自身之外的生活世界。但艺术作为镜子的喻象仍然值得进一步思考。一面镜子，无论何种样式的镜子，它都是作为一个物存在着。与其他存在物不同，镜子自身却显现为空无，仿佛什么也没有。也正是因为如此，所以镜子才能反射万物。一个镜子存在的意义就在于它对于它自身之外的万物的反映。那些被反映的万物不是物自身，而是其影像。当然，将艺术看做镜子只是对于艺术反映功能的一种比喻的说法。艺术肯定不是一面镜子，至少不只是一面镜子。即使艺术作为一面镜子，它也遇到这样的问题：镜子反映的真实是否就是事物存在的真实？同时，镜子的反映是机械的复制还是能动的创造？对于这些问题的解答就要求超出对于艺术只是作镜子般的理解。

艺术作为镜子的同时是欲望的表达。人的欲望，特别是人的最原初的身体的欲望是隐秘的。它作为本能生活在人的无意识的领域，往往是不可思议和不可言说的。因此，欲望是黑暗的，如同黑夜一般将自身遮蔽。艺术不仅表达了人的欲望，而且与其他人的活动相比更本源更直接地表达了人的欲望。但艺术中的欲望不是黑暗本身，而是一个被揭示了的黑暗，也就是被思考和言说了的黑暗。一个只是与自身保持同一的黑暗是不能揭示自身的，而一个揭示了自身的黑暗却已经与自身相分离。这也就是说，艺术的欲望是一种在光明中将自身显示出来的黑暗，当然它还保持了与光明不同的边界而与光明相区分。

由此已经可以看出，艺术作为镜子不仅是欲望的表达，而且也是大道或智慧的显现。人们认为智慧是光明的，是明灯。但它不是来源于另外的光明，而是自身显现为光明。智慧之所以是光明的，是因为它是觉悟。同时，它不仅是对于人自身的觉悟，而且也是对于他者的觉悟。因此，它知道世界的边界，也就是存在和虚无、真理和虚幻的边界。作为光芒，智慧不仅照亮了自己，而且也照亮了自身之外的世界。

作为技艺的活动，艺术就是作为镜子和黑暗的欲望和光明的智慧去游戏。从技艺出发，艺术要恪守自身的本性并达到完美的境界。一方面它不是自然，另一方面它又如同自然。这要求艺术的技艺在自己敞开自己的同时遮蔽自己，正如镜子的存在就是自身的空无一样。正是凭借这样的特性，艺术的技艺和欲望、智慧发生了关联。艺术不仅要表达欲望，而且要显现智慧。但欲望和大道在本性上都是难以言说的，如所谓大象无形，大音稀声。因此，艺术的技艺就是要说不可说。它不是要画出那可见的，而是要画出那不可见的；同时，它不是要奏出那能听到的，而是要奏出那不能听到的。

艺术作为欲望的表达，就是作为黑暗自身和镜式的技艺和光明的智慧去游戏。艺术中的欲望虽然和一般生活世界的欲望具有相似性，但它在根本上是一种生命创造力的欲望。作为如此，欲望总是试图表达自身并寻找表达的工具。于是，当艺术的欲望成为欲望的时候，就开始走向自身之外。它不仅要通过技艺镜子般的反映来揭示自身，而且要在大道的指引下来实现自身。这样才出现了所谓的欲望在艺术形象里的变形和升华。欲望要借助技艺的表达，因此，它要变形；欲望要接受大道的指引，于是，它要升华。

艺术作为智慧的显现，就是作为光明和镜式的技艺和黑暗的欲望去游戏。必须承认，技艺作为镜子和欲望作为黑暗都只有凭借光明的照耀才可能。如果没有光明的话，那么作为技艺的镜子就无法反射；如果没有光明的话，那么作为欲望的黑暗就不能将自身呈现为黑暗。艺术游戏的智慧之光如同闪电一样照亮了世界，让游戏产生了惊人和美妙的瞬间。虽然大道是一个艺术现象或显现或遮蔽的灵魂，但它又是一个艺术化或者审美化的灵魂。一方面，道不是艺，不是文。于是，道不可言说，不可表达；另一方面，道不离艺，不离文。于是，道不离言说，不离表达。在艺术现象的游戏中，道与艺虽然是差异的，但又是同一的。因此，艺与道一，艺与道合。自然之道和人生之理都成了艺术之文。大道不仅和技艺发生关联，而且和欲望发生关联。作为光明，大道是对于欲望的表达和实现的道路的指引。于是，我们看到了道和欲在艺术的游戏中从自身走向对方。一方面是道化为情，情理交融；另一方面是欲化为情，情欲共生。

3. 游戏的无限性

艺术是游戏，同时也是让游戏，亦即引发技艺、欲望和智慧三方的争端。作为争端的引发，艺术既不是有意或者无意制造某种借口或者由头，让技艺、欲望和智慧三方产生矛盾，也不是把它们安置于某种特别的境地，让它们发生争执，而是让每一方自身按自身的本性存在和生长。当每一方成为自身的时候，它就要和另外的两方建立关联并进行斗争。于是，在艺术的游戏中，不仅有技与欲的斗争，而且有欲与道的斗争，还有道与技的斗争。艺术在让技艺、欲望和智慧三方进行斗争的时候，也劝说它们达到和解。但和解并不是斗争的终止和消失，而是避免三方中任何一方成为超级强权而垄断游戏。因此，和解是争端的另一面，它是要艺术中三方的游戏在争端之后进行再争端。通过这种再争端的引发，艺术克服了游戏的有限性，而达到了无限性。这样我们看到艺术游戏中的技艺、欲望和智慧三方的争端并不是一般意义的矛盾，它作为对立面经过辩证法的否定之否定而可以解决。毋宁说，这种争端是一种悖论，它作为并行的现象是无法克服的，也是无须克服的，而始终是一种奇特张力的展开。

在技艺、欲望和智慧三方的无限游戏中，不仅技艺在成长，而且欲望和大道也在生成。由此，艺术作为艺术自身在发生。在这样的意义上，艺术作为游戏是一种历史的活动并具有自己的历史性。技巧的历史性主要表现为形式的历史性，也就是旧的形式与新的形式的争论。从传统艺术到现代艺术的转换中，不仅要有艺术内容的更新，而且要有艺术形式的创造。因此既不能新瓶装旧酒，也不能旧瓶装新酒。欲望的历史性则体现为它的压抑和解放的冲突。艺术的游戏既不是禁欲主义的，也不是纵欲主义的，而是显露欲望边界的。因此，它要解放那压抑了的欲望，让欲望敞开自身的本性。大道的历史性集中在死去的智慧和活着的智慧的区分。一些古老的智慧已经变得不合时宜，但一些新的智慧却又惊世骇俗。于是，在艺术游戏的历史性中，我们看到了技艺、欲望和智慧各自与自身的分离，也就是要从旧的成为新的。

艺术游戏虽然是技艺、欲望和智慧三方的共同存在的活动，但当技艺、欲望和智慧在共同的游戏活动中力图使自身极端化的时候，艺术游戏看起来就不是三方共同的游戏，而是某种单一的游戏了。毫不奇怪，艺术在其历史的发展过程中产生了一些变异的形态。由欲望的绝对化出现了欲望的艺术。它所表达的是没有边界的欲望，因此是诲淫诲盗。它在历史上往往是那些被禁止的艺术作品。由技能的绝对化导致了形式的艺术。它将艺术变成无内容的形式，因此是形式化和程序化。它只是技能的玩弄和炫耀。由大道的极端化而形成了教条的艺术。它只是述说某种抽象的道理，因此是理论的图解和形象。它就是人们所说的思想简单的传声筒。这三种艺术游戏的极端化都违背了艺术游戏自身的规则，于是，它们都要被真正的艺术游戏所克服。

但这并不意味着艺术只有一种游戏，而不是多种游戏。艺术游戏的历史表明，技艺、欲望和智慧三方的关系本身就是多种多样，因此，艺术游戏也是丰富多彩的。当代艺术在根本上就是无原则的艺术，并由此是多元的艺术。

第三节　艺术现象的结构

　　艺术现象自身是十分复杂多样的，因此，人们可以看到各种不同的艺术存在的样式。尽管这样，艺术现象具有一个基本的结构。一般而论，人们将它分为艺术家、艺术创作、艺术品和艺术接受等要素。

　　在不同的历史时期，人们对于艺术现象结构中要素的意义及其重要性的理解是不同的。例如主体主义的美学会更多地强调从艺术家和艺术创作来理解全部的艺术现象奥秘，而非主体主义的美学则主要从艺术品和艺术接受来把握艺术现象的本性。事实上，从近代以来，一般的艺术理论经历了从作家中心到作品或文本中心再到读者中心的转变。18 世纪和 19 世纪的浪漫主义文艺思潮奉行天才的美学观，认为作品的意义是由作者赋予的，由此带动了大量的关于艺术家传记学和心理学研究。但 20 世纪的英美新批评以意图谬论否认了作者的思想，同时，俄国形式主义乃至后来法国的结构主义也强调，所谓的文学艺术现象在根本上是文本，它是自足、自律的，无关文本之外的因素。但 20 世纪30 年代西方艺术理论界不再只是关注文本自身的问题，而是探索文本的阅读、接受和影响问题。尽管这样，艺术现象的结构作为一个整体是相互关联、密不可分的。

　　但从一个直接给予的事情而言，艺术现象既不是艺术家，也不是艺术创作，甚至也不是艺术品，而是艺术接受。因此比起其他的艺术要素，艺术接受具有其不可争辩的优越性。艺术接受一般表现为艺术欣赏、体验、经验等，也就是最一般的艺术审美活动。正是在艺术接受中，人与各种艺术品相遇。一方面人走向艺术品，另一方面艺术品向人敞开。也正是在艺术接受中，人们经历了艺术的创造过程并理解了艺术家自身。在这样的意义上，艺术接受是一切艺术现象的聚集。它不仅是艺术现象结构中的一个要素，而且包括了艺术现象的一切要素。

不过，为了叙述的方便，我们思想的道路不是回溯的，从艺术接受到艺术品再到艺术创作和艺术家，而是直线的，从艺术家到艺术创作再到艺术品和艺术接受。这种思想道路无关于对于艺术现象结构中的某一要素的强调，也不试图主张某种中心主义，而是由此表明，艺术现象是如何一步步地显现自身的，并形成自身的结构的。

一、艺术家

在整个艺术现象中，艺术家看起来是本原性的。这在于，艺术家是那些创造艺术作品的人。艺术家是创造者，艺术品是创造物。没有艺术家，便没有艺术品的存在，于是也没有以它为中心的艺术现象的发生。

但谁是艺术家？毫无疑问，艺术家既不是上帝，也不是自然，而是人。虽然人们也认为上帝是一位伟大的艺术家，自然也是一位无名的艺术家，但这只是一种比喻。它无非表明上帝和自然与艺术家具有相似性，即他（它）们都是存在的创造者。艺术家只是人，而且是作为世界性和历史性存在的个体。他们具有肉身，拥有自身的生和死。对于他们，我们可以列举许多名字。仅就文学史而言，如中国有屈原、陶渊明、李白、苏轼、曹雪芹、鲁迅等；西方有荷马、索福克勒斯、莎士比亚、歌德、陀斯妥耶夫斯基、卡夫卡等。艺术家就具体地表现为这些无数的名字。

虽然艺术家是人，但人就是艺术家吗？"艺术家是人"这句话并不意味着它可以反过来说"人就是艺术家"，而将艺术家和人完全看成同一的。一些理论不仅抽象地认为人是艺术家，而且具体地主张人人都是艺术家。这种观点将人与艺术家划等号，意在消除艺术家作为特别的人和一般的人之间在历史上难以逾越的界限，而弥补传统美学中的艺术与生活的分离。但人作为艺术家不能理解为现实的人都是艺术家，而是要把握为人就其本性而言具有艺术家的本性。因此，人作为艺术家只是可能的，而不是现实的。只有当生活艺术化和艺术生活化的时候，也就是生活和艺术的界限消失了的时候，人才能真正成为艺术家。如果生活和艺术之间仍然不是同一的而是差异的话，那么人是艺术家则只是一种空洞的语词，而掩盖了存在的本性。不仅如此，这种理论还包含了人与艺术家的平等化和平均化。它不是导致生活向艺术的提升，而是艺术向生活的下降。

于是，我们可以说，虽然艺术家是人，但艺术家不是一般人，而是特殊的人。这里重要的是，划清艺术家和一般人的界限。对此问题的回答又必须关联于艺术品。显然一般的人虽然创造了自己的生活，但没有创造艺术品。与此不同，当论及艺术家的时候，人们自然想起那些给一些艺术作品命名的人，也就是那些作品的主人。故艺术家就是那些创造艺术作品的人。

由此看来，艺术品是艺术家的身份最确凿的证明。但在日常生活世界里，艺术家却并不是靠艺术品这一外在的证明来宣告自己，而是凭借自身而显示自身的。这也就是说，艺术家是作为一个人来活动的。作为一个艺术家，这个人究竟是一个什么样人呢？

说起艺术家，人们往往都会认为他们是一些特殊的人。他们有不一般的身体。这不仅就其自然禀赋而言，指某种生理的机能突出，而且也就其后天训练而言，指感官和感觉的丰富和敏锐。此外，艺术家对于他们自身的身体也有意地装饰，如发须的形状、衣服的样式等，但人们更多地认为艺术家具有独特的心理。在现代心理学之前，人们早就意识到艺术家的心理特征是与众人不同的。中国的诗人被称为骚人，也就是一些充满忧愁的人；西方的诗人被说成是神灵附体的人，也就是心灵处于迷狂状态的人。现代心理学特别是心理分析学的理论专门揭示了艺术家的独特的心理特性，指出艺术家是广义的精神病患者和白日梦的病人具有相似性。除了上述的身体和心理的特殊性之外，艺术家的特性还显现在一般的现实生活中。他们是一些独行特立的人。如果从伦理道德的角度来理解人的行为的话，那么艺术家的行为容易被视为是非道德和超道德的。但这可能出现两种极端的情形：一种是在现行的道德之上，因此具有圣人和先知的美德，如仁者智者；另一种在现行的道德之下，因此具有魔鬼和野兽恶行，如酒色之徒。

但艺术家的独特性必须在技能、欲望和智慧的游戏中才能得到切中的理解。

毫无疑问，艺术家是怀有技能的人。一般人也有一般的技能，但只有艺术家怀有艺术的技能。他们在身体的感官和感觉方面就其自然性而言就具有超出常人的优越性，如一个优美与灵活的身材、一双感受色彩和线条的眼睛、一双感受节奏和旋律的耳朵等。但艺术家的才能不只是天生的，而也是后天培养的。正是通过灵魂和身体的训练，人才能达到心灵手巧。人的感觉由自然性的感觉变成了艺术性的感觉。于是，人们才能从事美术的造型和音乐的作曲和演奏。这种身体和感觉的能力实现于人对于器具的把握过程之中。正如绘画是对于笔、墨或者颜料乃至纸布的特性的驾驭一样，音乐的演奏就是对于乐器的性能的精通。艺术技能的完美境地在于，这些器具在艺术家的操作过程中甚至成为其外在的双手，也就是无机的身体。

艺术家同时也是具有欲望的人。与一般人一样，艺术家充满了七情六欲，包括生理的、心理的和社会的。当然艺术家的欲望比起一般人的欲望更加丰富，也更加强烈。正如人们所说，艺术家是富于情感的人。他们对于人的生存和死亡有非同寻常的经验，因此有更多的爱，也有更多的恨。但艺术家和一般人在欲望上的根本差异在于，他的欲望是创造性的。但欲望的创造性不是别的，而就是创造欲望，也就是让欲望生产出来。欲望的创造不仅是把压抑的欲望解放出来，使欲望获得自由，而且是在没有欲望的地方呼唤欲望。正是如此，艺术家履行着艺术对于人的生命的神圣的使命，让艺术成为生命的兴奋剂，去刺激生命。

当然，艺术家更是拥有智慧的人。我们说，智慧总是人的智慧。但这并不意味着人规定智慧，而是意味着智慧规定人。一个人在何种程度上成为人，在于人在何种程度上接受了智慧的指引。艺术家和一般人一样都拥有智慧，但艺术家的特别之处在于，他能让智慧在自己的艺术创作中现身。因此不是荷马在歌唱，而是艺术女神缪斯通过他在歌唱；不是卢梭在写作，而是人的神性也就是人性借助他在写作；不是李白在吟诗，而是道家的智慧凭借他在吟诗。在艺术家和智慧的这种内在关联中，一方面是艺术家改变自身，成为智慧的当前化；另一方面是智慧显现自身，成为艺术的形象化，正如所谓道成肉身。于是，艺术家的身体是一个被智慧的灵气所灌注的身体。

一个艺术家的特别之处就是在技能、欲望和智慧三个方面获得了特别性的规定。但作为艺术家自身也存在重大的区分，即所谓一般的艺术家和伟大的艺术家的差别。对于后者，我们一般称为天才。但什么是天才？天才一般被看做是天生之才。一个天才的艺术家，其才能的突出之处不仅在于它与一般人的才能相比是卓越的，而且在于它不是后天学习的，而是自然给予的。一种自然赋予的艺术才能不是通过规则的学习而可以获得的，而是独创的、典范的、制定规则的。对于艺术现象而言，天才是开端性的。这意味着天才不是在一般意义上创作艺术品，而是通过这种艺术品的创作来创造了一种新的艺术现象，也就是一种新的技能、欲望和智慧的游戏形态。作为开端，天才的艺术家是划时代的。他终结了一个旧的时代，并开创了一个新的时代。

但无论是何种意义上的艺术家，他们都不是艺术现象的本原。艺术的现象的本原在根本上是人的生活世界，是在艺术自身游戏的技能、欲望和智慧。不仅如此，艺术家甚至也不是艺术创造的主体。将艺术家设定为主体，同时将艺术品设定为客体，这只是主体主义哲学的一种源于绝对自我的构想。与此相反，艺术家在根本上被艺术创造所规定。这也就是说，艺术家只在创造艺术品的过程中成为艺术家并显示自己是艺术家的。但进入艺术创造的过程，就是进入技能、欲望和智慧的三方的游戏。艺术家既不是技能、欲望和智慧中的任何一方，也不是游戏规则的制造者。毋宁说，艺术家的天职就是艺术游戏的守护者，它让游戏不受任何伤害，而作为游戏自身去游戏。

因此，对于艺术现象来说，不是艺术家的自我，而是艺术游戏的本身才是决定性的。于是，艺术家在艺术自身的游戏中不是表现自我，而是消失自我。艺术游戏所呈现的不是艺术家，而是艺术品。但艺术品既不是艺术家意图直接或者间接的表达，也不是艺术家的变相的生平传记或者心灵的历史。一些艺术品虽然是艺术家自身的历史，或者与这样的历史相关，但它已超出了艺术家自我的限制。一个伟大的艺术品固然是伟大的艺术家的创造物，但艺术家越是伟大，越是著名，在艺术品之中就越是无名。故作为艺术游戏守护者的艺术家既不能理解为艺术的上帝，也不能理解为艺术的主人。在这样意义上的艺术家已经不复存在了，正如人们所说的："作者死了"。

二、艺术创作

我们说，并不存在一个脱离了艺术创作的艺术家，而存在的只是在艺术创作中的艺术家，他在创作过程中获得了自身的规定。但艺术创作过程一直被认为是一个谜一般的事实。这在于艺术创作虽然将自身保存于艺术品之中，但它自身却是整个艺术现象结构中已经消失了的环节。人们面对的是艺术品，而不是艺术家的创作过程。艺术创作过程虽然也能被少数人所经验到，但更多的是艺术家在谈论创作经验的时候对于自身创作过程的揭示。即使这样，艺术创作过程对于艺术家而言也不是完全自明的，由此，艺术家自己也不知道艺术创作过程究竟是如何发生的。人们将这种神秘性归结为迷狂、陶醉、无意识等。艺术创作过程一方面显现自身，另一方面遮蔽自身。它少数是可见的，更多的是不可见的。那么艺术的创作之谜究竟如何被理解呢？

让我们从艺术创作过程可见的事实出发。它最直观的现象为艺术家为艺术品赋形的过程。文学艺术家用文字在写作，不管他是用传统的笔和纸在手写，还是借助现代的电脑在打字；美术家将线条和色彩涂抹在画布上，或者在工作室里尝试一些实验性的非架上艺术类型的制作；音乐家不是在纸上作曲，就是在用乐器演奏；还有各种表演艺术家在唱歌和跳舞等，如此等等。这种艺术创造的活动就是一种现实的活动，正如农民种地和工人操作机器一样，都是身心力量的付出。当然，我们也可以指出艺术创造活动与一般现实活动相区分的独特性之所在。艺术创造过程至少不是体力劳动，而是脑力劳动，而且不是简单的，而是复杂的。

于是，艺术创造过程一般被理解为的不是现实的过程，而是心理的过程。

但一般的科学研究也与心理过程相关，无论是自然科学，还是人文社会科学的研究都是大脑的思考。与人的一般的创造过程不同，艺术创造的心理过程具有特别性。它不是逻辑思维，而是形象思维，是非概念、非逻辑和非理性的。这也是人们一般所说的审美心理，是一种以感觉为载体的想象和情感的活动。

但艺术创作既不只是一个单纯的心理过程，也不是一个单纯的现实过程，而是一个心理和现实统一的过程。在这样的意义上，它既不是片面的内在化过程，也不是片面的外在化过程，而是既内在化又外在化的过程。

如此，艺术创作过程具有一种整体性。但任何一个整体都是由开端、中间和完成所构成的。我们将对艺术创作过程的几个重要环节作更具体的分析。

艺术创作的开端是艺术形象或者是意象的孕育阶段。所谓孕育就是一个事物尤其是具有生命的事物开始成为自身。但一个事物的开始在根本上来源于另一个事物的完成，正如一个婴儿的孕育来源于成年男女的精子和卵子的结合一样。因为开端来源于完成，所以孕育表现为接受，也就是开端对于完成的接受。对于艺术创作而言，它的开端正是源于生活世界的经验。因此，所谓的接受是对于生活世界经验的接受，这表现为去经验生活，体验生活，去经历生活世界中的欲望、工具和智慧的游戏。一个对于生活世界缺少经验的人是不可能产生真正的艺术经验的。但生活经验不能等同于艺术经验，故艺术家必须将生活经验转变成艺术经验。于是，艺术创作的接受同时也是分离。这意味着不仅与日常生活世界的分离，而且与一般的生活世界相分离。通过分离，艺术家获得了一种审美的态度，也就是非功利的自由的态度，而开始了真正的艺术创作。

艺术创作的中间阶段是艺术形象的形成阶段，它是艺术创作过程中最重要的和最关键的阶段，人们一般称之为艺术构思。所谓构思就是关于艺术作品结构思考，也是一种编织，如同人们编织网络一样。艺术创作的编织其实就是艺术家用技能表现欲望和智慧的斗争的游戏，即这个游戏所形成的各种形态的网络。但艺术创作如何编织？人们认为艺术家借助于艺术想象：一种是再造性的想象，也就是对于生活世界的欲望、工具和智慧的重新编织；一种是创造性的想象，也就是艺术世界的工具、欲望和智慧自身的编织。但再造性的想象和创造性的想象的差异是微小的，同时，任何再造性的想象都是创造性的想象，这是因为艺术想象本身在其本性上创造性的。艺术创作通过自身的编织行为形成了一个艺术形象的结构。因此，艺术创作在根本上是一种建构。它建立了一种结构，但这个结构不是逻辑性的，而是非逻辑性的。但同时艺术创作也是一种解构。它不仅是对于已经给予的生活世界的解构，也是对于自身任何一种结构化倾向的解构。于是，艺术中的解构和建构是同一的。作为如此，艺术创作的构思如同一条在原野上自身伸延的道路，也就是它自身作为道路而开辟道路。

艺术创作的完成是艺术形象的物态化，也就是成为艺术品。终结和完成意味着一个事物自身成为自身，达到圆满，亦即事物自身最后的规定。一个艺术创作过程的完成表现为艺术创作成为已经创作的，而已创作的正是物态化的艺术品，它表现为各种文本形态。作为艺术创作的完成，艺术品便和整个艺术创作过程相分离，而成为独立的存在。于是，艺术品一方面是艺术创作的完成，另一方面是艺术接受的开端。

虽然我们将艺术创作分成上述三个阶段，但这种划分只是相对的，不是绝对的。它们之间紧密衔接，彼此关联，互相渗透。

但艺术创作过程不仅是艺术家创造某一艺术品的具体过程，而且也是其自身的存在即生命的历程。在这样的意义上，我们说李白的生命就是其诗歌的创作，同样，凡·高的生活也就是其作品的描绘。因此，艺术创作必须超出艺术创作之外和生活世界构成对话。但这并不意味着艺术创作只是生活经验的记录，而是意味着对于生活自身进行艺术性的创作，也就是经历一种诗意的人生或者是艺术化的人生。

不过，艺术创作过程既不能简单地等同于艺术家的心理活动，也不能狭义地理解成他的生平传记。艺术创作还必须在更广阔的视野中进行思考。这里需要一种思考方向的转变。艺术创作固然表现为艺术家的心理和现实的活动，但也是艺术显现自身的活动。因此，不是艺术家的活动，而是艺术自身的生成，才是艺术创作中最根本的。在这样的意义上，艺术创作不是艺术被艺术家创造的过程，而是艺术通过艺术家创造自身的过程。惟有如此，我们才能真正理解艺术创造的本性。

但什么是艺术创造自身？创造是一个从无到有的过程，是从无到有的飞跃。因此，创造的本性就是有无之变。作为如此的艺术创造不同于自然的造化。造化是已给予的事物自身的生灭兴衰，是一个事物到另一个事物的转化。但艺术创造是一个事物的开端和建立。艺术创造也不同于上帝的创世。创世设定了创造者和创造物的对立，作为创造者的上帝创造了作为创造物的世界。但艺术创造没有创造者和创造物的差异，它只是艺术自身的孕育、生长和完成的过程。艺术创造作为从无到有的转变是技能、欲望和智慧的游戏到场。这一游戏的发生是艺术形象从遮蔽到显现，同时也是它从显现到遮蔽。于是，艺术创造艺术形象是可见的和不可见的聚集。通过这种方式，艺术创造生成了一个世界。但这个世界并不是一个其他的世界，而是艺术世界自身。

三、艺术品

艺术世界表现为艺术品。在整个艺术现象的结构中，艺术品是一个直接给予的环节。事实上，艺术家和艺术创作过程是不在场的，而只有艺术品才是在场的。但艺术品并不是作为一个孤立的要素存在着，而是艺术家和艺术创作过程等要素的集合。因此，艺术品聚集了艺术一切已经表达的，同时也包括了一切与之相关的要去表达的。基于这样的理由，艺术品虽然是艺术创作过程的完成，但也是艺术接受过程的开端。作为如此的艺术品就是整个艺术现象中的一个过渡环节。

但什么是艺术品自身呢？这个问题意味着：艺术品是如何将自身显示为艺术品的呢？我们在私人和公共领域可以遇到各种各样的艺术品。但艺术品并不是一个简单的现象，而是一个复杂的现象。一切艺术品虽然都命名为艺术品，但任何一个艺术品都不同于另外的艺术品。建筑是石头或者是钢筋水泥建造的，而绘画则是色彩和线条的组合，音乐则是节奏和旋律的鸣响，至于文学作品完全是文字的写作。这些不同的艺术门类之间甚至缺少家族相似的特征。

尽管如此，一切艺术品都是物。这就是说，它们是在者，而不是虚无。它们作为一个存在者在这里或者那里存在着。人们甚至可以说，艺术品不是虚幻地存在着，如梦如幻，而是真实地存在着，如同世界中其他任何真实的事物一样。作为如此，艺术品具有不可否认的物的特性。物在此不仅是在其宽广的意义上被理解，而且也是在其狭隘的意义上被把握。这就是说，艺术品不仅是一般的物，而且是具有物质本性的物。一些艺术品本身就是物质性的直接表现，如建筑和雕塑就是物质材料的赋形，舞蹈和戏剧就是人的身体这一特别物质材料的表演。一些艺术品虽然看起来是非物质性的符号的表达，但这些符号仍然依附于物质性的物，如绘画、音乐和文学艺术中的符号等。如果艺术品的存在是物质性的话，那么它便具有一般物质的特性。它存在于空间之中，具有广延性；同时它也存在于时间之中，而具有延续性。但任何一个在时空中存在的物质性的物都具有感性特征。对于艺术品而言，其最重要的感性特征是形体、色彩和声音等。因此，它们是可以诉诸人的感觉器官的，是可以被遇见和被触摸的。但艺术品主要是被看到和听到的，也就是指向人的视觉和听觉两种审美感官。

虽然一切艺术品都是物，但它不是一般的物，而是特别的物。艺术的特别性在于，它不是自然之物，而是人工之物。艺术品这一词语本身已经告诉我们，它自身是人通过技艺所创造的物品。但一个人工之物和自然之物究竟有什么不同？一个自然物是事物通过自身给予的，它的存在与人无关。但一个人工物却必须是通过人所创造的，它的存在与人相关。虽然如此，但人工物不是人从虚无中构建出来的，而是基于对于自然物的改造。于是，所谓的人工物是自然物在的人的活动中的变形。按照一般的理论，自然物只是充当了质料，人则对它进行加工。所谓的加工就是给作为质料的自然物赋予形式，因此，人工物就是赋予了形式的质料。形式不仅是形态，也就是外观，而且也是构形，也就是建构。在这样的意义上，形式让自然物获得一个具有人的生活世界意义的结构。由此我们可以说，一个人工物既是自然向人的生成，也是人向自然的生成。作为人工物，艺术品是沟通人与自然的桥梁。它一方面让自然获得了人的意义，另一方面让人获得了自然的意义。

如果我们只是将艺术品当成人工之物来讨论的话，那么这显然不能切中艺术品自身的本性。在人的生活世界中，虽然有种种物，但人所接触的主要不是自然之物，而是人造之物。艺术品当然属于一般的人造之物，但又是一个特别的人造之物。人们通常称一般的人造之物为工具或者是器具，而称艺术品为作品。工具和作品都是人所创造的，同时也都是为人所使用的。但它们之间仍然存在根本的差别。工具只是手段，而不是目的。与此不同，作品不仅是手段，而且也是目的。这也就是说，工具始终不是为了自己，而是为了自身之外的他物。但作品一旦成为作品，就成为了一个独立自足的世界。因此，工具是被支配的，同时它也可能变成其对立面，是支配性的。但作品是自由的，它不仅自身是自由的，而且给予它之外的事物以自由。此外，作为物的工具在其使用中会消失自身，而作为物的作品在使用中会显示自身。通过如此，作品不仅让自身作为艺术品生成，而且也让自身作为自然物生成。

如果艺术品作为作品是一个相对独立自足的世界的话，那么作品自身的意义的理解就必须发生改变。传统的理论将作品看成是作为创造者的艺术家的创造物。但如果作为创造者的艺术家（作者）已经死亡的话，那么作为创造物的作品也必然随之一起死亡。虽然艺术品作为作品必须死亡，但它作为文本却依然活着。作品和文本的根本差别在于，前者是有一个作者的，但后者却是无作者的。文本的无作者性既不意味着它不是艺术家创造的，也不意味着它不能签署艺术家的名字，而是意味着它并不是作者意图的产物，至少不只是表达了作者的意图。

但什么是文本自身？狭义的文本一般指任何书写或印刷品的文字形式，但广义的文本包括了自然、社会和语言等。总之，文本是一切有意义的存在者。但意义总是对特定的人来说的，因此，文本的意义发生在它与人的关系之中。当然最初的发生的关系依然是作者与文本的关系。作者通过文本的写作让文本作为文本而存在。在任何一个文本中，都直接或者间接地表现了作者的意图。这些意图和文本的意义的关系具有多种可能性，有的是一致的，有的则是矛盾的。于是，文本自身的意义是不同于作者的意图的。人们一般认为，文本自身的意义主要是通过自身的能指和所指的关系而形成的。但对于文本而言，所指总是不在场的，在场的只有能指。故文本在根本上是由没有所指的能指构成的。但一个能指的意义的确立，是凭借和另一个能指的差异而获得的。于是，文本的意义便是能指自身之间的区分。一个能指和另一个能指既是差异的，又是关联的，这便形成了能指自身的游戏。在游戏之中，文本从事着自身的编织。编织如同网络的形成一样，是联系和扩展。但文本的编织无穷无尽的，没有开端和终结。甚至文本的作者本身在编制文本的时候已经被文本编织进去了，而一个已经编织好的文本又会被接受者再编织。因此文本的结构是无中心的和开放的。

在这样的意义上，任何一个文本并不是孤立的，而是与其他文本共同编织，而构成文本间性，也就是互文性。互文性是一个文本把其他文本纳入自身的现象。其他文本既可以是前人的，也可以是后人的；同时，它既可以是单纯的文字或者是符号文本，也可以是广泛的生活世界的文本。互文性一方面发生在文本写作的时候，作者通过明引、暗引、拼贴、模仿、重写、戏拟、改编、化用等一系列互文写作手法来建立互文；另一方面它也发生在文本的阅读的时候，受者通过种种策略将各种不同的文本建立成综合文本。由此每一个文本都是其他文本的镜子，相互投射、接受，而共同转化与生成。在这样的过程中，文本作为互文形成一个无限的开放网络，以此构成文本过去、现在、将来的统一体。因为文本的意义在编织中是生长的，所以它既是确定的，也是不确定的。因此，文本的意义往往也是多重的，但不是不可知的。

艺术作品当然是一个文本，但它是一个特殊的文本。艺术品作为文本首先不是生活世界本身，而是种种符号，如文字、声音、图像等。同时，艺术文本不是抽象的，而是具象的，也就是感性的。但更重要的是，艺术文本是技艺、欲望和智慧斗争的游戏。这是艺术文本区别于一切非艺术文本最显著性的标志。一些非艺术的文本可能是单纯技术性的、单纯欲望性的或者是单纯智慧性的，但惟有艺术文本是技艺、欲望和智慧的三者的统一。因此，所谓的艺术品就是技艺、欲望和智慧的综合文本。技艺、欲望和智慧的游戏便形成艺术文本的意义。基于这样的特性，艺术文本的意义便可以分为三个层次：首先是技艺层面，它是艺术品的形象，也就是文本的结构及其建构方式。其次是欲望层面，它是各种显现和遮蔽的情欲，是生与死、爱与恨的交织。最后是智慧层面，它是各种形态的真理的显现。

四、艺术接受

如前所论，不仅作者死了，而且作品也死了，惟有文本活着。但这是如何可能？当艺术家创造了艺术品之后，后者脱离了前者而存在。艺术品成为了一个相对独立的存在。如果说它是活着的话，那么这意味着它是有生命的、并不断生长的。这要求艺术品作为文本并非是绝对自足和封闭的，而是关联他者和开放的。那使艺术文本具有生命的便不再是艺术家的创造，而是欣赏者的接受。于是，一个活着的文本就是处于接受的过程之中的文本。由此，文本的阐释成为了文本自身存在的基本本性。

一般的艺术接受过程总是包括了人和艺术文本两个最基本的要素，并且是它们之间关系的发生。接受要求对于文本的一个简单的事实的承认。这一事实在于：它是一文本，是一个存在者。它存在过并继续存在着，且摆在我们的面前。这也同时意味着，任何文本都是"这一个"文本，或者是"那一个"文本。因此，文本具有自身的基本的确定性。这就是说文本是已经编制和被编织的，它虽然留有空白，但并不就是空白，仿佛一张白纸，一穷二白。惟有建立在如此简单的肯定的基础上，文本才能作为文本向人敞开。与此同时，人也并非白板，而是具有一定的先见。先见不能狭隘地理解为不合法的偏见或者是成见，而是人的一种已经获得的存在性。正是它才使人的接受活动成为可能。这种先见实际上是人自身所具有的广义的文本性，它或者是人的思想观念，或者是人的生活世界。这表明人已经进入到文本之中并被文本所编织。在这样的意义上，人对于文本的接受本身实际上是一个文本和另一个文本的关联，由此导致了互文性的实现。

在这样范围内，人和文本是如何获得自身的规定呢？一般的理论总是将人设定为自我，将文本设定为对象，由此设定人与文本的关系为主体和客体的关系。但在真正的艺术接受活动中，人不是一个主体，文本也不是一个对象，而是作为平等的伴侣，共同存在于艺术接受的过程之中。他们虽然互不相同，但彼此关联，相互渗透。于是，艺术接受既不是传统意义上的欣赏，它是一种人对于对象的打量和玩赏；也不是现代意义上的体验，它是一种自我对于艺术的经历和把握；而是人与文本关于意义的相互传递的游戏活动。

因此，接受活动不是独白。它既不是文本自身的自言自语，也不是接受者对于文本的独断的任意的阉割和曲解。它是一场对话。在真正的接受经验中，文本和人都同时在场。当然，文本的在场是其文字和符号通过接受者的看或者听而变成语言而言说的，同时，接受者的言说则伴随着看和听时的间隙。故接受虽然是一场对话，但也是一场无声的对话。作为对话关系，接受者和文本的关系既是平等的又是有差异的。所谓平等，是指都有言说的权利；所谓差异，是指言说者所言说的是不同的，甚至是具有高低级差的。于是，我们在接受经验中看到，所谓的对话在事实上可能是平等的，如棋逢敌手、将遇良才，不分高下；但也有可能是不平等的，如同大师和学生的对话，一方引导另一方。那么是什么因素决定了接受经验中的对话的平等或者差异呢？这关键在于其相关的话语本身，即文本及其接受的主题或者问题。某一话语当然在文本及其接受中呈现出来，但它却是一个不同于文本和接受者的第三者。它是一条红线，主导了接受经验的对话，但同时往往是一条隐而不显的道路，如同无声的呼唤。因此，对话双方的平等和差异完全在于对于话语本身的倾听、理解和对应。由此可以看出，所谓的接受不仅是人和文本的对话关系，而且也是人和话语本身、文本和话语本身的对话关系。比较而言，后者比前者更具有一种优越性和根本性。

在这样的关联中，文本本身是有生命的。文本的生命的获得并不在于其作者，而在于它所言说的话语本身。这个话语相关于人类历史的永恒问题，故能够穿越历史的时空限制，而向生活在现代的我们言说。当然，任何一个具有生命的文本中的文字和符号都有活和死的部分。死的部分是其历史性的话语，活的部分是其非历史性的话语。因此，死的和活的文字和符号的区分的根本是历史与非历史的区分。这就要求接受做到"去历史化"。通过对于其历史性的剥离，文本便显露其作为非历史性的话语的独特意义。这些话语作为文字和符号，却敞开了空白。它作为已言说的却保留了许多未言说和要言说的。正是这些空白，激起了接受者的言说。

由于文本的这种特性，接受便成为了作为倾听和言说的同一。接受一方面是倾听。它实际上要求在接受经验这一独特的对话形态中，人们必须放弃自己首先言说的权利，而将发言的优先地位转让给文本。因此，人们也有必要中断自己的先见和偏见，而专注于文本所言说的话语。在此，不仅要听到那些已言说的，而且要听出那些未言说的，它们就是文字和符号周边的空白，亦即弦外之音。但在倾听之后，接受另一方面是言说。言说当然包括了对于文本的理解和解释。但任何一种理解和解释都不是对于文本的复制和还原，而是接受者基于自己的先见对于文本所提出的问题的回答。这里并非如中国古人所说的"我注六经"或者与之相反的"六经注我"，而是形成一个新的语言话题。这个话题正是接受经验的产物。

作为一种独特的对话形态，文本的接受一般被理解为一个文本的解释过程，如同各种解释学理论所主张的那样。但解释不仅是诠释，而且也是解放。文本的解放是让文本获得自由，也就是让文本从自身的边界中解放出来，而走向他者。同时，文本的解放也是让人获得自由，这也意味着人从自身的边界中解放出来，而走向他者。在这种解放的过程中，不仅文本获得了新的意义，而且人也获得了新的意义，于是，人与文本的意义共同生成。但意义的生成不是其他的东西，而是技艺、欲望和智慧的游戏。

鉴于对于艺术接受的如此把握，我们不难理解艺术作品意义生成所产生的难题。人们早就发现艺术接受过程中文本意义的多样性，如仁者见仁，智者见智；诗无达诂，文无定评；一千个读者就有一千个哈姆雷特等。这无非表明，艺术文本在它的接受过程中与不同的文本进行编织而产生了不同的意义。同样，人们也注意到艺术接受中文本意义的无限性，如一部伟大的艺术作品能够克服自身的历史性而在历史上不断地言说。这种无限性正是艺术文本与各种历史文本编织的无限性。无限性不是空的无限性，而是对于有限性的否定。一个不断否定自身的有限性便成为了真正的无限性。正是在这样的意义上，艺术本身是永远的。

第四节　艺术与审美教育 ·······················

　　我们已经讨论了艺术的一般本性，并揭示了它在根本上是作为技艺、欲望和大道的游戏。同时，我们还分析了艺术现象的基本结构，阐释了艺术家、艺术创造过程、艺术品和艺术接受等环节的本性及其关系。但我们还必须探讨艺术对于人的生活世界的作用和功能。这就是说，我们还要追问，艺术对于人类究竟意味着什么？

一、艺术何为

　　艺术对于人类有何种意义，是一个有争议的问题。但在回答这个问题之前，必须回答一个存在于这个问题之前的另一个问题：艺术是否有意义。所谓意义总是在一个事物和他者之间的关系中显示出来的，因此，意义在根本上就是事物自身对于他者意味着什么。这其实涉及于艺术自身的目的：艺术何为？亦即艺术到底是为了什么？它是为了它自身，还是为了它自身之外的其他什么？对此一向就有两种理论。一种主张为艺术而艺术，另一种主张为人生而艺术，或者为社会而艺术。

　　关于艺术何为的问题是一个历史的问题。在艺术从人的生活世界的一些基本活动如宗教活动尚未分化出来的时候，实际上不存在艺术何为的问题。这时艺术就是生活世界必备的一部分，并且它就是为了生活世界。于是，艺术的目的是没有疑问的。艺术何为这一问题的产生伴随着艺术从生活世界的分离和艺术自身本性的自觉，艺术要成为艺术自身，因此便产生了艺术和生活世界关系的争论。但为艺术和为人生的讨论主要发生在现代和后现代，并且成为现代主义与后现代主义美学争论的主题。在20世纪初的极端现代主义阶段，艺术所面临的是资本主义时代的物质主义的垄断和支配。为了保持其自身的本性并拯救其所遇到的危机，艺术有意识切除与生活世界的各种关联，而回到了自身。这样便发生了艺术的"去人类化"或者是"解人性化"的运动。但这主要是艺术反抗资本主义生活世界的一种消极的行为。但到了20世纪中叶，晚期现代主义开始抛弃自我关涉的形式主义的艺术，而发展出了新的模式，诸如概念艺术、反形式艺术、大地艺术、过程艺术、身体艺术与行为艺术等。这些艺术思潮一方面保持现代主义对于现实的反叛性，另一方面却摧毁了现代主义的关于艺术的自律的狭隘性，因此成为了后现代主义。

为艺术而艺术的美学主张主要强调了艺术的自律，认为艺术是一个与生活世界不同的独立的世界，它具有自身独特的本性。这个本性一般被理解为所谓的形式的和审美的本性。因此，为艺术而艺术的美学一般都奉行形式主义和唯美主义。与此不同，为人生而艺术的美学主张主要强调艺术的他律，认为艺术是生活世界中的一个部分，它没有自身的独特本性。因此，艺术必须考虑它和生活世界的内在关联，并成为生活世界的工具，而服务和效劳生活世界。

但不管是为艺术而艺术的美学，还是为人生而艺术的美学，它们都没有完整地考虑艺术的本性及其与生活世界的关系。正如已经指出的，艺术作为一种生活的特别现象处于生活世界整体的边界上。艺术既属于生活，又超出生活；它既内在于生活，又外在于生活。由此，艺术和人的生活世界建立了一种双重关系。当艺术是生活世界中的一个部分的时候，它是为人生的艺术；当艺术超出生活世界的时候，它是为艺术的艺术。于是，艺术既是为人生，也是为艺术；或者反过来，艺术既是为艺术，也是为人生。艺术就其自身而言，它必须固守艺术自身的本性，故它是为艺术的艺术。但就其和人的生活世界的整体关系而言，它无法完全脱离生活世界，故它是为人生的艺术。在这样的意义上，我们必须克服为艺术而艺术和为人生而艺术的片面性和对立性，来理解艺术自身的意义。一方面，艺术不是如同为艺术论那样所说的沉醉于自身的自我创造和自我欣赏，另一方面，艺术也不是如同人生论那样所说的是人生或者社会的简单的工具。应该说，艺术是以其自身的本性来建立和生活世界的关系的。

虽然艺术何为的问题的答案已经明晰：艺术是为了生活世界，但艺术是如何为了生活世界的呢？如果艺术是从自身的本性出发来建立和生活世界的关系的话，那么艺术具有自身的独立的立场和态度，并由此出发去理解和解释世界。自从艺术产生以来，它对于生活世界便怀有两种截然相反的姿态：肯定或者否定。这种态度并不意味着对于整个生活世界的肯定或者否定，而是意味着对于生活世界中的真善美的肯定，对于假丑恶的否定。因此，艺术对于生活世界的肯定或者否定的态度在历史上就表现为赞美或者讽刺，歌颂或者暴露。但在现代它主要表达为建构和解构，也就是建立一个结构或者消解一个结构。

不管对于艺术的功能或者使命作如何理解，艺术对于生活世界的根本态度是批判。所谓的肯定或者否定、解构和建构都是批判的一定的历史形态。批判不是片面的否定，而是区分边界。作为标明边界的批判不仅是批判对象，而且批判自我，故批判成为了自我批判。当艺术批判生活世界的时候，它不仅指出生活世界整体中真善美和假丑恶事物的边界，而且指出生活世界整体自身的边界，也就是与艺术现象所发生的边界，同时还有艺术现象自身的边界。当然，艺术在区分边界的时候，还在从事比较。它判断出什么是存在的，什么是不存在的。同时它还指出存在之中什么是好的，什么是坏的；在好之中，什么是较好的和什么是最好的。在这样的基础上，艺术作出相应的选择。但选择就是作出决定，也就是作为最好的或者是最美的去存在。因此，艺术的批判是一种去存在的勇气。

但艺术的批判本性由何而来？这在于艺术作为审美活动其自身是自由的。自由是不自由的对立面。于是，艺术一方是从生活世界中获得自由，故它表现为解放；另一方面是自由走向生活世界，故它表现为创造。人们一般将此称为自由的两个方面，或者称为两种自由：否定的和肯定的。但这无非表明，艺术作为自由是自身与生活世界的边界的确立。不仅如此，它还始终从自身出发撞击着生活世界的边界并且超越它的边界，由此，它才可能否定或者肯定生活世界。在这样的意义上，艺术的自由在根本上是批判性的。

但艺术对于生活世界的批判性功能还必须获得更具体的规定。人们认为艺术对于生活世界的功能被分为三个方面：审美、认识和意志。这其实源于传统的形而上学对于人的理性及其相关领域的区分，从客观而言是真善美，从主观而言是知意情。如果艺术作为美的领域而同时具有审美、认识和意志的功能的话，那么这意味着它虽然只是人的精神的一个方面，却具有人的理性的一切功能。尽管如此，人们必须表明，艺术对于生活世界的功能是如何不同于科学的认识和道德的意志的。

毫无疑问，艺术的功能是审美性的。审美的功能一般被理解为娱乐性和形式性的，但它在根本上是感性和情感的。在这种经验中，美作为世界和人的本性向人显现，同时，人和世界也在不断被美化。与审美功能同时，艺术也有认识的功能。但所谓认识就是知道事物自身，也就是事物存在的真理。但艺术的认识不是对于自然的认识，而是对于生活世界的认识；不是理性的、逻辑的和抽象的，而是经验的、直觉的和具体的。与认识功能一起，艺术还有意志的功能。它不仅相关于伦理的规则，而且也相关于道德的良心。但艺术关于规则和良心的表达不是一种对于它们自身的直接的宣教或说教，而是相反，它是关于欲望、工具和智慧游戏的表演。因此，艺术直接呈现的不是意志，而是情感。故它才能寓教于乐。

通过上述分析，我们可以断言，一般所说的艺术的审美、认识和意志的功能是一体的，并且最后必须归于人的生活世界中欲望、工具和智慧的游戏。正是在这样的关联中，审美、认识和意志不仅相互作用，而且认识和道德能够在审美中实现自身。从审美和认识的关系来说，艺术是以美显真，它在作品之中揭示了人的生活世界的真理；从审美和意志的关系来说，艺术是以美引善，它陶冶人的性情并导向善良。因此，在艺术对于生活世界的诸种功能中，审美的功能是根本性的。

彭富春 著

二、艺术作为审美教育

如果我们说艺术对于生活世界的功能主要是审美的功能的话，那么它是如何发生作用的呢？审美一般被理解为超功利，因此是超现实的。当艺术和生活世界构成审美关系的时候，艺术所怀有的态度就会误解为一种静观和玩赏性的，甚至还会歪曲为一种所谓诗意的、浪漫的但空洞的幻想，如同白日的梦想一样。但艺术作为审美的本性绝非如此。艺术是一种批判，故它对于世界的关系一方面是解构性的，另一方面是建构性的。在这样的意义上，艺术不仅解释世界，而且还改变世界。当然，艺术改变世界既不是作用于整个世界本身，也不是借助于自然或者是技术的力量。艺术所试图改变的不是其他什么东西，而是人本身。因此，艺术对于生活世界的审美作用便表现为艺术对于人的审美教育作用。

教育自古至今在人的生活世界中都具有非常重要的意义。人们一般把教育分成家庭教育、学校教育和社会教育，其中学校教育是教育主要实施的场所，而它自身又包括了通识教育和专业教育，如此等等。在现代教育的理念、制度和实践中，教育越来越演变为一种技术训练和职业培训，也就是一种适应现代技术体系的人力资源的开发。但教育就其本性而言却具有比这更丰富和深刻的意义。无论是在汉语还是在西语中，教育一词的本意都与儿童的培养相关。教育就是让儿童去学习，从自然状态转变到文明或者文化状态，而成为一个真正的人。这规定了教育的本性是作为人自身的教育，它具有如下的特性：启蒙、培养、完成。所谓启蒙的本义是照亮黑暗，从而开发蒙昧，使野蛮的自然生命活动朝向自主自觉自由的文明状态发展。所谓的培养是指让人茁壮成长，使之不受伤害，而保持自身的本性。所谓的完成是指人格的塑造，也就是成为一个获得完美人性的人。在这样的意义上，教育就不是技术教育，而是人性教育。

审美教育作为美的教育，是一种特别的教育。广义的审美教育是运用自然、社会与精神中一切美的形态对于人的陶冶而达到人的身心的美化。但狭义的美育主要是通过艺术手段对人们进行美的教育。

美育的历史如同艺术的历史一样，同人类文明的历史一样悠久。原始社会的巫术不仅是人与鬼神的沟通与对话，而且也是人自身身体和心灵一种广义的审美教育。中国周代的六艺（礼、乐、射、御、书、数）则将美育纳入了关于人性塑造的教育体制之中。至于中国漫长历史中的教育主要是人文教育，除了经学的内容之外，还包括了诸子百家和诗词歌赋，这都兼有美育的功能。但对于一个读书人，也就是受过教育的人来说，还必须精通琴棋书画。这却是专门的审美教育。与中国美育的历史不同，古希腊的雅典教育制度中包括缪斯教育和体育。前者是综合性的文学艺术的学习，后者是身体的健美和动作的优美的训练。中世纪虽然是宗教的时代，但仍然利用宗教艺术，如建筑、雕塑、绘画和音乐等对人进行审美教育。文艺复兴的人文主义主张培养全面的完人，故教育的科目中包括智育、美育、德育、体育等，其中音乐与图画对儿童教育特别受到重视。18 世纪法国的卢梭主张自然教育，反对理性的强制。他注重感觉在教育中的作用，其中尤其是触觉、视觉和听觉等。而 18 世纪德国的席勒的美育思想具有划时代的意义。他认为一个人从自然的人到达道德的人必须成为审美的人。审美是感性和理性的对立和冲突的解决，是人性的全面和谐发展和解放。

但审美教育作为美的教育的独特性何在呢？审美教育的确有许多突出的特征。与科学教育相比，它是一种感性教育；与道德教育相比，它是一种情感教育。此外，审美教育还将自身表现为一种快乐教育和游戏教育等。当然，人们发现审美教育最根本的特性在于，它既不是片面的身体教育，如体育，也不是片面的智力和德行教育，而是身心合一的教育。这就是说，审美教育既是身体的，也是心灵的。但仅仅将审美教育理解为身心一体的教育仍然是空洞的，它还必须更具体化，也就是考虑艺术的自身的本性对于人的身心的规定。如果艺术自身是人的技艺、欲望和智慧游戏的活动的话，那么所谓艺术或者审美教育也就是关于人的人的技艺、欲望和智慧的教育。只有在这样的基础上，我们才能将审美教育把握为身心合一教育、感性教育和情感教育、快乐教育和游戏教育等。

　　审美教育作为人的技艺、欲望和智慧的教育包括了以下三个方面：

　　第一，就技艺而言，它是由技到艺。审美教育当然也是最宽广意义上的技术训练，这表现为人对于各种器具的把握和操作，如绘画的笔纸和颜料，音乐的乐器等。尽管如此，但这种所谓的技术也不同于现代意义的机械技术的运用。这在于艺术活动里的技术性占主导的不是物的因素，而是人的因素，也就是身心的活动。此外，艺术作为技艺也超出了一般工匠的劳动的技能，甚至是某种特技和绝技。这是因为艺术是人自身的活动，而且是心灵自由的活动，人在艺术创作和欣赏中经历了自由。因此，审美教育让人从对技术或者技能的掌握上升到对于艺术的技艺的经验。

　　第二，就欲望而言，它是化欲为情。与人的生活世界中其他的活动不同，艺术揭示并生产了人的欲望，特别是人的身体的各种欲望。但艺术既不是直接或者间接的欲望的刺激物，也不是虚幻的欲望满足品，而是对于欲望自身本性的批判，也就是关于欲望自身边界的标划。在此基础上，艺术将欲望转化成情感，让人的自然性变成文化性或者文明性。因此，人的本能就不再是兽性化的，而是人性化的。于是，性欲不只是交媾，而是成为爱情；食欲不只是充饥，而是成为了礼仪。通过审美教育，也就是艺术的熏陶，人性得到了洗礼，心灵得到了净化，欲望得到了升华。

　　第三，就智慧而言，它是转识成智。艺术不仅表达了人的身体的感觉和意识，而且表达了一个民族和时代的观念。因此，艺术是意识形态性的，甚至也是为权利话语所支配的。但一切艺术尤其是伟大的艺术都是关于智慧的言说。所谓智慧就不是一般日常意义上的意识，它们只是意见和常识，而是关于人的存在的知识，也就是关于真理的知识，是关于人的存在的大道。在艺术和审美的经验中，人与智慧相遇，同时也是与意识的分离。但智慧并不抛弃意识，而是反过来规定意识，使意识成为了智慧。

　　通过上述三个方面的转化，审美教育实施了对于人的身心一体的培养。一个经历了审美教育的人能够通过美获得知识和意志的训练，具有智慧、爱心和创造力，并达到自身的觉悟和新生。这正是"以美育代宗教"的现代意义。

三、当代人与艺术的问题

在艺术何为的问题上，我们只是探讨了艺术的一般社会功能的本性，也就是它的审美教育的本性。但在我们的时代里，艺术何为应赋予何种历史性的意义？艺术如何发挥其现实化的审美教育作用？为了回答此问题，我们必须首先分析我们所处的时代特征。这既包括时代自身的状况，也包括了与此相关的艺术的状况。

我们所处的时代被称为现代或者后现代，它有许多特征：如全球化、信息化、高技术化，如此等等。其中特别是现代技术改变了人自身和世界本身。比起过去的历史，当代无疑具有无法估量的进步性。世界在经济上更加富裕，在社会上更加公正，在文化上也更加多元。人类正在告别自己的过去，但不是告别蒙昧的过去，而是告别了此岸对于彼岸幻想的过去。历史走向实现人类的千年梦想的途中，即中国人所说的大同世界和西方人所说的天堂乐土。

但历史的进程却显示出惊人的悖论。它一方面是肯定性的，另一方面是否定性的。正如人们所意识到的，历史既是善的历史，也是恶的历史。世界的经济、社会和文化的进步却带来了种种触目惊心的问题。这些问题已经极端化并达到了它的临界点，从而变成了危机。如生态危机，环境遭到了破坏，河流和空气受到污染，每天都有一些物种在灭绝；如人类危机，不仅全球出现了人口爆炸，而且还有贫困、疾病、痛苦和死亡等；如精神危机，一些旧有的信仰正在消失，但新的价值尚未形成，如此等等。

这些危机时刻威胁着人类世界自身的存在，而使世界不复成为世界。所谓世界是一个有序的整体，而无世界或者非世界就不是一个有序的整体，而是无序的混沌。但我们时代的世界呈现出一奇特的图形：它是一个无世界的世界。这就是说，它是一个有序的混沌，或者是一个无序的整体。这无非意味着，它看起来是一个世界，但在本性却是一个非世界。这表现在荒谬成为合理，但合理却成为了荒谬。作为世界最根本的规则体系，即现代法律制度被人们认为是公正的，并且就是公正自身。但就在规则实施的过程中，所谓实质正义和程序正义的冲突就暴露出了正义的非正义性。一些实质正义并不合程序正义，反过来，一些程序正义却并不合实质正义。当代世界的非世界性就在于其规则体系的矛盾，并且以合理掩盖了荒谬。

世界不是虚无的世界，而是存在的世界，也就是物的世界。当世界的本性发生变化的时候，也就意味着物的本性发生了改变。任何物只要作为物的话，它都具有自身的本性，即物性。当物居住于自身的物性的时候，它没有为什么，既没有基础，也没有目的，因此是自在和自足的。但在现代世界里，物丧失了物性。物成为了物质材料，也就是人的生活和生产的质料。于是，物要被人加工、改造和制造，成为可利用、可消费，同时也是可耗尽和可抛弃的。物在成为材料化的过程也是成为碎片化的过程，它是可替代的和可置换的。

当物失去物性的时候，人也失去了人性。人之所以为人，是因为人具有人性，也就是自己的本性。人一直被认为与动物不同，是万物之灵，或者是具有理性的动物。但现代世界的人已经不再具有一个统一的本性，而是成为了分裂的存在者，正如后现代所说的，一个人性的人已经死亡，存留的是一个分裂的人。因此，人就成为了生物的人、经济的人和语言的人。不仅如此，人也物化。这就是说，人放弃了他与物不同的独特性，而成为了一个一般意义的物。于是，人也变成了材料，即人力资源。人甚至也成为了碎片，是结构中的一个零件。

因为物不物性化和人不人性化，一个由物和人所构成的世界的关系便发生了扭曲。世界并不是各种人和物的集合总体，而是一种关系，而将人和物聚集在一起。因此，世界自身要理解为聚集了人和物的关系。作为关系自身，它具有远和近，疏和亲，正如一个无形的网络一样。现代世界无疑建立了一种新的关系，一切遥远变得亲近。空间上，天涯成为咫尺；时间上，千年成为一瞬。但这种关系的改变也许伴随着它的对立面，即亲近成为遥远，而使咫尺成为天涯，一瞬成为千年。于是，现代世界在它的关系的聚集的时候在从事着关系的疏远。不仅如此，它甚至在以编织关系的名义在切断各种关系，而使人和物生活在无关系之中。在这样的意义上，现代世界的所谓孤独和寂寞就具有一种独特的意义，它不是没有关系，而是在关系中对于无关系的经历。

如果当代世界的本性是如此的话，那么它不是人安身立命的所在。由此，无家可归成为了当代人类的命运。但我们时代的各种时髦的思想思考了当代世界的基本病症吗？一般认为当代人有丰富的物质生活，但只有贫乏的精神生活。但这并不意味着当代没有发达的文化产业，没有文学艺术、哲学和宗教生活；而是意味着当代的思想没有思考时代的病症。所谓时代思想的危机不仅是无思想的危机，而且是对于无思想没有思考的危机。

这种尚未思考的危机主要表现为我们时代的三种思潮，即虚无主义、技术主义和享乐主义。当代的虚无主义并不否认一个现实世界的存在，甚至也不否认这个世界具有自身的本性，而是认为世界是没有基础和目的，因此是没有意义的，也就是虚无的。由此出发，人的生活便不基于任何原则。人不再追问为什么，而是否定对此问题的追问：为什么不。于是一切皆行。与此相关，技术主义成为了时代的真理而得到了贯彻。虽然技术看起来是为人所支配，但实际上是人为技术所控制。但人们并没有意识到这种技术的悖论，而是无限制地追求技术和崇拜技术。技术似乎成为上帝死了之后当代的一个新的上帝。最后是享乐主义。虚无主义和技术主义流行为享乐主义提供了保证。对于享乐主义而言，虚无主义消灭了一切对于欲望边界的限制，而技术主义又提供了一切可以满足欲望的手段。由此，享乐主义在当今世界可以大行其道。人们借助最好的技术满足自己最大的欲望。所谓的市场经济、消费社会和物质社会等就是享乐主义的世界图形。如果整个世界就是欲望的生产和消费的市场的话，那么欲望是没有边界的，同时纵欲是快乐的。不仅物是欲望的对象，而且人也是欲望的对象。这样，当今的世界就会世风日下而人欲横流。这三种思潮凸显了我们时代的基本特征。

虚无主义、技术主义和享乐主义的思潮不仅成为了当代的思想本身，而且也成为了艺术本身。但当代的文学艺术是文化产业中的一个重要组成部分，而文化产业在整个社会生产中也扮演着越来越关键的角色，而且越来越进入人们的日常生活。美国好莱坞的大片成为了世界民众的必需的娱乐消费品；诺贝尔文学奖虽然是对于一个文学家成就的肯定，但也将他的作品传播给了全球，变成了大众阅读的文本；至于一些国际性的美术展和音乐节也在不断地制造效应，也就是让世界关注它们所推出的大师及其作品。这一切都显示出了艺术作为文化产业的一部分的繁荣。不可否定，一些传统的艺术也在复活，而一些先锋的艺术也在实验。总之，艺术依然保持自身生命的活力。但我们的时代的艺术究竟是一种什么样的艺术呢？

首先，它是虚无主义的艺术。当代艺术在根本上是反叛性的，它意在颠覆传统的一般价值，也就是所谓的真善美、崇高性和悲剧性等。虚无主义的艺术不仅是反规定的艺术，而且也是无规定的艺术。它虽然消解了旧的意义，但并没有建立新的意义，而且也不试图建立任何新的意义。因此，虚无主义艺术是一种无意义的艺术。它往往是梦幻、呓语、空洞的游戏之作。

其次，它是技术主义的艺术。当代艺术具有十分突出的技术化特征。在艺术接受方面，作品由于机械复制而广泛传播，而使其接受趋于大众和普遍；在艺术创作方面，艺术家让计算机或者让其他现代技术参与了自己的创作过程。但当代艺术的技术化特征更在于：技术以其万能性在控制艺术。这就是说，当代艺术变成了技术的一种方式。当艺术试图成为艺术的时候，它必须接受技术对于自身的支配，如大众媒体的艺术和各种流行的艺术都是如此。它们都奉行技术自身的真理，也就是效率第一的真理。

最后，它是享乐主义艺术。当代艺术坚持并强调了艺术的娱乐功能，这使一些大众艺术淡化其艺术意味，而强化其娱乐的特色。但当代艺术并没有沿袭传统的娱乐，而是凸显了享乐，并成为享乐主义。任何享乐都是欲望的满足。当艺术成为享乐主义的艺术的时候，它就是关于欲望的生产和消费，并且试图逾越欲望的边界。在人的一切欲望中，身体的欲望特别是性欲是本能性的，也是基本性的。于是，享乐主义的艺术作为欲望的艺术就是性的艺术。当代所谓的身体写作其实就是性的写作，并且是从性出发的写作。

上述三种艺术是我们所处的时代艺术的基本图形。但它们并不是分离的，而是统一的。因此，它们不是三种不同种类的艺术，而是同一艺术的三种不同形态。这就是说，作为当代艺术，它自身既是虚无主义的，也是技术主义的和享乐主义的。

四、艺术与游戏的人

我们揭示了所处的时代自身及其艺术的基本特性。在这样的时代里，艺术何为？审美教育有何意义？

艺术的本性是技能、欲望和大道的游戏，但当代的艺术却是这种本性的缺失或变性。虚无主义的艺术是大道的缺席，技术主义是技能的极端化，而享乐主义只是欲望的过度化。因此，当代艺术的根本使命就是去经验时代和自身的困境，并为此寻找一条出路。但当代的困境并不是其他什么困境，而是无家可归的困境。这决定了当代艺术的根本使命是对于无家可归的困境的克服。

只要艺术去经历人的无家可归的命运的话，那么它很自然地就引导人们回归家园。所谓的无家可归自身与人的家园并不是没有任何关联，相反它们之间具有一种无法剥夺的关系。显然，无家可归是对于人的家园的否定。因此，无家可归的本性必须从家园的本性那里获得理解。家园是人的存在的安身立命之处，人的存在就是生活在自己的家园之中。于是，人存在的历史表现为家园历史。西方的上帝和中国的天道正是人的家园的历史形态。但现代以来的上帝的死亡和天道的衰败却是这种历史性家园的毁灭，也就是无家可归命运的到来。无家可归自身不仅是人的家园的丧失，而且也是对它的渴求。这样，去经历人的无家可归的命运正是一种乡愁，也就是对于家园思念的忧愁。

历史上的艺术如同哲学一样，在本性上是一种乡愁并言说这种乡愁。乡愁是一种的疾病，它呈现为一种心灵的意绪，是思念、哀愁和悲伤等。乡愁之所以是痛苦的，是因为它在经历无家可归。在这种经验中，最根本的是人与家园内在关系的分离。但乡愁是一种特别的疾病，它在经历痛苦的同时也在经历欢乐。欢乐是聚集，是合一。在无家可归的经验中已经产生了对于家园的期待和向往，并开始了还乡的历程。作为乡愁的经验和言说，艺术描述的正是人的存在和心灵的痛苦，也就是人如何与自身的本性的分离。但任何一种艺术都努力给人带来慰藉，让人达到自身存在的根基。

但对于无家可归时代的人们来说，由乡愁所推动的还乡的道路并不是一个和平之旅，而是一个危险之途。它可能是希望之路，但也可能是失望之路。它的危险性并不在于它会经历很多困难而不能达到家园，而在于达到家园自身所具有的无法克服的困境。显然，人的历史性的家园已经毁灭，我们不可能返回到天道或者是上帝那里去。所谓无家可归并不意味着有家难归，而是意味着没有任何家园。于是，无家可归不仅是对于一切已有家园的否定，而且也是对于一切可能家园的否定。这就是说，人们不可能居住于任何一种形态的天道或者上帝的替代品之中。在这样的意义上，也许还乡本身是值得怀疑和追问的。如果艺术在乡愁的思念和还乡的旅程中的话，那么它包含了走向同一的隐秘渴望。同一或者同一性在此是本源、根据、基础和目的等，就是形而上学不死的幽灵。但它早已被现代和后现代的思想所唾弃了，这在于它只是一个虚构和幻想。

如果艺术放弃其还乡的试图的话，那么它是否在无家可归的时代里只是去流浪呢？与还乡者不同，流浪者居无定所。人们不知道他从哪里来，也不知道他到哪里去。不仅如此，流浪者自身在根本上既没有所来之处，也没有所归之处。同时，流浪者的任何停留的时间和地点都是偶然性的和短暂的。虽然流浪者也建筑了他临时居住的地方，但当他远离时就拆除他的居所。因此，流浪者的道路是由无数的碎片所拼成的，它有断裂、分歧、交叉等。在这样的路途中，流浪者不是趋向同一，而是趋向差异，不是走向肯定，而是走向否定。流浪者最大的危险在于，他会迷失于无道路的道路之中，并可能堕入虚无的深渊。于是，流浪之途是死亡之路。

既不是还乡，也不是流浪，当代艺术必须开辟自己的新的道路。它要从虚无主义的、技术主义的和享乐主义的艺术形态中分离出来，并达到自身的本性，而成为技艺、欲望和智慧游戏的艺术。作为如此，艺术给人提供了一条道路，就是让人进入生活世界的欲望、技术和智慧的游戏中去，成为游戏的人，亦即审美的人。

但人在何种程度上是一个游戏者？对于游戏过程而言，作为游戏者的人不过是一个游戏的参与者。这就是说，人并不是游戏的绝对主体，随心所欲地去支配游戏活动。与此相反，游戏活动本身才是隐蔽的主体，它把人吸纳于自身之中，让人在规则之内自由起舞。当然如果使用辩证法的语言的话，那么我们可以说，一方面，人是游戏的主体，例如当人创造游戏、制定或修改游戏规则时；另一些方面，游戏本身则是主体，如当游戏的具体参与者按照非他所制定的游戏规则游戏时。但游戏对于游戏者的真正意义在于，它能使人游戏成瘾。这表明游戏有一种奇特的魅力，让人无法抗拒。正是这样，人在游戏中能彻底陶醉，流连忘返。

游戏者所怀有的真正的游戏的态度与所谓游戏人生的轻率态度有着天壤之别。游戏人生者设定了一种特定的目的，他们只是在失落了这样一个特定的目的之后，尚未有找到另外一种特定目的。但他们没有觉悟到，最大的目的就在于自己的生活，即在世界之中的个人的存在，它超出了任何一个具体的目的。这样，他们便变得无根无据，轻飘飘荡来荡去。但真正的游戏者则与之相反。他全部身心地投入自己的人生。真的去生，真的去死。于是，他与自己的存在始终合而为一，因而他比人们活得认真、严肃、深沉。

真正的游戏的态度与那种精通游戏规则的做法也水火不相容。那些精通游戏规则的人眼睛盯着一个又一个目的，手里拿着一个又一个诡秘的手段。因此，他们总是不断地获得、占有。他们一个个都老谋深算，诡计多端。但真正的游戏者既没有一个特定的目的，也没有一个特定的手段。因为游戏从来就没有开端，也没有结局，因而也没有成功和失败，游戏唯一的要求便是：去游戏！

游戏抛弃了外在的基础、目的和手段之后，它自身便不再拥有任何现存的基础和目的。游戏者行走在没有基础和没有目的的世界之中，但他自身却必须将自身建立为基础和目的。就没有根据而言，游戏者的活动是独步虚无；就建立基础而言，游戏者的活动是直面存在。因此，游戏者要从虚无中生发存在出来，完成从无到有的转变，这就是我们日常所说的创业、创新，在无路的地方走出一条路出来。于是，游戏者的游戏如临深渊，如履薄冰。这样，去游戏就是去冒险。在此意义上，一游戏者就是一冒险者。

当然，在考虑游戏者和游戏活动的关系的同时，我们还要考虑游戏者之间的关系，因为游戏总是游戏者之间的活动。在游戏活动中，一游戏者和另一游戏者都被游戏活动所规定，因此，他们是"同戏者"。如果说在游戏规则面前人人平等的话，那么一切游戏者都是平等的。但每一个游戏者在游戏活动中身份都是不同的，于是，他们扮演的角色是有差异的，由此其遵守的规则也是不一样的。这样游戏者之间的关系不仅强调平等，而且强调差异。在同一游戏中，每一游戏者与其他游戏者构成所谓的"对话"关系，它既可能是朋友般的，也可能是敌人般的。因为游戏者在游戏的进程中会发生角色变化，所以他们之间的关系也会发生变化。但不管如何，正是游戏者之间的相互活动才使游戏者自身得到了丰富和发展。

当说到游戏者的时候，我们自然会想到旁观者。游戏者和旁观者的关系正如演员在舞台上表演而观众在台下观看一样。但事实上，游戏没有游戏者和旁观者的区分。旁观者在观看游戏者的游戏的时候也使自身成为了游戏者，并进入到游戏之中。例如，观众不只是将演员的表演当做一个艺术对象来欣赏，而是与演员一起进入到戏剧的世界中，共同去经验和体验生与死、爱与恨。只有当演员把观众当成另一游戏者时，他才能真正去游戏。在存在的游戏中，一切存在者都成为了同伴。不仅人，而且神与天地万物都是游戏者。于是，人成为了审美的人，世界成为了审美的世界。

参考文献（以原始文献的大致时间先后为序）

中国部分

黄寿祺等：《周易译注》，上海古籍出版社 2001 年版。

杨伯峻：《论语译注》，中华书局 1980 年版。

陈鼓应：《老子注译及评价》，中华书局 1984 年版。

陈鼓应：《庄子今注今译》，中华书局 1983 年版。

杨伯峻：《孟子译注》，中华书局 1960 年版。

王文锦：《礼记译解》，中华书局 2001 年版。

范文澜：《文心雕龙注》，人民文学出版社 1978 年版。

郭朋：《坛经校释》，中华书局 1983 年版。

郭绍虞：《沧浪诗话校释》，人民文学出版社 1983 年版。

王国维：《人间词话》，上海古籍出版社 1998 年版。

李泽厚：《美学三书》，安徽文艺出版社 1999 年版。

李泽厚、刘纲纪：《中国美学史》，中国社会科学出版社 1984 年及以后。

西方部分

赫拉克利特：《残篇》，慕尼黑，黑美兰出版社 1979 年版。

柏拉图：《文艺对话录》，人民文学出版社 1988 年版。

亚里士多德：《诗学》，人民文学出版社 1984 年版。

鲍姆嘉通：《美学》，文化艺术出版社 1987 年版。

康德：《判断力批判》，汉堡，美纳出版社 1974 年版。

席勒：《审美教育书简》，载于《席勒全集》第 22 卷，魏玛，魏玛出版社 1956 年版。

谢林：《艺术哲学》，莱比锡，艾克哈特出版社 1907 年版。

黑格尔：《美学》，商务印书馆 1986 年版。

马克思：《1844 年经济学—哲学手稿》，人民出版社 2000 年版。

尼采：《创造力意志》，斯图加特，克罗纳出版社 1996 年版。

海德格尔：《演讲与论文》，普弗林恩，内斯克出版社 1990 年版。

维特根斯坦：《哲学研究》，牛津，布来克威尔出版社 1963 年版。

伽达默尔：《真理与方法》，图宾根，莫尔出版社 1986 年版。

德利达：《文字和延异》，法兰克福，苏康普出版社 1992 年版。

责任编辑：夏　青

版式设计：四色土图文设计工作室

图书在版编目（CIP）数据

美学原理 / 彭富春　著 . – 北京：人民出版社，2011.3（2019.8 重印）

普通高等教育"十一五"国家级规划教材

ISBN 978 – 7 – 01 – 009664 – 3

I. ①美… 　 II. ①彭… 　 III. ①美学理论 – 高等学校 – 教材 　 IV. ① B83 – 0

中国版本图书馆 CIP 数据核字（2011）第 020056 号

美 学 原 理

MEIXUE YUANLI

彭富春　著

人民出版社 出版发行

（100706　北京市东城区隆福寺街 99 号）

中煤（北京）印务有限公司印刷　新华书店经销

2011 年 3 月第 1 版　2019 年 8 月北京第 4 次印刷

开本：710 毫米 × 1000 毫米 1/16　印张：17

字数：249 千字　印数：23,001 – 26,000 册

ISBN 978 – 7 – 01 – 009664 – 3　定价：45.00 元

邮购地址 100706　北京市东城区隆福寺街 99 号

人民东方图书销售中心　电话（010）65250042　65289539